ここから始まる，次のイノベーション。

Mapleを活用する『コンピュータ援用教材』

●Maple は，数式処理，数値計算，可視化，GUI など，教材作成を支援する機能を備えています。

●すぐに授業で活用可能な補助教材「Student パッケージ」が標準で備わっています。

●Maple と MapleSim を組合わせて，理論式をベースとした仮想実験環境を容易に構築できます。

詳細はこちら:
http://www.cybernet.co.jp/maple/product/maple_ta/

Mapleの基本機能の理解と，効率的な操作習得

●ウェブサイトに公開されている様々な技術資料により，操作方法を基礎から習得できます。

●基本機能から最新機能までを俯瞰する体験セミナーや，基本からじっくり学びたい方のためのトレーニングなどが用意されています。

ウェブベーステスト環境の活用とコンテンツ開発

●Maple T.A. は，柔軟な問題作成，課題設定，自動採点・成績管理機能を備えています。学生の理解度に合わせて，多様な問題を作成できます。

●テストの実施・採点・評価を低コスト化できます。

ウェブベース・クラウドベース教材共有環境の活用

●MapleNet は教材のウェブ公開を容易にします。インターネットとブラウザさえあれば，その教材をいつでも利用することができます。

●ファイル共有機能 MapleCloud でアクセス権を設定し，教材や課題を公開・配布できます。

学習スタイルにあった利用環境の整備

●学生数や利用環境に応じて，研究室単位から全学単位まで，様々なサイトライセンスが用意されています。

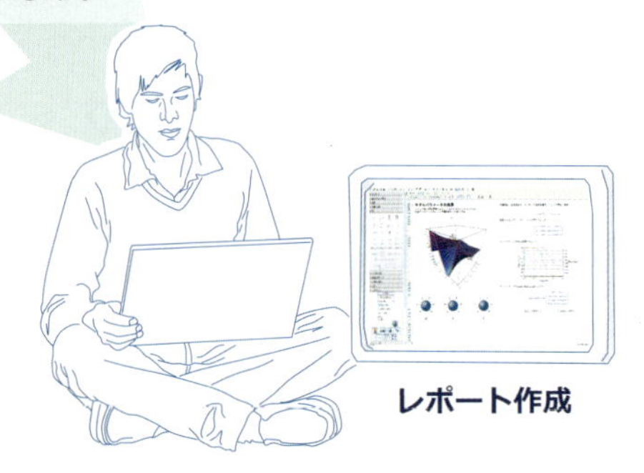

速習 Maple

STEM コンピューティングを
活用する機械系の工業数学

岩崎　誠 監修
サイバネットシステム株式会社 編
遠山 聡一・佐藤 晶信 共著

コロナ社

推薦のことば

Mapleは，数式処理と数値計算そして可視化を統合的に行えるソフトウェアであり，教育や研究のツールとして筆者が日頃から使っているものの一つである。豊富な機能によっていろいろなアイディアを手軽に試せるのが魅力で，オンラインヘルプやインターネットで公開されているチュートリアルなどのドキュメントも充実している。ただ，Mapleの新しいバージョンに対応した体系的な解説書があれば，全体像をつかんだり読み返したりするのに便利だろう，という思いは以前からあった。Mapleの販売元であるサイバネットシステムの方々と交流する機会を得て，解説書の出版を待ち望んでいると伝えたことがある。その希望を期待以上の形でかなえてくれたのが本書である。

本書は，大学学部レベルの主な機械系専門科目（工業数学，機械力学，材料力学，熱力学，流体力学，制御工学）におけるさまざまな例題をMapleによって解いている点が大きな特徴である。本書を通読すればMapleの機能を引き出す使い方が習得できるし，必要に応じて各章を参照すれば機械系の実問題を解く上での手掛かりが得られる。理工系専門科目の講義では，手計算で解ける簡単な例題による基本原理の習得に主眼が置かれ，発展的で複雑な問題にまで手が回らないことが多いが，Mapleと本書を活用すれば，基本原理の理解から複雑な問題の解析までスムーズにつながるだろう。学部生はもとより技術者や研究者にとっても手元に置いて役に立つ一冊である。

執筆者のひとり遠山聡一氏は，Mapleのエキスパートであるのみならず，電機メーカでの製品開発経験もある。実務でMapleを使う立場から書かれている点も本書の特徴と言えよう。そして，広範囲の分野を網羅しつつMapleの最適な使い方を示し，さらに標準的なテキストや技術士試験にも準拠した本書をまとめ上げるのは決して容易なことではない。それを成し遂げた執筆者の学識と情熱に敬意を表したい。

2016年8月

京都大学大学院情報学研究科教授　大塚 敏之

監修のことば

我が国のものづくりが世界をリードしていることは周知のとおりであり，それらを支える業種で設計技術者としてご活躍の読者も多いことだろう。産業加工・組立機器，民生情報機器，医療福祉機器など，様々な工業製品を支える設計・製造技術において機械工学や電気工学が果たす役割は大きく，材料科学や情報科学などとの融合と共に横断的な技術領域が古くから形成され，時宜に合って発展しつづけている。それらものづくりの設計・開発・製造現場（以下，現場）で必要な技術的知識やノウハウは，本来は学問的な原理原則に即しているべきである。本書で扱う“機械系の工業数学”はまさにその原理原則を扱うための基礎学問・学修科目であり，微分方程式などの数学と共に，機械工学の基礎となる各種力学と制御工学などからなり，機械工学の幅広い領域を学修するための基礎的かつ重要なスキルである。一方で，工業製品としてはその現場で必ず要求仕様が与えられ，さらに実機検証・評価や製品フィールドにおけるクレームや信頼性設計といった問題に直面するため，様々な課題・問題をすべて解決しなければならない。それらの課題や問題をあらかじめ具体的に設定し，その解決策を目標として学習する方法に，PBL（問題解決型学習）が挙げられる。すなわち，各科目の学習を現場で直面する具体的な課題の解決を通じて実践することで，より効果的な学修を目指すものである。その場合，各科目の本質を紐解く理論の多くは難解で，演習による修得に時間が掛かるのが常である。しかし，現在では種々の数値計算・解析ソフトウェアの援用による直感的かつ効率的なツールを利用した学習も可能で，短時間での理解に極めて有用なため，現場の省力化やコスト削減に直接繋がる。本書は，PBL に基づき，各科目での課題設定，解法のプロセス，STEM コンピューティング・ツールによる演習がセットになっており，より効果的・効率的な学修ができるよう工夫されている。解析ソフトや計算ツールによる解決だけに頼るのではなく，背景にある理論の理解こそが，各課題の本質を見失わないためにも重要である。将来遭遇するであろう未知の課題解決のためにも，それが必須であることも念頭に置かれたい。

本書が，機械工学を学んだ技術者のみならず様々なものづくりに携わる設計技術者に，CAE 援用の PBL によって工業数学をより深く理解いただく一助となれば幸いである。

2016 年 8 月

岩崎　誠

ま　え　が　き

――「数学援用工学」：いかにして工学問題をとくか――

近年のものづくりでは，製品システムの高性能化と複雑化が著しい。メーカ企業は新たな製品（広くは人工物システム）を開発するために，おおむねつぎの設計プロセスを行う。①そのシステムが社会で担う「価値」の明確化，②目標とする価値の達成に必要な「機能」の分析，③機能を具現化する「機構要素」「手段」「実体」の立案・発明，④機構や手段を総合したシステムの設計検証，⑤生産ライン立ち上げ→製造（量産）→販売・運用・メンテナンス→廃棄。ものづくりに携わる技術者は，このライフサイクル全体を俯瞰し，顧客や社会にとっての価値の最大化を目指すべきである。このような「価値→機能→機構・実体」の流れで全体適正化を図るシステム設計は，製品開発の上流段階で行われることが望ましく，「設計のフロント・ローディング」と呼ばれる。これが推奨される理由は，上流段階（企画から構想設計まで）では，ライフサイクル全体を見渡して設計検討する自由度や柔軟性が高く，かつ設計変更に要するコストが低いためである。このような機能重視の設計方法論のために，近年，計算機援用工学（CAE）の技法として，システム全体を概観して適正化を図る「1D-CAE」が提唱されている。これは，機械・電気・ソフトウェアで構成されるメカトロニクスのように，マルチドメイン（複合領域）システム全体をモデル化し，シミュレーションすることが特徴である。「1D-」は特に1次元の意味ではなく，3D-CAE程の詳細さ精密さよりも，対象システムの全体像をできるだけシンプルかつ端的に表現し，システムを構成するカラクリの複合的な挙動や物理現象の見当を付けることを目指す。

1980年にカナダWaterloo大学で開発された数式処理技術をコアテクノロジーとして，当社（サイバネットシステム株式会社と，カナダMaplesoft社）は，1D-CAEの実践に好適なソフトウェア製品群「Maple」「MapleSim」を提供している。「Maple」は，科学・技術・工学・数学（STEM：Science,Technology, Engineering and Mathematics）に関する統合的計算環境であり，主要な数学分野を網羅するソルバーを備えている。数式処理と数値計算の統合は，STEMに多くの利点をもたらす。例えば，メーカ企業の製品開発プロジェクトならば，先進的な工学計算を含む技術文書のために，標準的な数学表記で理解しやすい数式，適切な単位系と許容誤差の数値計算，文章，グラフ，ユーザ・インタフェース等を統合できる。また，C言語等の自動コード生成，3D-CADツールとの接続も可能である。その技術文書の利用者は，計算の流れや仮定を容易に検証し，的確に変更や再利用できる。このように，

Mapleで開発されたSTEMコンピューティング文書は，研究開発組織に蓄積・共有される価値の高い知的財産になる。さらに「MapleSim」は，Mapleを数学エンジンとするシステムレベル・モデリングとシミュレーションの環境である。ユーザは，電気・機械・熱・流体・信号等の各種ドメインのライブラリを用いて，物理法則が数式で記述されたマルチドメイン・モデルを構築でき，信頼性の高いシミュレーションが可能になる。このようなシステム指向の特長を備えるMapleSimは，1D-CAEに好適なツールといえる。

本書の目的は，マルチドメイン1D-CAEを志す基礎固めとして，いわゆる機械4力（機械力学・材料力学・熱力学・流体力学），制御工学など，個別ドメインのSTEMコンピューティングを，「読者自身の出力型学習」で習得することである（「出力型学習の有効性」については，畑村洋太郎氏の著書等を参照されたい）。おもな想定読者は，大学工学部や工業高等専門学校（特に機械工学系）の教育者・学生・研究者，メカトロニクスなど製造業の設計開発に携わる人たち，技術士（特に機械部門）の資格取得に挑戦する人たち等である。もちろん試験中にコンピュータを使うことはできないが，技術士は資格取得後も継続的に研鑽を積むことが責務とされており，CAEの技能向上は自己研鑽の一つのテーマになり得よう。そして本書の特長は，多くのドメインの演習問題を載せた「速習書」という点である。読者自ら問題を解いて，STEMコンピューティングのコツを掴み，実務応用力が着実に向上するよう配慮した。まず演習問題の大半は，日本機械学会「JSMEテキストシリーズ・演習書」，および技術士1次試験の過去問（機械分野，電気電子分野，情報工学分野など）を参考にした。これにより，JSMEテキストシリーズ等の大学教科書と併用して，工業数学のSTEMコンピューティングを速習できる。また特定の学術理論に偏らず，バランス良く実務応用力を向上できる。さらにJABEE（日本技術者教育認定機構）認定の教育も期待できる。読者にはぜひ，それぞれ手元の教科書を併用して，各分野の出力型学習の効果を高めて頂きたい。

以下，本書の構成を示す。

1章では，Mapleの概要と，ユーザマニュアルの実践的な活用法を解説する。

2章では，STEMコンピューティングによる，基礎的な工業数学の解法プロセスを，「出力型学習」で練習する。

3～6章の各章では，機械4力（機械力学・材料力学・熱力学・流体力学）に関連する諸分野の演習問題を解き，「出力型学習」する。

7章では，制御工学の基礎として，古典制御法について演習する。

8章では，マルチドメインCAEを志す読者が，つぎに習得すべき事柄の参考例を示す。

応用数学には，物理学，生物学，情報学，経済・金融など多方面ある中で，本書の「工業数学」という用語は，工学や工業的な応用を強調している。2章は，1章の概説を知識とするSTEMコンピューティングの実践として，3章以降の出力型学習に取り組む準備や参考になるだろう。3～7章は，読者の予備知識，関心分野や必要性などに応じて，取り組む箇所を適宜選択し，あるいは順序を調整してもよい。また3～8章で，STEMコンピューティングの一貫した出力型学習として，数学教育の古典的名著『いかにして問題をとくか』（G. Polya著，柿内賢信訳，丸善，1954年）に示された標準解法「リスト」の4段階（問題を理解する → 解の計画をたてる → 計画を実行する → 振り返ってみる）を意識する。これは，執筆者の一人（遠山）が総合電機メーカの工場設計部に在籍時，高度な数学知識を必要とするロバスト制御理論が，どのように自分の担当業務に役立つのかと苦悩していた最中，気分転換に立ち寄った本屋（横浜市伊勢佐木町）でこの名著と運命的に出会い，目から鱗が落ち，その後十年来，通勤鞄に常時携帯する座右の書にしているからである。

当然のことだが，CAEツールが設計問題を自動的に解決するわけではない。技術者・設計者・工学者たちの知恵・志・職業倫理観が，社会からの要請や種々の制約条件を理解し，価値の高い製品やシステムを実現しようとする設計活動の賜物として，便利かつ安全安心な人工物システムが創造されるのである。社会が期待する以上の価値を叶えるシステムを開発したいものである。社会に送り出す前には，設計解の機能や品質を，自然法則にも照らして論理的・数学的に検証する必要がある。そこに計算科学や数理計画法の手法やツールを正しく賢く「援用」するのが，本来のCAEであろう。読者各位が取り組む高度な課題のために，本書に記したSTEMコンピューティングの演習問題たちが，手がかりやヒント，「以前に見た，すでに解いたことのある，よく似たやさしい問題」（G. Polyaの言葉）になれば，執筆者一同の大きな喜びである。

末筆ながら，本書の執筆と出版にあたり，まず，名古屋工業大学 岩崎 誠 教授に，特に精密メカトロニクス系の工学教育者の視点で，本書全体を監修して頂いたことに謝意を表する。PBL（Problem/Project Based Learning）を合言葉にご指導頂き，特に，8.1節の最適制御の技術計算に示すことができた。また，京都大学 大塚敏之 教授には，この書籍を執筆する動機付けを与えて頂いたことに謝意を表する。8.2節に紹介するように，モデル予測制御の設計支援ツールとして，研究室でMapleを活用頂いていることを特記したい。さらに，東京大学 濱口哲也 特任教授には，最初にふれた，「機能重視の設計方法論」と，CAEを正しく賢く活用する「創造的な設計活動」について，議論させて頂いたことに謝意を表する。そして，巻末の参考文献には，執筆者が参考にした教科書類などの一覧を示した。各文献の著者に感謝と敬意を表する。発行から数十年が経過した古い書籍も含まれているが，執筆者の一人（遠山）が学生時代に勉強した各分野の教科書であり，しかも，今日でも学ぶことの多い名著である。さらに，出版全体をまとめて頂いたコロナ社の皆様に謝意を表する。

2016年8月

執筆者代表　遠山 聡一

目　　次

1. STEMコンピューティングの基礎知識と基本操作

2. STEMコンピューティングで解く工業数学の基礎

3. 「機械力学」「振動学」演習
（微分法，積分法，常微分方程式，フーリエ変換）

4. 「材料力学」演習
（偏微分方程式）

5. 「熱力学」「伝熱工学」演習
（偏微分，全微分）

6. 「流体力学」演習
（複素関数論）

7.「制御工学」演習（ラプラス変換）

8. マルチドメイン CAE を目指すネクスト・ステップ

本書は，Maple の動作環境として，Windows 版を前提にしている。

1
STEM コンピューティングの基礎知識と基本操作

本章では，STEM コンピューティング・プラットフォーム『Maple』について概説する。1.1 節では，カナダ Waterloo 大学でのコアテクノロジー開発の経緯，数式処理と数値計算による統合的計算環境，典型的な活用シーンについて述べる。1.2 節と 1.3 節では基本操作を練習する。読者は，本書の演習問題で不明な個所に出会ったら，Maple ヘルプと併せて，日本語ユーザー・マニュアルも適宜参照して頂きたい。本書巻末の参考文献リストに，ユーザー・マニュアルのダウンロード・サイト URL を示した。

1.1 Maple（メイプル）とは

STEM コンピューティング・プラットフォーム『**Maple**』は，1980 年に Waterloo 大学で生まれた数式処理技術をコアテクノロジーとしてもつ科学・技術・工学・数学（**STEM**：Science, Technology, Engineering and Mathematics）に関する統合的計算環境である。数式計算・数値計算を行うだけでなく，実行可能な技術文書作成や計算アプリ開発によって，さまざまなシーンでの活用を可能にする。

1.1.1 数値計算と数式処理

図 1.1 のように数値計算の場合，人間が式を認識し，計算フローを考え，コンピュータに演算させるための処理を記述し結果を得る。数式処理の場合，コンピュータが式を認識し数式を自動処理し希望する結果を得る。例えば，二次方程式を解く場合，数値計算では解を得るまでに人間がさまざまな処理を実行するのに対し，数式処理では数式を数式として認識し人間が対処するかのごとく解を得られる。

1.1.2 つねに潜む計算誤差への効果的な対策

数式処理では，数値計算でつねに生じる誤差の心配がない。数式処理は，パラメータを未知変数や有理数・整数・代数的数など，厳密に正しい表現のままで計算を行える。つまり，コンピュータが文字通り数式を数式として認識することができるのである。したがって，誤

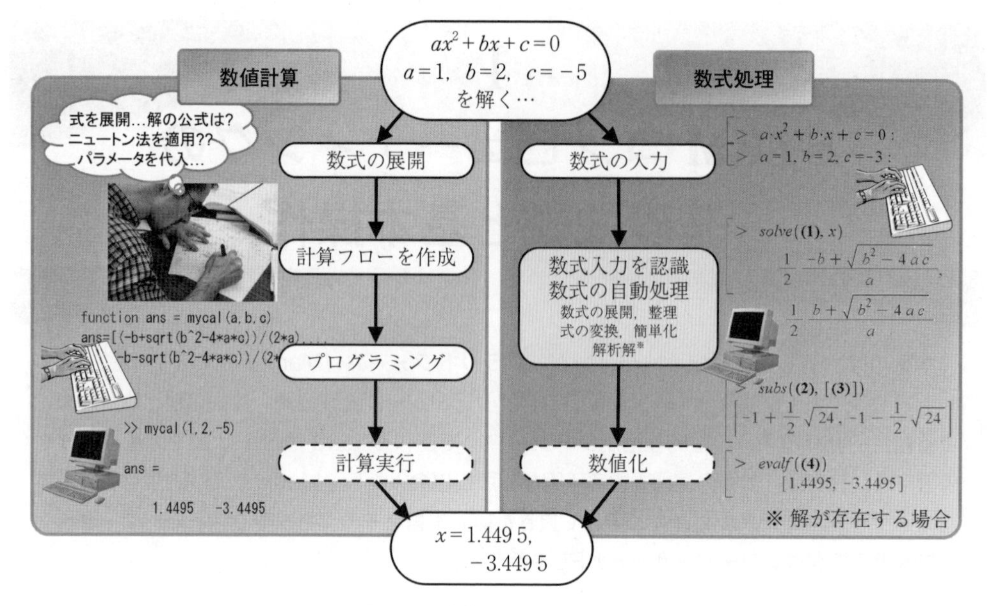

図1.1　数値計算と数式処理

差が発生するような問題に対して，人間が対処するかのごとく，式の整理や簡単化，余分な計算の排除などの処理を，数値計算を実行する前に適用することで，数値計算で発生する誤差に対してより効果的な対策を行うことが可能である。

例えば，微分方程式と代数方程式が混在した微分代数方程式（Differential Algebraic Equation, DAE）を数値計算の手法だけで解こうとした場合，通常の数値計算法とは異なる誤差への配慮が必要である。微分代数方程式は，ダイナミクスの振舞いと物理的な条件を同時に満たす方程式であり，電気回路やマルチボディシステム，化学反応などのあらゆる工学

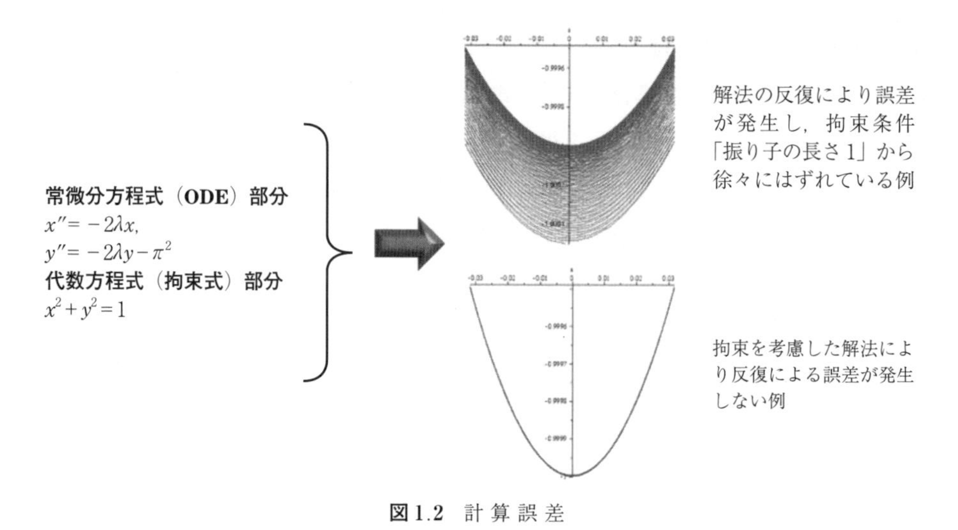

図1.2　計算誤差

的現象の表現に用いられているが，そのシミュレーションを効果的に行うには，数式処理と数値計算の統合的な計算法が必須となっている。

図1.2に示す直交座標系で記述された振り子モデルを表す微分代数方程式（DAE）の例のように，微分代数方程式の数値解法（シミュレーション）では，ルンゲ・クッタ法などの数値算法による1ステップの計算に加え，各時間ステップで拘束式の条件を満たしているか否かの計算も必要となり，計算コスト増に加えて誤差発生の一要因と成り得る。

1.1.3　数式処理と数値計算による統合的計算環境

大学で生まれた数式処理ソフトウェアとして，Mapleは数多くの数式処理研究者，天体物理，理論物理，材料科学，構造力学などの研究者やエンジニアに愛用されてきている。その理由は，Mapleでは学術的な研究成果に対してオープンかつ率先してMaplesoft製品への実装を行い，先端的な研究者との協力関係の構築につねに力を入れているからである。

その結果，先端的な研究開発の世界において，Mapleのコアテクノロジーである数式処理機能は，いまや技術計算に欠かすことのできないアプリケーションツールとして認知されてきている。さらに，あらゆる技術計算において，数式処理は数値計算と統合的に利用されることで，その効果を飛躍的に伸ばすことができる。なぜなら，数式処理 + 数値計算 = 真の技術計算環境 だからである。数式処理と数値計算の統合は数多くのメリットもたらすと考えられる。

1.1.4　効率的な計算コストの実現

数式処理により，コンピュータが数式を認識することによって，さまざまな計算をより効率的に実施することが可能である。Mapleでは，式の計算コストを計るための機能も用意されている。いわゆる計算量解析を用いることで，式のもつ意味を変更することなく，単に数値計算法を適用するだけでは対処できない膨大な式の計算をより効率的かつ効果的に実現することが可能である。

1.1.5　さまざまなシーンでの利用

数式処理と数値計算の統合計算環境であるMapleは，さまざまな形で利用されている。高度な計算ツールとして利用されるのはもちろんのこと，自然言語での文章と計算を融合した「実行可能な技術文書」として利用されている。また，設計ツール等の対話型アプリとして利用し，高度な計算をボタン等のGUIコンポーネントに埋め込み，利用しやすい形で広域的に展開されていることもある。さらに，ExcelやMATLAB，C言語等の他ツールから，その高度な計算機能を呼び出すことで，お互いの良さを組み合わせて利用されている。

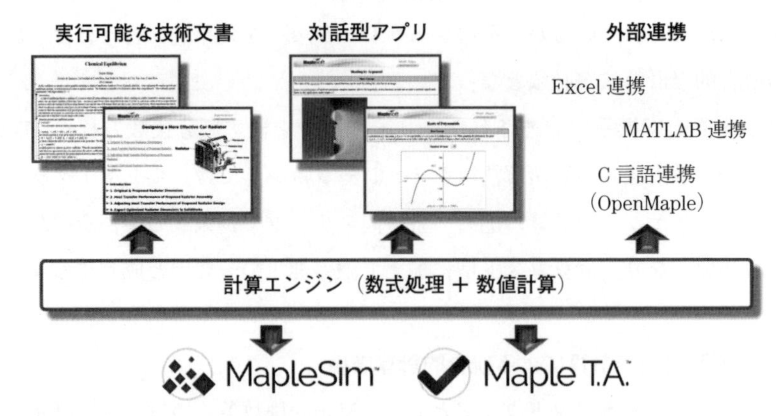

図 1.3　さまざまなシーンでの利用

MapleSim や MapleT.A も，Maple を計算エンジンとして利用しており，各分野に特化した GUI による操作から，強力な計算機能にアクセスすることを可能にしている（**図 1.3**）。

1.2　基　本　操　作

〔1〕 **インタプリタ型プログラム**　Maple はプログラムコードをコンパイルする必要なく，即時解釈して実行するインタプリタ型プログラムである。

〔2〕 **内 部 構 成**　**図 1.4** のように，Maple の内部構成は，計算エンジンである Maple カーネルをベースとして基本数学ライブラリで構成されている。線形代数や微分方程式などの応用的な操作に関してはパッケージを必要に応じて呼び出しコマンドを使える状態にする。ユーザは，GUI を通して計算コマンドを実行し，計算・結果の表示を行う。

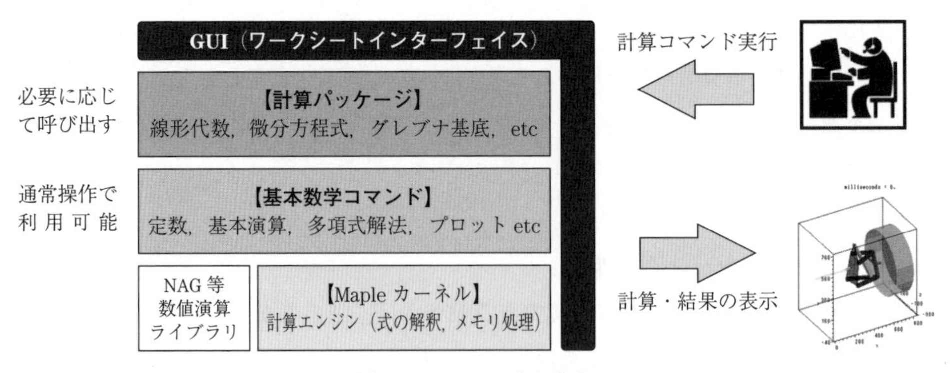

図 1.4　Maple の内部構成

〔3〕 **Maple の操作方法**

（a） **1D/2D-Math 入力**　Maple には2種類の入力方法がある。

・**1D-Math 入力**…演算子が表示されるため，プログラムコードの表記に適する入力方式

```
3*x^2+2*x+1;
```

1D-Math での入力画面

$$3x^2+2x+1 \tag{1}$$

・**2D-Math 入力**…見やすい直感的な入力方式

$3x^2+2x+1$

2D-Math での入力画面

$$3x^2+2x+1 \tag{2}$$

＊ 本書では，入力方法を習得する目的のため，1D-Math 入力にて説明を行うものとする。

（**b**） **コマンド入力の方法**（**図 1.5**） コマンド入力の方法は，コマンド名の後に，対象の数式や変数である引数を丸括弧（ ）でくくり，入力する。

終端にはセミコロン；もしくはコロン：を入力する。終端がセミコロンの場合，計算結果が出力され，終端がコロンの場合，計算結果が出力されない。また，終端のセミコロンもしくはコロンは省略可能であり，その場合はセミコロンとして扱われる。

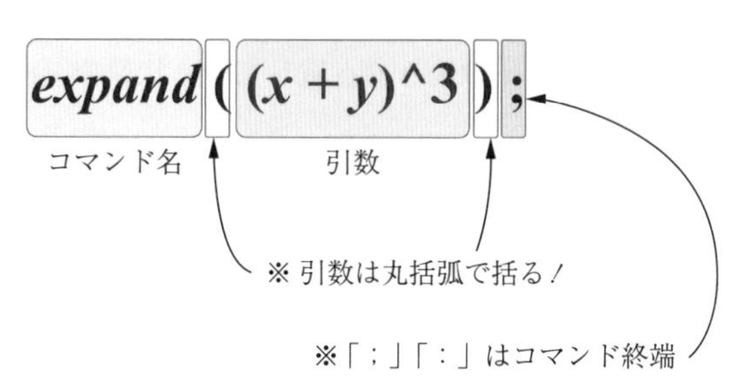

図 1.5 コマンド入力の方法

（**c**） **パッケージ**（**応用コマンド**）**の利用方法**

応用コマンドは，先にパッケージをロードして利用する。または，パッケージ名とコマンド名を入力して利用する。

【例】 最小二乗近似の計算

1. パッケージをロードする場合

パッケージ全体をロードし，その後も利用可能

```
with(CurveFitting):
LeastSquares([[0, 1], [1, 2], [2, 4]], x);
```

$$\frac{5}{6}+\frac{3x}{2} \tag{3}$$

2. パッケージ名とコマンド名を入力する場合

```
CurveFitting[LeastSquares]([[0, 1], [1, 2], [2, 4]], x);
```

パッケージの一部をロードし，一時的に利用可能

$$\frac{5}{6}+\frac{3x}{2} \tag{4}$$

（d）　指数入力

指数入力はキーボードの “Back space” キーの二つ左側にある ^（キャレット）キーを使い入力する。

・1D−Math 入力での x^2 の入力例

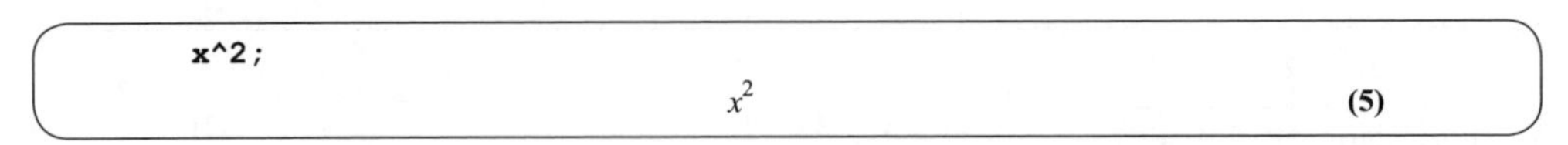

・2D−Math 入力での x^2 の入力例

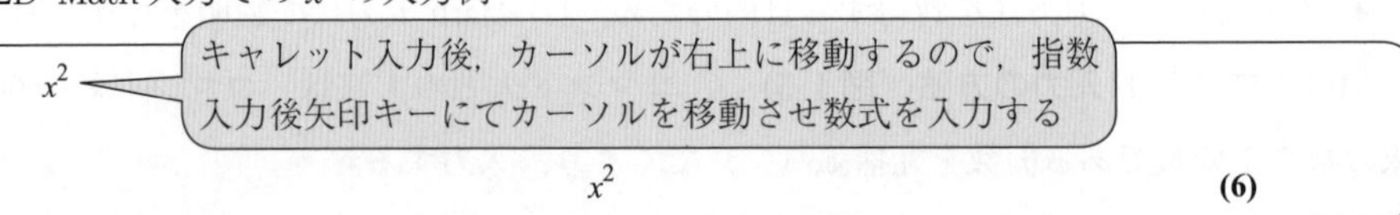

（e）　入力補完機能

［ESC キー］を押すことで候補の一覧入力コマンドを選択できる。

【例】

1. int まで入力し，カーソルが t の後ろで点滅している状態で［Esc］キーを押す。

```
> int
```

2. 候補となるコマンドがリストされるので，該当するコマンドをリストから選択（クリック）する。

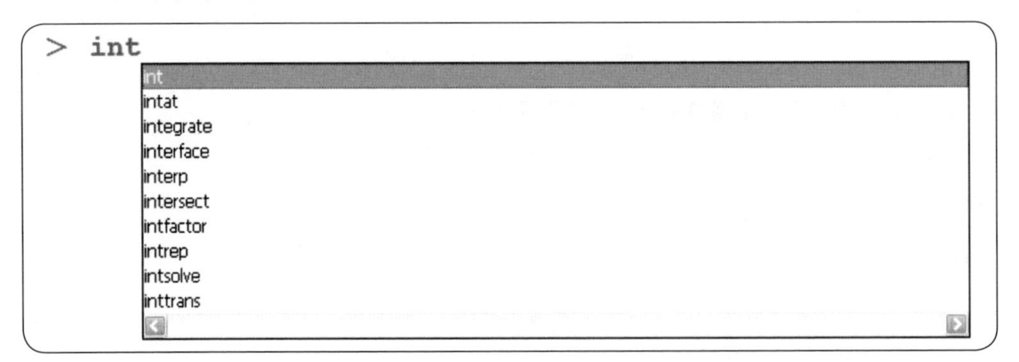

（f）　データタイプ

① **式列（シーケンス）**　Maple のオブジェクト（数字，数値，式，あるいは文字など）をコンマ（,）で区切った集まり。

式列の定義

```
sq1 := a, b, c, d, e;
```

$$sq1 := a, b, c, d, e \tag{7}$$

要素の抽出

※ 要素の抽出には添え字記号［i］を使用（インデックス i は整数)。

※ 範囲の指定はピリオド二つ（..）を使用。

```
sq1[ 1 ];
```

$$a \tag{8}$$

```
sq1[ 3..5 ];
```

$$c, d, e \tag{9}$$

② **集合**　波括弧{　}で囲まれた式列である。集合は，重複する要素は省かれ，要素の順番は保たれない。

集合の定義

```
st0 := { };
st1 := { b, a, b, c, b, a, c };
st2 := { c, d, e}
```

$$st0 := \varnothing$$
$$st1 := \{a, b, c\}$$
$$st2 := \{c, d, e\} \tag{10}$$

要素の抽出

※ 要素の抽出には添え字記号［i］を使用（インデックス i は整数)。

※ 範囲の指定はピリオド二つ（..）を使用。

```
st1[];
st1[2];
st1[2..3];
```

$$a, b, c$$
$$b$$
$$\{b, c\} \tag{11}$$

③ **リスト**　角括弧［　］で囲まれた式列。リストは，要素の順番を保持し，要素が重複してもその要素を省かない。

リストの定義

空のリスト

```
lt0 := [];
lt1 := [ 1, 2, 3, 2, 1, 4, 1, 1, 2, 5, 6, 2, 3, 4 ];
```

$$lt0 := [\,]$$
$$lt1 := [1, 2, 3, 2, 1, 4, 1, 1, 2, 5, 6, 2, 3, 4] \tag{12}$$

要素の抽出

※ 要素の抽出には添え字記号［i］を使用（インデックス i は整数)。

※ 範囲の指定はピリオド二つ（..）を使用。

```
lt1[];
lt1[2];
lt1[2..5]
```

$$1, 2, 3, 2, 1, 4, 1, 1, 2, 5, 6, 2, 3, 4$$
$$2$$
$$[2, 3, 2, 1] \quad (13)$$

（g） 計算結果の再利用

① **数式ラベルの利用**　出力のラベルを用いて結果を再利用する方法。

式の展開

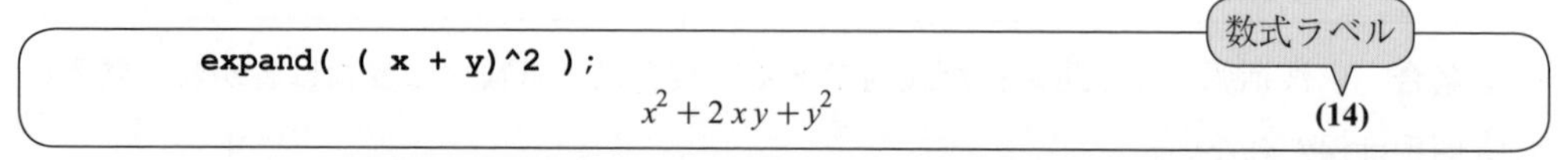


```
expand( ( x + y)^2 );
```

$$x^2 + 2xy + y^2 \quad (14)$$

ラベルの入力はつぎの手順で行う。

［Ctrl］キー＋［L］キーにより**図 1.6** のラベル入力ウィンドウが立ち上がるので，適当なラベルを入力し，OK ボタンをクリックする。

図 1.6　ラベルの挿入

［Ctrl］キー＋［L］キーを使わず，直接ラベル番号を入力してもラベルとして使用できないので注意が必要。

別の計算処理を途中に追加したことにより，ラベルの値が変わったとしても，ラベルの値は自動的に更新される。

② **変数への割当て**　変数への割り当ては，「：＝」（コロン＋等号）で行う。等号のみでは，等式として認識される。

式の展開

```
a := expand( ( x + y )^2 );
```

$$a := x^2 + 2xy + y^2 \quad (15)$$

因数分解

```
factor( a );
```

$$(x + y)^2 \quad (16)$$

（h） グループ

① グループとは　グループとは，ある処理（コマンド）や文章（テキスト）のまとまりのことである。コマンドやテキストが混在したグループも入力可能である。

左側の角括弧 [が一つのグループになる。グループを用いて，実行グループ（処理の単位）やテキストグループ（文章の単位）などを作成する。

1グループに対して1コマンドもしくは1文章とすることで，追記や削除などの編集作業が容易となる。

実行グループ

```
[>
```

＊ 左側の角括弧（ [）は，F9 キーで表示・非表示を切り替えることができる。

テキストグループ

```
[（文章のみ）
```

コマンドと文章が混在したグループ

```
[（文章＝パラグラフあるいはコメント）
|
[>
```

② グループに関連するおもなショートカット

§ 現在のグループの前に新しいグループを挿入する場合

[Ctrl] キー ＋ [K] キーを押す。

§ プロンプト（＞）の前にテキスト（文字）を入力する場合

[Ctrl] キー ＋ [Shift] キー ＋ [K] キーを押す。

§ 現在のグループの後に新しいグループを挿入する場合

[Ctrl] キー ＋ [J] キーを押す。

§ プロンプト（＞）の後にテキスト（文字）を入力する場合

[Ctrl] キー ＋ [Shift] キー ＋ [J] キーを押す。

§ コマンド入力からテキスト（文字）の入力に切り替える場合

[Ctrl] キー ＋ [T] キーを押す。

§ カーソルのある〈行〉あるいは〈グループ〉を削除する場合

[Ctrl] キー ＋ [Delete] キーを押す。

§ グループ内で改行する場合

[Shift] キー ＋ [Enter] キーを押す。

（i）ヘルプの活用

Maple には，数千のコマンドが用意されているためすべてを覚えることはほぼ不可能である。そこで，ヘルプの活用が重要となる。また，検索キーワードは，一部を除き日本語にも対応している。ヘルプ内には日本語のユーザマニュアルもあるのでそちらで事前学習するのもおすすめする。

【Maple のヘルプメニューから起動する方法】

ツールバーの［ヘルプ（H)］⇒［Maple ヘルプ（M)］を選択する（**図 1.7**)。

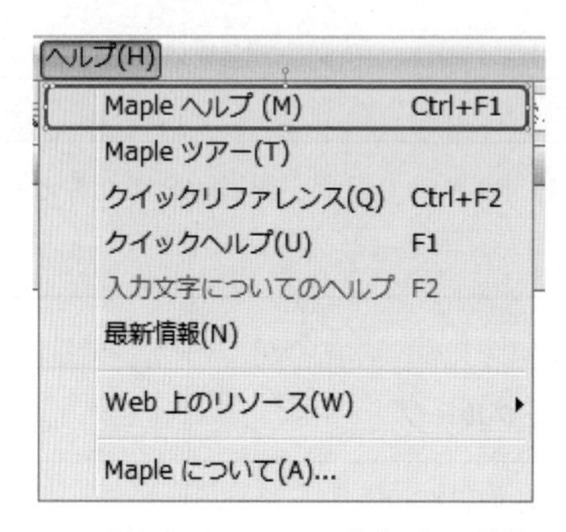

図 1.7　Maple ヘルプ（M）の選択

選択後，**図 1.8** のようなオンラインヘルプのウィンドウが立ち上がる。［検索］フィールドにキーワードを入力し，［検索］ボタンをクリックする。

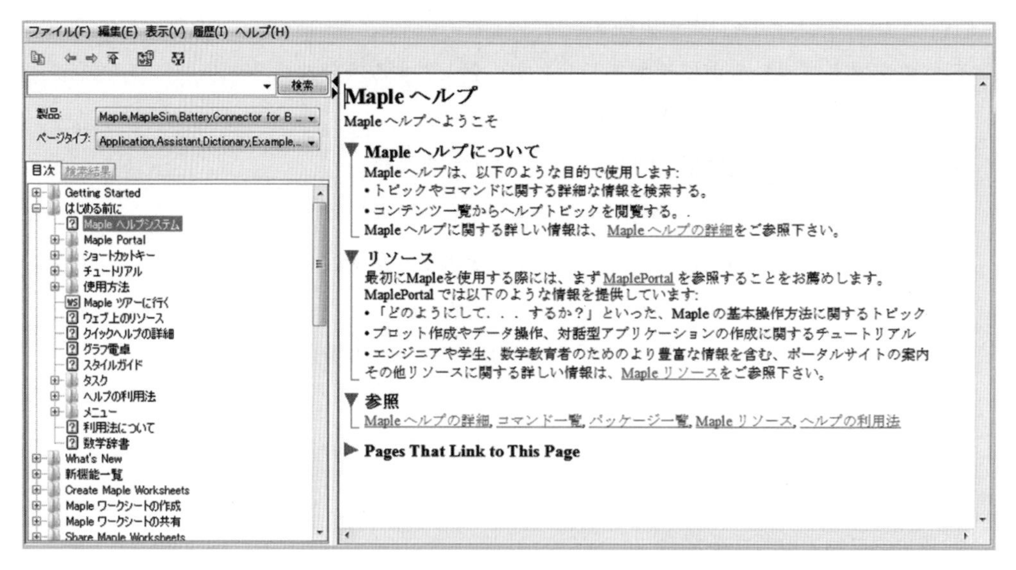

図 1.8　ヘルプ画面

1.3 クイックリファレンス

【注意】 パッケージに含まれる応用コマンドは，**パッケージ名［コマンド名］**（ ）としている。

表 1.1 クイックリファレンス

機能	説明
1. グループ	・実行グループ 数式やコマンドなどの入力内容を実行する [> ・テキストグループ 数式やコマンドなどの入力内容を実行せず，コメントとして処理する [
2. セクション	処理や文章を構造化・階層化する ▼ **セクション** [> [> ▼ **サブセクション** [[> ▼ …
3. ワークシートの初期化（リセット）	変数の割当てなどすべての処理を初期化する [> `restart;`
4. コメント	#（シャープ）－ # で始まる行はコメント行であり，実行されない
5. 結果の表示・非表示	;（セミコロン）－結果を表示 :（コロン）－結果を非表示
6. 等号記号	=（イコール）

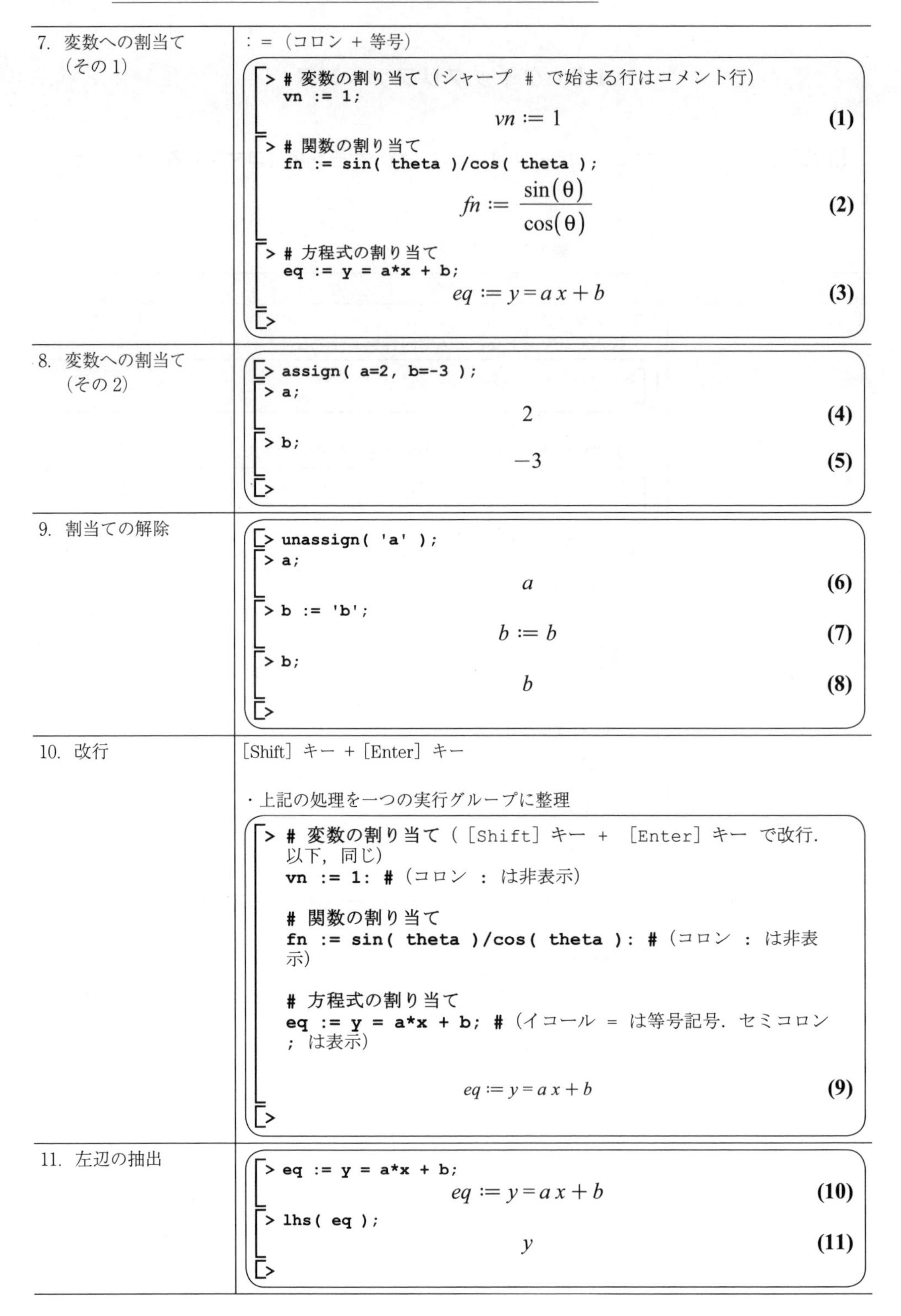

7. 変数への割当て（その1）

：＝（コロン＋等号）

```
> # 変数の割り当て（シャープ # で始まる行はコメント行）
vn := 1;
```

$$vn := 1 \tag{1}$$

```
> # 関数の割り当て
fn := sin( theta )/cos( theta );
```

$$fn := \frac{\sin(\theta)}{\cos(\theta)} \tag{2}$$

```
> # 方程式の割り当て
eq := y = a*x + b;
```

$$eq := y = a\,x + b \tag{3}$$

```
>
```

8. 変数への割当て（その2）

```
> assign( a=2, b=-3 );
> a;
```

$$2 \tag{4}$$

```
> b;
```

$$-3 \tag{5}$$

```
>
```

9. 割当ての解除

```
> unassign( 'a' );
> a;
```

$$a \tag{6}$$

```
> b := 'b';
```

$$b := b \tag{7}$$

```
> b;
```

$$b \tag{8}$$

```
>
```

10. 改行

[Shift] キー＋[Enter] キー

・上記の処理を一つの実行グループに整理

```
> # 変数の割り当て（[Shift] キー + [Enter] キー で改行．
  以下，同じ）
  vn := 1: #（コロン : は非表示）

  # 関数の割り当て
  fn := sin( theta )/cos( theta ): #（コロン : は非表
  示）

  # 方程式の割り当て
  eq := y = a*x + b; #（イコール = は等号記号．セミコロン
  ; は表示）
```

$$eq := y = a\,x + b \tag{9}$$

```
>
```

11. 左辺の抽出

```
> eq := y = a*x + b;
```

$$eq := y = a\,x + b \tag{10}$$

```
> lhs( eq );
```

$$y \tag{11}$$

```
>
```

12. 右辺の抽出	`> eq := y = a*x + b;`
	$eq := y = a\,x + b$ **(12)**
	`> rhs( eq );`
	$a\,x + b$ **(13)**
	`>`

13. 範囲指定	..（ピリオド二つ）

14. 式の代入	`> fn := sin( theta )/cos( theta );`
	$fn := \frac{\sin(\theta)}{\cos(\theta)}$ **(14)**
	`> subs( theta = 0, fn );`
	$\frac{\sin(0)}{\cos(0)}$ **(15)**
	`>`

15. 式の代入・評価	`> fn := sin( theta )/cos( theta );`
	$fn := \frac{\sin(\theta)}{\cos(\theta)}$ **(16)**
	`> eval( fn, theta = 0 );`
	0 **(17)**
	`> eq := y = a*x + b;`
	$eq := y = a\,x + b$ **(18)**
	`> eval( eq, [ a=2, b=-3 ] );`
	$y = 2\,x - 3$ **(19)**
	`>`

16. 変数で微分	`> diff( x^2, x );`
	$2\,x$ **(20)**
	`>`

17. 型の変換	`> fn := sin( theta )/cos( theta );`
	$fn := \frac{\sin(\theta)}{\cos(\theta)}$ **(21)**
	`> convert( fn, tan );`
	$\tan(\theta)$ **(22)**
	`>`

18. 式の簡単化	`> tr := sin(x)^2 + cos(x)^2;`
	$tr := \sin(x)^2 + \cos(x)^2$ **(23)**
	`> simplify( tr );`
	1 **(24)**
	`>`

19. 級数展開	`> ex := series( sin(x), x=0, 2 );`
	$ex := x + \mathrm{O}(x^3)$ **(25)**
	`> # 純粋な多項式に変換`
	`convert( ex, polynom );`
	x **(26)**
	`>`

20. 方程式の求解	`> eq1 := a*x^2 + b*x + c = 0;`
	$eq1 := a\,x^2 + b\,x + c = 0$ **(27)**
	`> solve( eq1, x );`
	$\frac{-b + \sqrt{-4\,a\,c + b^2}}{2\,a},\ -\frac{b + \sqrt{-4\,a\,c + b^2}}{2\,a}$ **(28)**
	`>`

21. 連立方程式から係数行列を生成	`> eqs := a*x + b*y = P,`
	`        c*x + d*y = Q;`
	$eqs := a\,x + b\,y = P,\ c\,x + d\,y = Q$ **(29)**
	`> A, b :=  LinearAlgebra[GenerateMatrix]( [ eqs ], [ x, y ] );`
	$A, b := \begin{bmatrix} a & b \\ c & d \end{bmatrix}, \begin{bmatrix} P \\ Q \end{bmatrix}$ **(30)**
	`>`

22. 虚数単位	`> I^2;`
	-1 **(31)**
	`>`

23. 複素数から実部を抽出	`> Re( 2 - 3*I );`
	2 **(32)**
	`>`

24. 複素数から虚部を抽出	`> Im( 2 - 3*I );`
	-3 **(33)**
	`>`

25. 行列のサイズを計算	`> C := < < 1 | 2 >, < 3 | 6 > >;`
	$C := \begin{bmatrix} 1 & 2 \\ 3 & 6 \end{bmatrix}$ **(34)**
	`> LinearAlgebra[Dimension]( C );`
	$2, 2$ **(35)**
	`>`

26. 行列のランクを計算	`> LinearAlgebra[Rank]( C );`
	1 **(36)**
	`>`

27. ユーザ定義のファンクション	ファンクション名 `:=` 引数 `->` 処理
	`> gx := x -> x^2;`
	$gx := x \mapsto x^2$ **(37)**
	`> gx( 2 );`
	4 **(38)**
	`>`

28. 文字列の結合	`> "Maple"||"Sim";`
	"MapleSim" **(39)**
	`> cat( "Maple", "Sim" );`
	"MapleSim" **(40)**
	`>`

29. 数学定数π	`> Pi; # 数学定数 ( 大文字 P )`
	π **(41)**
	`> pi; # 文字 ( 小文字 p )`
	π **(42)**
	`>`

30. 浮動小数点演算による数値化	`> evalf( Pi );`
	3.141592654 **(43)**
	`> evalf( Pi, 30 ); # 桁数 30 を指定`
	3.14159265358979323846264338328 **(44)**
	`>`

2
STEM コンピューティングで解く工業数学の基礎

本章では，高校から大学初学年辺りで習う数学の演習問題を対象とする。3 章以降の工業数学に進む準備として，ここでの目標は，STEM コンピューティングの基本コマンドを使い慣れて，標準的な解法プロセスを組み立てられることである。2.1 節では多項式，初等関数について，数式操作や変形，方程式の解法，グラフの描き方を練習する。2.2 節では，1 変数関数の微分法について練習する。2.3 節では，線形定係数の常微分方程式について，解の導出法を練習する。2.4 節では，多変数関数の微分法を練習する。2.5 節では，線形代数の基礎を練習する。

2.1　多項式と代数方程式，初等関数，グラフ

2.1.1　多項式と代数方程式（高次多項式の展開と因数分解，代数方程式の解，グラフ）

設問

「パスカルの三角形」における 5 次多項式 $a^5+5a^4b+10a^3b^2+10a^2b^3+5ab^4+b^5$ を Maple に入力し，グラフを描け。また，その 5 次多項式を因数分解せよ。もとの 5 次多項式を a を未知数として代数方程式として解け。

解答

```
> restart:
```

5 次多項式を入力する。

```
> a^5+5*a^4*b+10*a^3*b^2+10*a^2*b^3+5*a*b^4+b^5;
```

$$a^5+5\,a^4\,b+10\,a^3\,b^2+10\,a^2\,b^3+5\,a\,b^4+b^5 \qquad (1)$$

グラフの描画をする。

```
> plot3d((1));
```

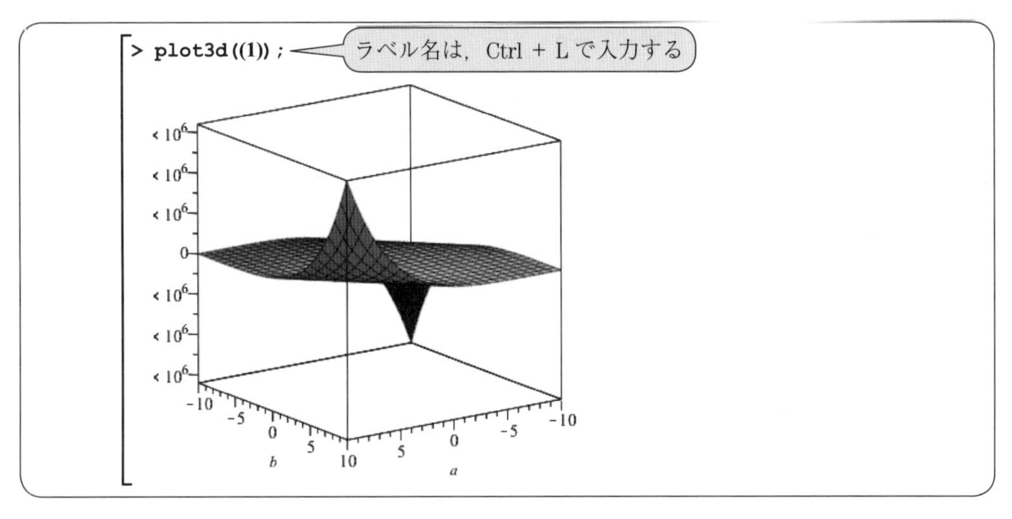

式（1）を因数分解する。

```
> factor((1))
```

$$(a+b)^5 \quad (2)$$

方程式を定義する。

```
> (1) = 0
```

$$a^5+5\,a^4\,b+10\,a^3\,b^2+10\,a^2\,b^3+5\,a\,b^4+b^5=0 \quad (3)$$

解を求める。

```
> solve((3), a)
```

$$-b,\ -b,\ -b,\ -b,\ -b \quad (4)$$

2.1.2　初等関数（指数関数，常用対数，自然対数，三角関数）

設問

1）つぎの指数関数の性質を確認せよ。

（1）$\mathrm{e}^x\mathrm{e}^y = \mathrm{e}^{x+y}$　（2）$\dfrac{\mathrm{e}^x}{\mathrm{e}^y}=\mathrm{e}^{(x-y)}$　（3）$\left(\mathrm{e}^x\right)^y=\mathrm{e}^{xy}$

2）つぎの自然対数の性質を確認せよ。

（1）$\ln(xy)=\ln(x)+\ln(y)$　（2）$\ln\left(\dfrac{x}{y}\right)=\ln(x)-\ln(y)$

（3）$\ln(x^y)=y\ln(x)$

3）対数の底の変換公式によって，つぎの自然対数と常用対数との関係を確認せよ。

$$\log_{10}(x)=\frac{\ln(x)}{\ln(10)}$$

4）つぎの三角関数の公式を確認せよ。

（1）$\sin(x \pm y) = \sin(x)\cdot\cos(y) \pm \cos(x)\cdot\sin(y)$

（2）$\cos(x \pm y) = \cos(x)\cdot\cos(y) \mp \sin(x)\cdot\sin(y)$

（3）サインに関する「和→積の公式」と「積→和の公式」

（4）コサインに関する「和→積の公式」と「積→和の公式」

解答

1）指数関数の性質

```
> restart:
```

（1）式を定義する。

```
> exp(x)*exp(y);
```
$$e^x e^y \quad (5)$$
```
> combine((5));
```
式を結合するコマンド
$$e^{x+y} \quad (6)$$
```
> (5) = (6)
```
$$e^x e^y = e^{x+y} \quad (7)$$

（2）式を定義する。

```
> exp(x)/exp(y);
```
$$\frac{e^x}{e^y} \quad (8)$$
```
> combine((8))
```
$$e^{x-y} \quad (9)$$
```
> (8) = (9)
```
$$\frac{e^x}{e^y} = e^{x-y} \quad (10)$$

（3）式を定義する。

```
> exp(x)^y;
```
$$(e^x)^y \quad (11)$$
```
> simplify((11), symbolic );
```
式を簡単化するコマンド
$$e^{yx} \quad (12)$$
```
> (11) = (12)
```
$$(e^x)^y = e^{yx} \quad (13)$$

2）自然対数の性質

（1）式を定義する。

```
> ln(x*y);
                                   ln(y x)                              (14)
> simplify((14), symbolic)
                                ln(y) + ln(x)                           (15)
> (14) = (15);
                            ln(y x) = ln(y) + ln(x)                     (16)
```

$$\ln(y\,x) = \ln(y) + \ln(x)$$

（2）式を定義する。

```
> ln(x/y);
                                   ln(x/y)                              (17)
> simplify((17), symbolic)
                                ln(x) - ln(y)                           (18)
> (17) = (18);
                            ln(x/y) = ln(x) - ln(y)                     (19)
```

$$\ln\left(\frac{x}{y}\right) = \ln(x) - \ln(y)$$

（3）式を定義する。

```
> ln(x^y)
                                   ln(x^y)                              (20)
> simplify((20), symbolic)
                                   y ln(x)                              (21)
> (20) = (21);
                              ln(x^y) = y ln(x)                         (22)
```

$$\ln(x^y) = y\ln(x)$$

3）対数の底の変換公式

式を定義する。

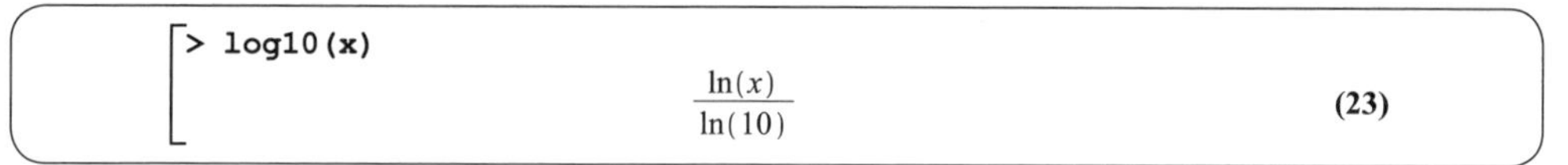

```
> log10(x)
                                   ln(x)/ln(10)                         (23)
```

$$\frac{\ln(x)}{\ln(10)}$$

4）三角関数の公式

（1）$\sin(x+y)$ の式を定義する。

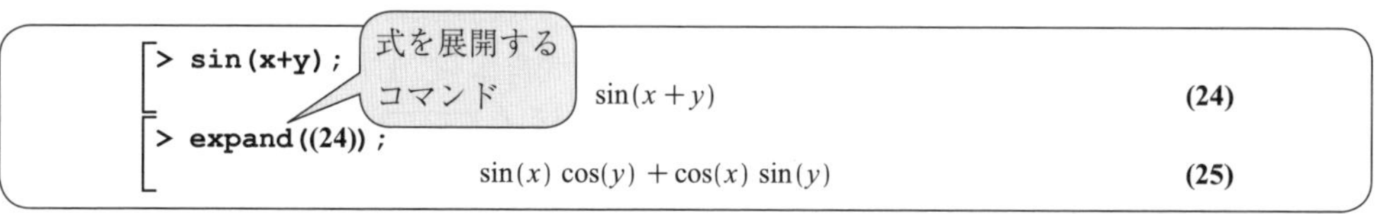


```
> sin(x+y);
                                   sin(x + y)                           (24)
> expand((24));
                     sin(x) cos(y) + cos(x) sin(y)                      (25)
```

$\sin(x-y)$ の式を定義する。

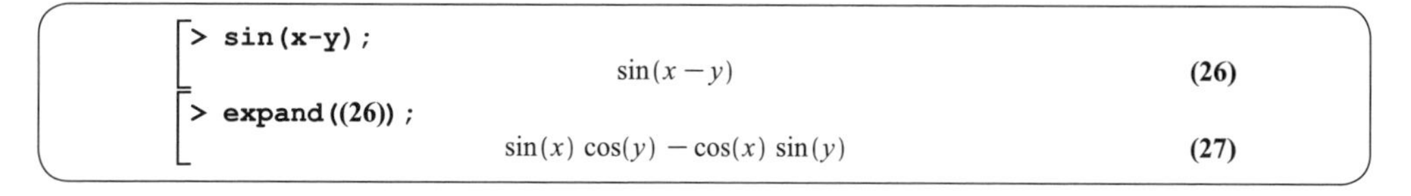

```
> sin(x-y);
                                   sin(x - y)                           (26)
> expand((26));
                     sin(x) cos(y) - cos(x) sin(y)                      (27)
```

（2） $\cos(x+y)$ の式を定義する。

```
> cos(x+y);
```
$$\cos(x+y) \tag{28}$$
```
> expand((28));
```
$$\cos(x)\cos(y) - \sin(x)\sin(y) \tag{29}$$

$\cos(x-y)$ の式を定義する。

```
> cos(x-y);
```
$$\cos(x-y) \tag{30}$$
```
> expand((30));
```
$$\cos(x)\cos(y) + \sin(x)\sin(y) \tag{31}$$

（3） 式を定義する。

```
> sin(x)*sin(y);
```
$$\sin(x)\sin(y) \tag{32}$$
```
> combine((32), trig);
```
$$\frac{\cos(x-y)}{2} - \frac{\cos(x+y)}{2} \tag{33}$$

（4） 式を定義する。

```
> cos(x)*cos(y);
```
$$\cos(x)\cos(y) \tag{34}$$
```
> combine((34), trig);
```
$$\frac{\cos(x-y)}{2} + \frac{\cos(x+y)}{2} \tag{35}$$

2.2　数列と級数，微分法

2.2.1　数列と級数（数列の極限，級数の和）

設問

1） つぎの数列の極限を求めよ。このときに設問の式自体も，1D-Math で入力せよ。

（1） $\lim_{n\to\infty} a_n = \lim_{n\to\infty} \frac{2n^2+3}{(n+1)(n-2)}$　　（2） $\lim_{n\to\infty} a_n = \lim_{n\to\infty} \left(\sqrt{n^2+n} - n\right)$

2） つぎの級数の和を求めよ。このときに設問の式自体も，1D-Math で入力せよ。

（1） $\sum_{n=1}^{\infty} \left(-\frac{1}{2}\right)^n$　　（2） $\sum_{n=2}^{\infty} \frac{1}{n^2-1}$

解答

1） 数列の極限

```
> restart:
```

（1）式を定義する。

```
> a__n=(2*n^2+3)/((n+1)*(n-2));
```

__（アンダーバー）を二つ入力することで下付き文字を入力する

$$a_n = \frac{2n^2+3}{(n+1)(n-2)} \quad (1)$$

設問式を入力する。

大文字の Limit は，極限計算をしない

設問式の入力。

```
> Limit((lhs((1)),n=infinity))=Limit((rhs((1)),n=infinity));
```

$$\lim_{n\to\infty} a_n = \lim_{n\to\infty} \frac{2n^2+3}{(n+1)(n-2)} \quad (2)$$

極限を求める。

```
> limit(rhs((1)),n=infinity);
```

小文字の limit は，極限計算をする

$$2 \quad (3)$$

value コマンドでも計算可能

```
> value(rhs((2)));
```

$$2 \quad (4)$$

（2）式を定義する。

```
> a__n=sqrt(n^2+n)-n;
```

sqrt でルートを入力する

$$a_n = \sqrt{n^2+n} - n \quad (5)$$

設問式を入力する。

```
> Limit((lhs((5)),n=infinity))=Limit((rhs((5)),n=infinity));
```

$$\lim_{n\to\infty} a_n = \lim_{n\to\infty}\left(\sqrt{n^2+n} - n\right) \quad (6)$$

極限を求める。

極限を求める

```
> limit(rhs((5)),n=infinity);
```

$$\frac{1}{2} \quad (7)$$

2）級数の和

（1）式を定義する。

```
> (-1/2)^n;
```

$$\left(-\frac{1}{2}\right)^n \quad (8)$$

設問式を入力する。

```
> Sum((8),n=1..infinity));
```

$$\sum_{n=1}^{\infty}\left(-\frac{1}{2}\right)^n \tag{9}$$

和を求める。

```
> sum((8),n=1..infinity))
```

$$-\frac{1}{3} \tag{10}$$

（2）式を定義する。

```
> 1/(n^2-1);
```

$$\frac{1}{n^2-1} \tag{11}$$

設問式を入力する。

```
> Sum((11),n=2..infinity))
```

$$\sum_{n=2}^{\infty}\frac{1}{n^2-1} \tag{12}$$

和を求める。

```
> sum((11),n=2..infinity))
```

$$\frac{3}{4} \tag{13}$$

2.2.2　微分法（一変数関数の微分法の規則，テイラー展開）

設問

1）つぎの関数を微分せよ。合成関数の微分規則と，1回の Maple コマンドの2通りの方法で行え。

$$y=\sqrt{\sin(x)}$$

2）sin 関数のマクローリン展開を求めよ。

3）sin 関数と，上のマクローリン展開の結果を，一つのグラフに重ね描きせよ。

解答

1）式を定義する。

```
> y=sqrt(sin(x))
```

$$y=\sqrt{\sin(x)} \quad (14)$$

式（14）を微分（合成関数）する。

```
> y=sqrt(t)
```

$$y=\sqrt{t} \quad (15)$$

```
> t=sin(x)
```

$$t=\sin(x) \quad (16)$$

```
> Diff(rhs((15)), t)*Diff(rhs((16)), x) = diff(rhs((15)), t)*
  diff(rhs((16)), x)
```

$$\frac{d}{dt}\left(\sqrt{t}\right)\frac{d}{dx}\sin(x)=\frac{\cos(x)}{2\sqrt{t}} \quad (17)$$

```
> lhs((17))=subs(t=sin(x),rhs((17)))
```

$$\frac{d}{dt}\left(\sqrt{t}\right)\frac{d}{dx}\sin(x)=\frac{\cos(x)}{2\sqrt{\sin(x)}} \quad (18)$$

微分コマンドを入力する。

```
> diff(rhs((14)),x)
```

$$\frac{\cos(x)}{2\sqrt{\sin(x)}} \quad (19)$$

2）式を定義する。

```
> f(x)=sin(x)
```

級数展開するコマンド

$$f(x)=\sin(x) \quad (20)$$

```
> series(sin(x),x=0, 14);
```

$$x-\frac{1}{6}x^3+\frac{1}{120}x^5-\frac{1}{5040}x^7+\frac{1}{362880}x^9-\frac{1}{39916800}x^{11}+\frac{1}{6227020800}x^{13}+O(x^{15}) \quad (21)$$

多項式に変換する

```
> convert((21), polynom);
```

$$x-\frac{1}{6}x^3+\frac{1}{120}x^5-\frac{1}{5040}x^7+\frac{1}{362880}x^9-\frac{1}{39916800}x^{11}+\frac{1}{6227020800}x^{13} \quad (22)$$

3）sin 関数のグラフを描く。

パッケージをロードする。

```
> with(plots):
```

重ね描きをする。

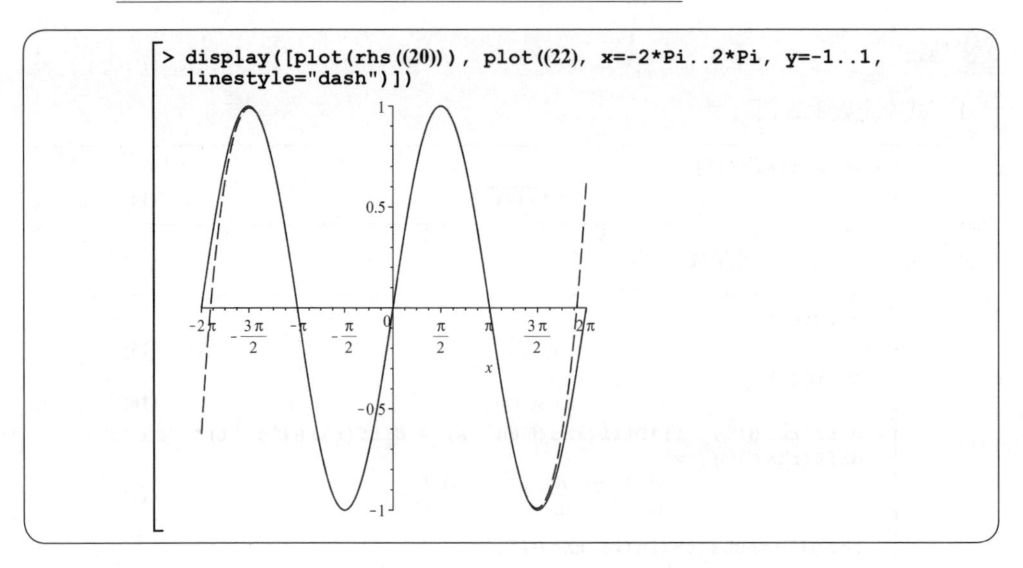

2.3　常微分方程式 ——2 階の線形定係数常微分方程式——

設問

図 2.1 のばね，質点系が静止状態からのつぎの入力 $f(t)$ を受けるときの運動方程式は次式で与えられる。

$$m\ddot{x}(t)+kx(t)=f(t)$$

この系の応答を求めよ。ここで，$f(t)$ は次式で与えられるものとする。

$$f(t)=\begin{cases}0 & (t\leqq 0)\\ 1 & (0<t<t_0)\end{cases}$$　ただし，$t_0>0$ である。

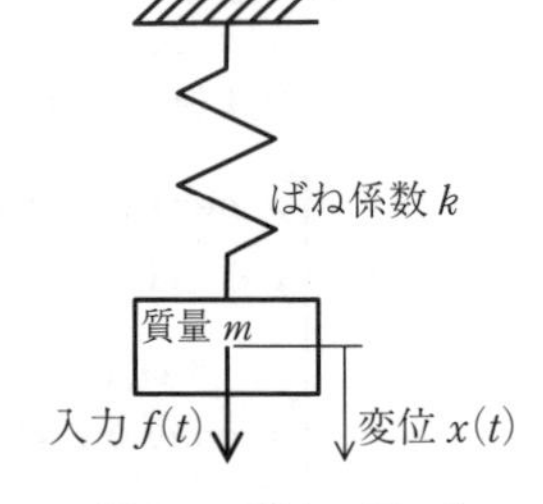

図 2.1　質点–ばね系

解答

```
> restart:
```

式を定義する。

```
> m*diff(x(t),t$2)+k*x(t) = f(t);
```

$$m\left(\frac{d^2}{dt^2}x(t)\right)+k\,x(t)=f(t) \tag{1}$$

```
> f(t) = piecewise(t<=0, 0, 0<t and t<t__0, 1);
```

$$f(t)=\begin{cases}0 & t\le 0\\ 1 & 0<t \text{ and } t<t_0\end{cases} \tag{2}$$

$x(0)=0,\quad \dfrac{d}{dt}x(0)=0$ であるとき

D は微分演算子

```
> x(0)=0, D(x)(0)=0;
```

$$x(0)=0, D(x)(0)=0 \tag{3}$$

```
> dsolve({lhs((1))=0, (3)});
```

$$x(t)=0 \tag{4}$$

```
> dsolve({lhs((1))=1, (3)});
```

$$x(t)=-\frac{\cos\left(\frac{\sqrt{k}\,t}{\sqrt{m}}\right)}{k}+\frac{1}{k} \tag{5}$$

2.4　多変数関数の微分法——偏微分（偏導関数，停留点，極値）——

設問

つぎの2変数関数の停留点を求め，極値かどうか判断せよ。極値の場合にはその値を求めよ。

$$f(x,y)=x^2+xy+y^2-4x-2y$$

解答

```
> restart:
```

式を定義する

```
> f(x,y)=x^2+x*y+y^2-4*x-2*y
```

$$f(x,y)=x^2+x\,y+y^2-4\,x-2\,y \tag{1}$$

x について微分する。

```
> Diff(f,x)=diff(rhs((1)),x)
```

$$\frac{\partial}{\partial x} f = 2x + y - 4 \tag{2}$$

y について微分する。

```
> Diff(f,y)=diff(rhs((1)),y)
```

$$\frac{\partial}{\partial y} f = x + 2y - 2 \tag{3}$$

$\frac{\partial}{\partial x} f = \frac{\partial}{\partial y} f = 0$　より停留点となるのは

```
> solve({rhs((2))=0,rhs((3))=0},{x,y})
```

$$\{x=2, y=0\} \tag{4}$$

式（4）より $(x,y)=(2,0)$ の1点である。また，2階微分はヘッセ行列の要素と行列式である。

$$A = \frac{\partial^2}{\partial x^2} f, \quad B = \frac{\partial^2}{\partial x \partial y} f, \quad C = \frac{\partial^2}{\partial y^2} f, \quad D = AC - B^2$$

```
> A = diff(rhs((1)),x$2);
```

$$A = 2 \tag{5}$$

$$B = \frac{\partial^2}{\partial x \partial y} f$$

```
> B = diff(rhs((1)),[x,y]);
```

$$B = 1 \tag{6}$$

$$C = \frac{\partial^2}{\partial y^2} f$$

```
> C = diff(rhs((1)),y$2);
```

$$C = 2 \tag{7}$$

$$D = AC - B^2$$

```
> D = -rhs((6))^2+rhs((5))*rhs((7)) ;
```

$$D = 3 \tag{8}$$

$(x,y)=(2,0)$ では，ヘッセ行列について $A>0$ かつ $D>0$ であるから $(2,0)$ は極小点であり，極値は，$f(2,0)$ より

```
> f(2,0)  = eval(rhs((1)),{x=2,y=0})
```

$$f(2,0) = -4 \tag{9}$$

2.5 線形代数（行列式，逆行列，連立方程式）

設問

1）行列 $\begin{bmatrix} 1 & a & a^2 \\ 1 & b & b^2 \\ 1 & c & c^2 \end{bmatrix}$ の行列式を因数分解せよ。

2）$\begin{bmatrix} 2 & 1 \\ 3 & -2 \end{bmatrix}$ の逆行列を求めよ。

3）つぎの連立方程式を求めよ。$\{2x-3y=9,\ 3x+2y=7\}$

解答

1）

```
> restart:
```

行列を定義する。

```
> Matrix([[ 1 , a , a^2 ],
          [ 1 , b , b^2 ],
          [ 1 , c , c^2 ]]);
```

$$\begin{bmatrix} 1 & a & a^2 \\ 1 & b & b^2 \\ 1 & c & c^2 \end{bmatrix} \quad (1)$$

線形代数パッケージをロードする。

```
> with(LinearAlgebra):
```

行列式を計算する。

```
> Determinant((1))
```

$$-a^2 b + a^2 c + a b^2 - a c^2 - b^2 c + b c^2 \quad (2)$$

因数分解をする。

```
> factor((2))
```

$$-(b-c)(a-c)(a-b) \quad (3)$$

2）行列を定義する。

```
> Matrix([[ 2 ,  1  ],
          [ 3 , -2  ]]);
```

$$\begin{bmatrix} 2 & 1 \\ 3 & -2 \end{bmatrix} \qquad (4)$$

式（4）の逆行列を求める。

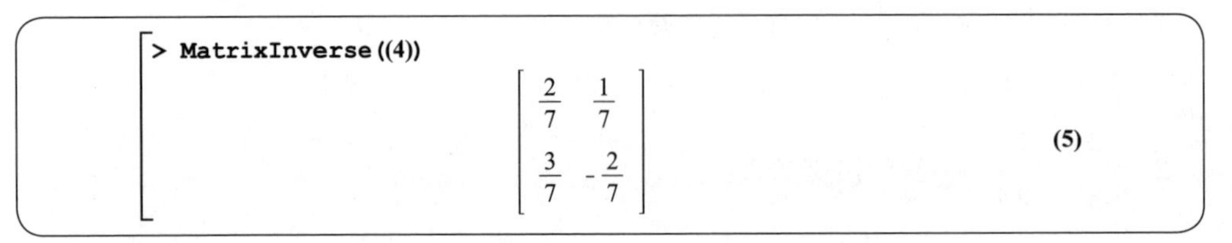

3）式を定義する。

```
> 2*x-3*y=9;
```

$$2x-3y=9 \qquad (6)$$

```
> 3*x+2*y=7;
```

$$3x+2y=7 \qquad (7)$$

式（6），（7）の連立方程式の解を求める。

```
> solve({(6),(7)},{x,y});
```

$$\{x=3, y=-1\} \qquad (8)$$

方程式の集合に対して，x，y について解く

3
「機械力学」「振動学」演習
（微分法，積分法，常微分方程式，フーリエ変換）

本章では，機械力学の基礎として，質点と剛体の運動学と力学について，STEM コンピューティングを演習する。3.1 節では力のモーメントについて，3 次元ベクトルを用いる練習をする。3.2 節では質点の 2 次元運動について，微分積分法，グラフ表示を練習する。3.3 節では剛体力学の基礎として，積分法を用いる各種慣性モーメントの計算を練習する。3.4 節では剛体の運動方程式について，常微分方程式の立て方を練習する。3.5 節では剛体運動の力学的エネルギーについて，定式化を練習する。3.6 節では線形系の不規則振動について，基礎的な統計量やパワースペクトル密度関数などを練習する。

3.1 力のモーメント

設問

図 3.1 に示した 3 通りについて，支柱の 1 点に作用する力 $\boldsymbol{F}$ が支柱の根元に与えるモーメントを求めよ。

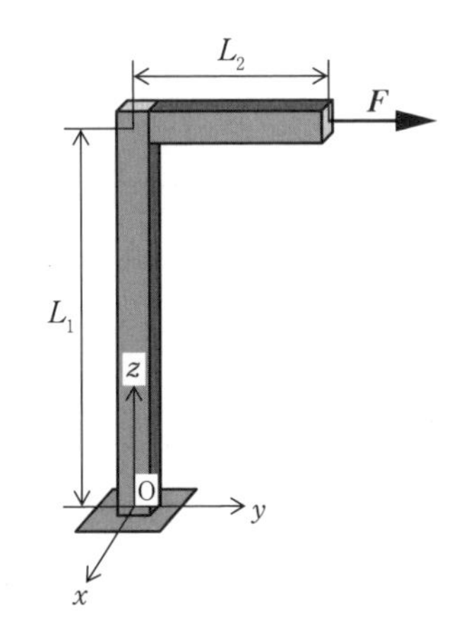

（a）条件 1：力 $\boldsymbol{F}$ の向きは，y 軸正方向

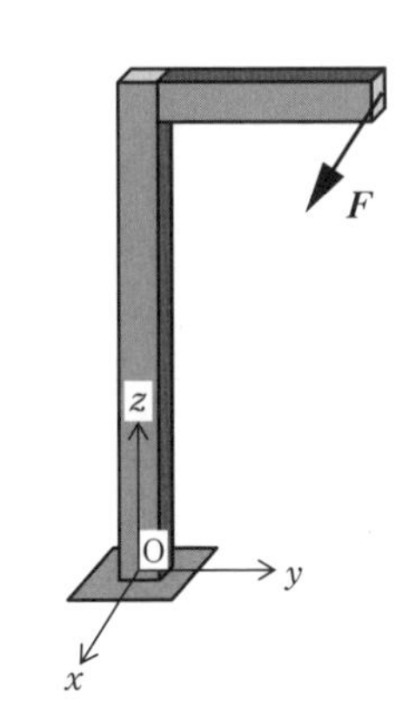

（b）条件 2：力 $\boldsymbol{F}$ の向きは，x 軸正方向

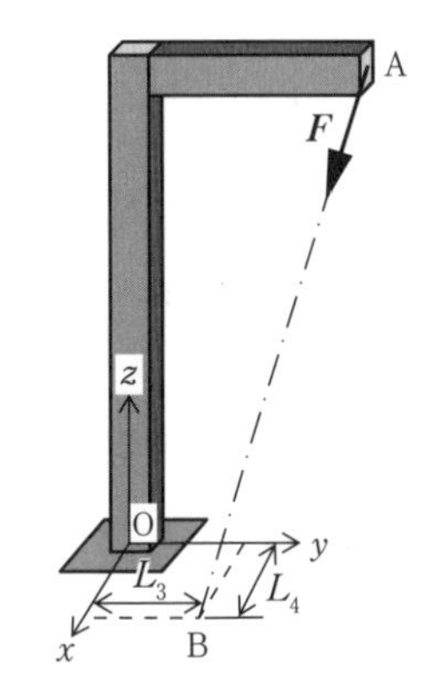

（c）条件 3：力 $\boldsymbol{F}$ の向きは，点 A から点 B の向き

図 3.1 支柱に作用する力のモーメント

解法のプロセス

1. 問題を理解する。

与えられたデータや条件：支柱の構造と寸法。支柱の端点に作用する力の大きさと方向（3 種類の条件）。

未知のもの：上記の力による，支柱根元まわりのモーメントのベクトルと大きさ。

2. 解の計画を立てる。

A）支柱根元に対する，支柱端点の座標を定式化する。

B）3 次元ベクトルの外積を用いて，条件 1 について計算する。

C）同様に，条件 2 について計算する。

D）同様に，条件 3 について計算する。

3. 計画を実行する。

4. 振り返ってみる。

解の計画の実行

A）支柱根元に対する，支柱端点の座標を定式化する。

```
> restart:
> with(LinearAlgebra):
```

（線形代数パッケージを準備する）

支柱根元に対する，支柱端点の座標をベクトルで表す。

```
> V__r:=<0,L__2,L__1>:
> V__r;
```

$$\begin{bmatrix} 0 \\ L_2 \\ L_1 \end{bmatrix} \quad (1)$$

B）3 次元ベクトルの外積を用いて，条件 1 について計算する。

〈条件 1〉端点に作用する力のベクトルは，下記である。

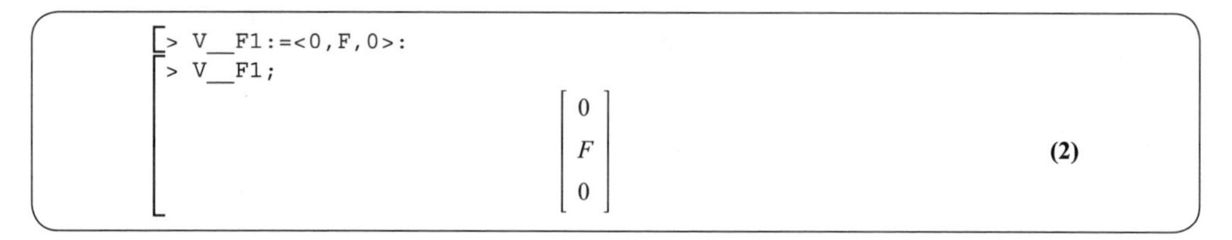

外積を用いて，支柱根元まわりの力のモーメントを定式化する。

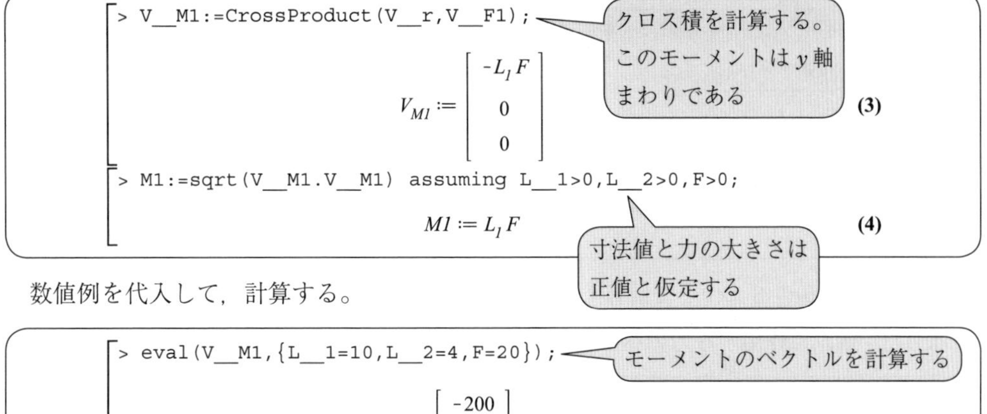

```
> V__M1:=CrossProduct(V__r,V__F1);
```

$$V_{M1} := \begin{bmatrix} -L_1 F \\ 0 \\ 0 \end{bmatrix} \quad (3)$$

```
> M1:=sqrt(V__M1.V__M1) assuming L__1>0,L__2>0,F>0;
```

$$M1 := L_1 F \quad (4)$$

数値例を代入して，計算する。

```
> eval(V__M1,{L__1=10,L__2=4,F=20});
```

$$\begin{bmatrix} -200 \\ 0 \\ 0 \end{bmatrix} \quad (5)$$

```
> eval(M1,{L__1=10,L__2=4,F=20});
```

$$200 \quad (6)$$

（モーメントのベクトルを計算する）
（モーメントの大きさを計算する）

C）同様に，条件 2 について計算する。

〈条件 2〉端点に作用する力のベクトルは，下記である。

```
> V__F2:=<F,0,0>:
> V__F2;
```

$$\begin{bmatrix} F \\ 0 \\ 0 \end{bmatrix} \quad (7)$$

外積を用いて，支柱根元まわりの力のモーメントを定式化する。

```
> V__M2:=CrossProduct(V__r,V__F2);
```

（クロス積を計算する）

$$V_{M2} := \begin{bmatrix} 0 \\ L_1 F \\ -L_2 F \end{bmatrix} \quad (8)$$

```
> M2:=sqrt(V__M2.V__M2) assuming L__1>0,L__2>0,F>0;
```

$$M2 := \sqrt{F^2 L_1^{\,2} + F^2 L_2^{\,2}} \quad (9)$$

数値例を代入して，計算する。

```
> eval(V__M2,{L__1=10,L__2=4,F=20});
```

モーメントのベクトルを計算する

$$\begin{bmatrix} 0 \\ 200 \\ -80 \end{bmatrix} \quad (10)$$

```
> eval(M2,{L__1=10,L__2=4,F=20});
```

モーメントの大きさを計算する

$$\sqrt{46400} \quad (11)$$

```
> evalf((11));
```

モーメントの大きさを浮動小数点で数値化する

$$215.4065923 \quad (12)$$

D）同様に，条件 3 について計算する。

〈条件 3〉端点に作用する力のベクトルは，下記である。

```
> V__AB:=<L__4,L__3,0>-V__r:
> V__F3:=F*V__AB/sqrt(V__AB.V__AB) assuming L__1>0,L__2>0,
  L__3>0,L__4>0,F>0;
```

$$V_{F3} := \begin{bmatrix} \dfrac{F L_4}{\sqrt{L_4^2+(L_3-L_2)^2+L_1^2}} \\ \dfrac{F(L_3-L_2)}{\sqrt{L_4^2+(L_3-L_2)^2+L_1^2}} \\ -\dfrac{F L_1}{\sqrt{L_4^2+(L_3-L_2)^2+L_1^2}} \end{bmatrix} \quad (13)$$

外積を用いて，支柱根元まわりの力のモーメントを定式化する。

```
> V__M3:=CrossProduct(V__r,V__F3);
```

クロス積を計算する

$$V_{M3} := \begin{bmatrix} -\dfrac{L_2 F L_1}{\sqrt{L_4^2+(L_3-L_2)^2+L_1^2}} - \dfrac{L_1 F(L_3-L_2)}{\sqrt{L_4^2+(L_3-L_2)^2+L_1^2}} \\ \dfrac{L_1 F L_4}{\sqrt{L_4^2+(L_3-L_2)^2+L_1^2}} \\ -\dfrac{L_2 F L_4}{\sqrt{L_4^2+(L_3-L_2)^2+L_1^2}} \end{bmatrix} \quad (14)$$

```
> M3:=sqrt(V__M3.V__M3) assuming L__1>0,L__2>0,L__3>0,
  L__4>0,F>0;
```

$$M3 := \left(\left(-\frac{L_2 F L_1}{\sqrt{L_4^2+(L_3-L_2)^2+L_1^2}} - \frac{L_1 F(L_3-L_2)}{\sqrt{L_4^2+(L_3-L_2)^2+L_1^2}}\right)^2 + \frac{L_1^2 F^2 L_4^2}{L_4^2+(L_3-L_2)^2+L_1^2} + \frac{L_2^2 F^2 L_4^2}{L_4^2+(L_3-L_2)^2+L_1^2}\right)^{1/2} \quad (15)$$

```
> M3:=simplify((15)) assuming L__1>0,L__2>0,L__3>0,L__4>0,F>0;
```

$$M3 := F\sqrt{L_1^2 L_3^2 + L_1^2 L_4^2 + L_2^2 L_4^2}\ \sqrt{\frac{1}{L_1^2+L_2^2-2 L_2 L_3+L_3^2+L_4^2}} \quad (16)$$

数値例を代入して，計算する。

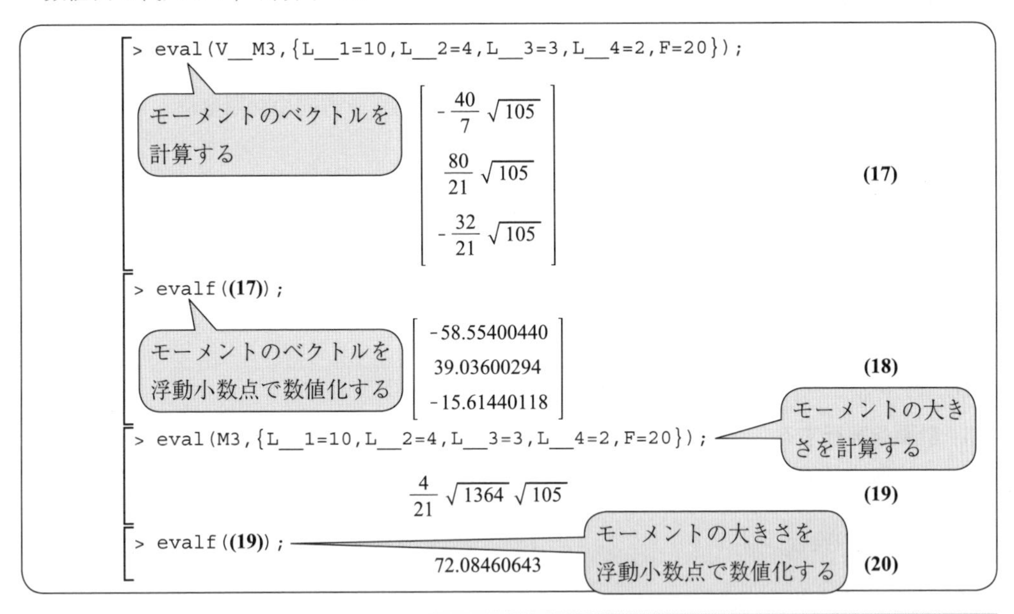

振り返ってみる

・3次元で力のモーメントを扱うには，外積（クロス積）の計算が不可欠である。

・数式を簡単化（simplify）する場合，式中の記号について，属性に妥当な仮定（実数や正値など）を設定すべきである。

3.2　質点の2次元運動

設問[1)†]

質点の平面曲線運動が，次式で表される。

　x 方向の位置座標：$x(t)=18-2t^2$

　y 方向の速度成分：$v_y(t)=3-2t$

ただし，時刻 $t=0$ での条件として，y 方向の変位をゼロとする。

1）質点の位置，速度，加速度の各ベクトルを定式化せよ。

2）$x=0$ のときの速さと加速度の大きさを求めよ。

† 肩付き数字は，巻末の引用・参考文献の番号を表す。

解法のプロセス

1. 問題を理解する。

与えられたデータや条件：x 方向の変位，y 方向の速度，y 方向の初期変位。

未知のもの：変位，速度，加速度の各ベクトル。

2. 解の計画を立てる。

A）速度ベクトルを定式化する。

B）加速度ベクトルを定式化する。

C）変位ベクトルを定式化する。

D）$x=0$ のときの速度と加速度の大きさを求める。

3. 計画を実行する。

4. 振り返ってみる。

解の計画の実行

A）速度ベクトルを定式化する。

```
> restart:
```

x 方向の変位の式と，y 方向の速度の式を立てる。

```
> x(t)=18-2*t^2;
```

$$x(t) = -2t^2 + 18 \quad (1)$$

```
> v__y(t)=3-2*t;
```

$$v_y(t) = 3 - 2t \quad (2)$$

x 方向の速度の式を求める。

```
> v__x(t)=diff(x(t),t);
```

$$v_x(t) = \frac{d}{dt}x(t) \quad (3)$$

```
> eval((3),(1));
```

$$v_x(t) = -4t \quad (4)$$

方向単位ベクトルを定義する。

```
> e__x:=<1,0>;
```

$$e_x := \begin{bmatrix} 1 \\ 0 \end{bmatrix} \quad (5)$$

```
> e__y:=<0,1>;
```

$$e_y := \begin{bmatrix} 0 \\ 1 \end{bmatrix} \quad (6)$$

速度ベクトルを定式化する。

```
> v__x(t)*e__x+v__y(t)*e__y;
```

$$\begin{bmatrix} v_x(t) \\ v_y(t) \end{bmatrix} \quad (7)$$

```
> subs({(2),(4)},(7));
```

$$\begin{bmatrix} -4\,t \\ 3-2\,t \end{bmatrix} \quad (8)$$

B）加速度ベクトルを定式化する。

速度ベクトルの各成分を微分して，加速度ベクトルを導く。

```
> <seq(diff((8)[ii],t),ii=1..2)>;
```

$$\begin{bmatrix} -4 \\ -2 \end{bmatrix} \quad (9)$$

C）変位ベクトルを定式化する。

y 方向の速度の式を積分して，この方向の変位を求める。$t=0$ での変位はゼロである。

```
> y(t)=int(v__y(t),t);
```

$$y(t)=\int v_y(t)\,\mathrm{d}t \quad (10)$$

```
> subs((2),(10));
```

$$y(t)=\int (3-2\,t)\,\mathrm{d}t \quad (11)$$

```
> lhs((11))=eval(rhs((11)))+Y__0;
```

$$y(t)=-t^2+Y_0+3\,t \quad (12)$$

```
> eval((12),t=0);
```

$$y(0)=Y_0 \quad (13)$$

```
> subs(y(0)=0,(13));
```

$$0=Y_0 \quad (14)$$

```
> isolate((14),Y__0);
```

$$Y_0=0 \quad (15)$$

```
> subs((15),(12));
```

$$y(t)=-t^2+3\,t \quad (16)$$

変位ベクトルを定式化する。

```
> x(t)*e__x+y(t)*e__y;
```

$$\begin{bmatrix} x(t) \\ y(t) \end{bmatrix} \quad (17)$$

```
> subs({(1),(16)},(17));
```

$$\begin{bmatrix} -2\,t^2+18 \\ -t^2+3\,t \end{bmatrix} \quad (18)$$

D）$x = 0$ のときの速度と加速度の大きさを求める。

$x = 0$ となる時刻 t を求める。

```
> subs((1),x(t)=0);
```
$$-2t^2+18=0 \quad (19)$$
```
> factor((19));
```
$$-2(t-3)(t+3)=0 \quad (20)$$
```
> ans:=solve((20),[t]);
```
$$ans := [[t=-3],[t=3]] \quad (21)$$

一つめの時刻での速度ベクトルと加速度ベクトルを計算する。

```
> ans[1];
```
$$[t=-3] \quad (22)$$
```
> eval((1),ans[1]);
```
$x=0$ であることを検算する
$$x(-3)=0 \quad (23)$$
```
> eval((8),ans[1]);
```
速度ベクトル
$$\begin{bmatrix} 12 \\ 9 \end{bmatrix} \quad (24)$$
```
> evalf(sqrt((24).(24)));
```
速度の大きさ
$$15. \quad (25)$$
```
> eval((9),ans[1]);
```
加速度ベクトル
$$\begin{bmatrix} -4 \\ -2 \end{bmatrix} \quad (26)$$
```
> evalf(sqrt((26).(26)));
```
加速度の大きさ
$$4.472135954 \quad (27)$$

つぎに，二つめの時刻での速度ベクトルと加速度ベクトルを計算する。

```
> ans[2];
```
$$[t=3] \quad (28)$$
```
> eval((1),ans[2]);
```
$x=0$ であることを検算する
$$x(3)=0 \quad (29)$$
```
> eval((8),ans[2]);
```
速度ベクトル
$$\begin{bmatrix} -12 \\ -3 \end{bmatrix} \quad (30)$$
```
> evalf(sqrt((30).(30)));
```
速度の大きさ
$$12.36931688 \quad (31)$$
```
> eval((9),ans[2]);
```
加速度ベクトル
$$\begin{bmatrix} -4 \\ -2 \end{bmatrix} \quad (32)$$
```
> evalf(sqrt((32).(32)));
```
加速度の大きさ
$$4.472135954 \quad (33)$$

振り返ってみる

時刻 t をパラメータとして，平面運動のグラフを描く。

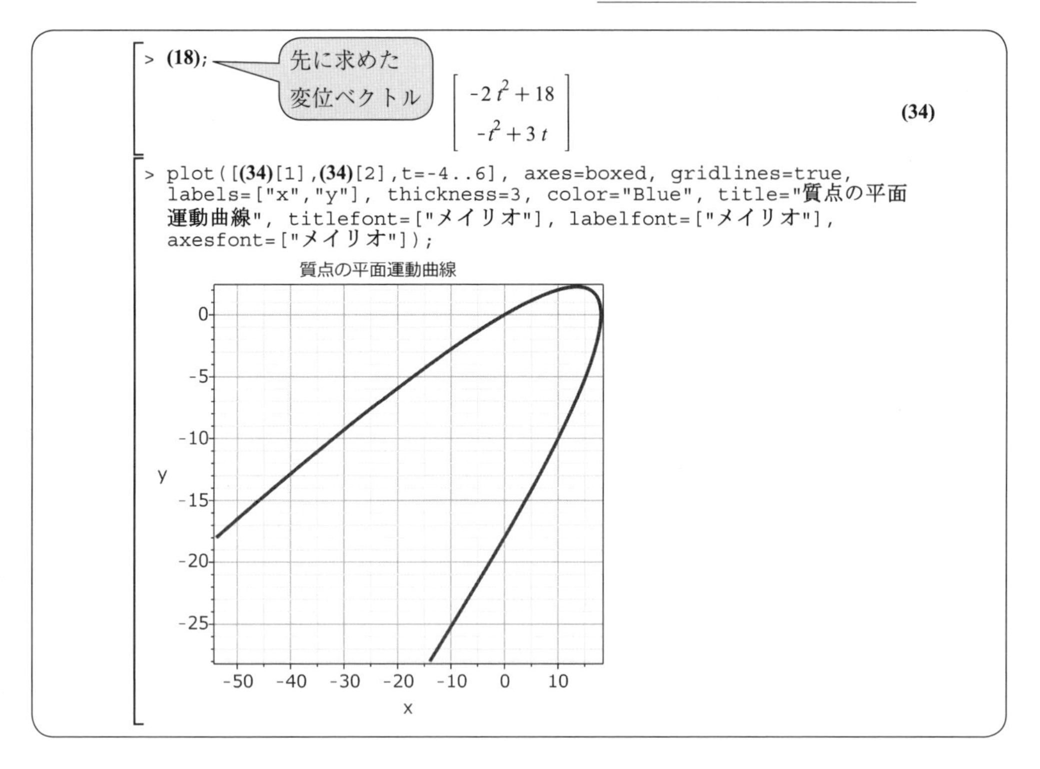

3.3 剛体の慣性モーメント

3.3.1 輪と円板の慣性モーメント

設問

輪（質量 M, 一様な密度，半径 a）について，中心および直径軸まわりの慣性モーメントを求めよ。

さらに，円板（質量 M_D, 一様な密度，半径 a）について，中心および直径軸まわりの慣性モーメントを求めよ。

解法のプロセス

1. **問題を理解する。**

まず，設問をもとに，輪と円板のポンチ絵を描き，そこに記号を書き込む。

与えられたデータや条件：輪の質量と半径，密度が均一なこと。

円板の質量と半径，密度が均一なこと。

未知のもの：輪と円板について，中心および各軸まわりの慣性モーメント。

2．解の計画を立てる。

A）輪の中心まわりの慣性モーメントを求める。

B）輪の直径まわりの慣性モーメントを求める。

C）円板の中心まわりの慣性モーメントを求める。

D）円板の直径まわりの慣性モーメントを求める。

3．計画を実行する。

解の計画の実行

A）輪の中心まわりの慣性モーメントを求める。

```
> restart:
```

まず，輪の線密度 ρ を定義する。

```
> rho = M/(2*Pi*a);
```

$$\rho = \frac{1}{2}\frac{M}{\pi a} \quad (1)$$

つぎに，微小な中心角（δ_θ）の微小質量（δ_m）と，その質量の中心まわりの慣性モーメントを定式化する。

```
> delta__m = rho*a*delta__theta;
```

微小な中心角（δ_θ）の微小質量（δ_m）

$$\delta_m = \rho a \delta_\theta \quad (2)$$

```
> (2)*a^2;
```

微小質量の中心まわりの慣性モーメント

$$a^2 \delta_m = a^3 \rho \delta_\theta \quad (3)$$

上記の微小質量を円弧の中心角で積分して，中心まわりの慣性モーメントを計算する。

```
> J__P = 4*Int(coeff(rhs((3)), delta__theta),theta=0..Pi/2);
```

中心角が直角な円弧の慣性モーメントを 4 倍する

$$J_P = 4\left(\int_0^{\frac{1}{2}\pi} a^3 \rho \, d\theta\right) \quad (4)$$

```
> value((4));
```

積分を実行する

$$J_P = 2 a^3 \rho \pi \quad (5)$$

```
> subs((1),(5));
```

代入によって線密度 ρ を消去し，質量 M で慣性モーメントを表す

$$J_P = a^2 M \quad (6)$$

B）輪の直径まわりの慣性モーメントを求める。

まず，微小な中心角（δ_θ）の微小質量（δ_m）の直径まわりの慣性モーメントを定式化する。

```
> (2)*(a*sin(theta))^2;
```

直径から質量までの距離の 2 乗を掛ける

$$a^2 \sin(\theta)^2 \delta_m = a^3 \sin(\theta)^2 \rho \delta_\theta \quad (7)$$

上記の微小質量を円弧の中心角で積分して，直径まわりの慣性モーメントを計算する。

```
> J__x = 4*Int(coeff(rhs((7)), delta__theta),theta=0..Pi/2);
```

$$J_x = 4\left(\int_0^{\frac{1}{2}\pi} a^3 \sin(\theta)^2 \rho\, d\theta\right) \quad (8)$$

中心角が直角な円弧の慣性モーメントを4倍する

```
> value((8));
```

積分を実行する

$$J_x = a^3 \rho \pi \quad (9)$$

```
> subs((1),(9));
```

代入によって線密度ρを消去し，質量 M で慣性モーメントを表す

$$J_x = \frac{1}{2} a^2 M \quad (10)$$

C）円板の中心まわりの慣性モーメントを求める。

上述の輪の中心まわりの慣性モーメントを用いて，円板の半径 r 部の細い輪（幅 δ_r）の慣性モーメントを定式化する。

```
> delta__JP(r) = r^2*(rho*2*Pi*r*delta__r);
```

$$\delta_{JP}(r) = 2 r^3 \rho \pi \delta_r \quad (11)$$

円板の面密度をρと表す

上記の細い輪の慣性モーメントを半径方向に積分して，円板の中心まわりの慣性モーメントを計算する。

```
> J__DP = Int(coeff(rhs((11)), delta__r),r=0..a);
```

積分を実行する

$$J_{DP} = \int_0^a 2 r^3 \rho \pi\, dr \quad (12)$$

慣性モーメントを計算する積分

```
> value((12));
```

$$J_{DP} = \frac{1}{2} \rho \pi a^4 \quad (13)$$

```
> M__D = rho*Pi*a^2;
```

円板の質量

$$M_D = \rho \pi a^2 \quad (14)$$

```
> isolate((14),rho);
```

密度ρについて式変形する

$$\rho = \frac{M_D}{\pi a^2} \quad (15)$$

```
> subs((15),(13));
```

代入によって線密度ρを消去し，質量 M で慣性モーメントを表す

$$J_{DP} = \frac{1}{2} M_D a^2 \quad (16)$$

D）円板の直径まわりの慣性モーメントを求める。

上述の輪の直径まわりの慣性モーメントを用いて，円板の半径 r 部の細い輪（幅 δ_r）の慣性モーメントを定式化する。

```
> delta__Jx(r) = (1/2)*r^2*(rho*2*Pi*r*delta__r);
```

$$\delta_{Jx}(r) = r^3 \rho \pi \delta_r \tag{17}$$

円板の面密度を ρ と表す

上記の細い輪の慣性モーメントを半径方向に積分して，円板の直径まわりの慣性モーメントを計算する。

```
> J__Dx = Int(coeff(rhs((17)), delta__r),r=0..a);
```

$$J_{Dx} = \int_0^a r^3 \rho \pi \, dr \tag{18}$$

慣性モーメントを計算する積分

```
> value((18));
```

積分を実行する

$$J_{Dx} = \frac{1}{4} \rho \pi a^4 \tag{19}$$

```
> subs((15),(19));
```

代入によって線密度 ρ を消去し，質量 M で慣性モーメントを表す

$$J_{Dx} = \frac{1}{4} M_D a^2 \tag{20}$$

3.3.2　球体の慣性モーメント

設問

球体（質量 M，一様な密度，半径 a）について，中心を通る直径まわりの慣性モーメントを求めよ。

解法のプロセス

1. 問題を理解する。

まず，設問をもとに，球体のポンチ絵を描き，そこに記号を書き込む。

与えられたデータや条件：球体の質量と寸法。密度が均一なこと。

未知のもの：球体の直径まわりの慣性モーメント。

2. 解の計画を立てる。

A）大円に平行にスライスした薄い円板について，質量と慣性モーメントを定式化する。（ここで大円とは，球体をその中心を通る平面で切断したとき，切り口に現れる円である。）

B）平行軸の定理を用いて，上記の円板について，大円の直径軸まわりの慣性モーメントを導く。

C）上記の平行軸定理を，大円に垂直な半径方向に積分して，球体の直径まわりの慣性モーメントを求める。

3. 計画を実行する。

解の計画の実行

A）大円に平行にスライスした薄い円板について，質量と慣性モーメントを定式化する。

```
> restart:
```

まず，大円からの高さ z でスライスした薄い円板の半径（$r_D(z)$），質量（$M_D(z)$），円板直径まわりの慣性モーメント（$J_D(z)$）を定式化する。

```
> r__D(z)=sqrt(a^2-z^2);
```

半径

$$r_D(z)=\sqrt{a^2-z^2} \quad (21)$$

```
> M__D(z)= rho*Pi*r__D(z)^2;
```

質量。ここで，面密度を ρ と表す

$$M_D(z)=\rho\,\pi\,r_D(z)^2 \quad (22)$$

```
> J__D(z)=(1/4)*M__D(z)*r__D(z)^2;
```

円板直径まわりの慣性モーメント

$$J_D(z)=\frac{1}{4}\,M_D(z)\,r_D(z)^2 \quad (23)$$

```
> subs((22),(23));
```

代入によって質量の記号を消去し，面密度で表す

$$J_D(z)=\frac{1}{4}\,\rho\,\pi\,r_D(z)^4 \quad (24)$$

```
> subs((21),(24));
```

代入によって，高さ z の関数にする

$$J_D(z)=\frac{1}{4}\,\rho\,\pi\,(a^2-z^2)^2 \quad (25)$$

B）平行軸の定理を用いて，上記の円板について，大円の直径軸まわりの慣性モーメントを導く。

平行軸の定理をもとにして，式を展開する。

```
> J__Da(z) = J__D(z)+M__D(z)*z^2;
```

$$J_{Da}(z)=J_D(z)+M_D(z)\,z^2 \quad (26)$$

```
> subs((22),(26));
```

$$J_{Da}(z)=J_D(z)+\rho\,\pi\,r_D(z)^2\,z^2 \quad (27)$$

```
> subs((21),(27));
```

$$J_{Da}(z)=J_D(z)+\rho\,\pi\,(a^2-z^2)\,z^2 \quad (28)$$

```
> subs((25),(28));
```

$$J_{Da}(z)=\frac{1}{4}\,\rho\,\pi\,(a^2-z^2)^2+\rho\,\pi\,(a^2-z^2)\,z^2 \quad (29)$$

```
> expand((29));
```

$$J_{Da}(z)=\frac{1}{4}\,\pi\,a^4\,\rho+\frac{1}{2}\,\pi\,a^2\,\rho\,z^2-\frac{3}{4}\,\pi\,\rho\,z^4 \quad (30)$$

C）上記の平行軸定理を，大円に垂直な半径方向に積分して，球体の直径まわりの慣性モーメントを求める。

大円に垂直な半径方向に積分して，球体の慣性モーメントを求める。

```
> J__a = 2*int(J__Da(z),z=0..a);
```

半球の慣性モーメントを2倍する

$$J_a = 2\left(\int_0^a J_{Da}(z)\,\mathrm{d}z\right) \tag{31}$$

```
> subs((30),(31));
```

被積分関数として，平行軸定理の式を代入する

$$J_a = 2\left(\int_0^a \left(\frac{1}{4}\pi a^4 \rho + \frac{1}{2}\pi a^2 \rho z^2 - \frac{3}{4}\pi \rho z^4\right)\mathrm{d}z\right) \tag{32}$$

```
> eval((32));
```

$$J_a = \frac{8}{15}\pi a^5 \rho \tag{33}$$

積分を実行する

面密度（ρ）を計算するために，上述の薄い円板の質量（$M_{\mathrm{D}}(z)$）を，大円に垂直な半径方向に積分する。

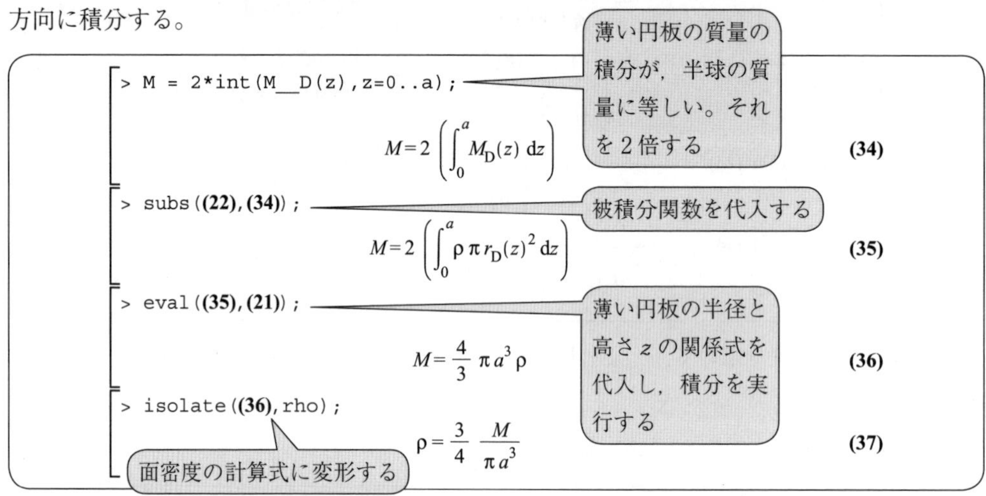

上述の慣性モーメントの式から，面密度の記号（ρ）を消去する。

```
> subs((37),(33));
```

$$J_a = \frac{2}{5}a^2 M \tag{38}$$

代入によって面密度を消去し，質量 M で慣性モーメントを表す

3.4 剛体の運動方程式

設問

図 3.2 に示すように，円板（質量 M，半径 a）のまわりに，質量を無視できる糸を巻きつけた。この糸の他端を手に持ち，糸がたるんだり，円板に対して滑ることなく，円板の鉛直方向運動を制御する。円板の質量中心を加速度 $A(t)$ で上昇させるために，手の加速度を求めよ。

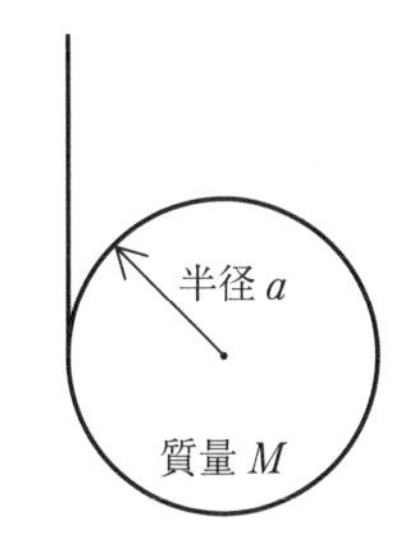

図 3.2 円板（ヨーヨー）の模式図

解法のプロセス

1. **問題を理解する。**

与えられたデータや条件：円板の質量（M）と半径（a）。糸の質量は無視できる。糸はたるまず，円板に対して滑らない。

未知のもの：円板の質量中心を加速度 $A(t)$ で上昇させるための，手の加速度。

2. **解の計画を立てる。**

A）円板の運動方程式を立てる。

B）手を加速度 $B(t)$ で上昇させるとき，円板の質量中心の加速度を求める。

C）円板の回転中心が加速度 $A(t)$ で上昇させるための，手の加速度を求める。

3. **計画を実行する。**

解の計画の実行

A）円板の運動方程式を立てる。

```
> restart:
```

円板の鉛直方向の運動方程式を立てる。

```
> M*diff(y(t),t$2)=M*g-T(t);
```

$$M\left(\frac{d^2}{dt^2}y(t)\right)=Mg-T(t) \tag{1}$$

下向きを正にとり，円板の中心の鉛直方向変位を $y(t)$，張力を $T(t)$ と表す円板の質量中心まわりの回転の運動方程式を立てる。

```
> I__G*diff(theta(t),t$2)=a*T(t);
```

慣性モーメントを I_G と表す。時計回りを正にとり，角変位を $\theta(t)$ と表す

$$I_G\left(\frac{d^2}{dt^2}\theta(t)\right)=a\,T(t) \tag{2}$$

上述の回転と並進の運動方程式から，張力の記号 $T(t)$ を消去する。

```
> expand((2)+a*(1));
```

$$I_G\left(\frac{d^2}{dt^2}\theta(t)\right)+a\,M\left(\frac{d^2}{dt^2}y(t)\right)=a\,Mg \tag{3}$$

B）手を加速度 $B(t)$ で上昇させるとき，円板の質量中心の加速度を求める。

手の変位の時間関数を $Y_H(t)$ と表し，円板の並進変位と角変位の関係式を立てる。

```
> y(t) = a*theta(t)+Y__H(t);
```

$$y(t)=a\,\theta(t)+Y_H(t) \tag{4}$$

2階微分して，加速度の式として，手の加速度の条件式を代入する。

```
> diff((4),t$2);
```

下向きと時計回りを正にとる

$$\frac{d^2}{dt^2}y(t)=a\left(\frac{d^2}{dt^2}\theta(t)\right)+\frac{d^2}{dt^2}Y_H(t) \tag{5}$$

```
> Eval((5),diff(Y__H(t),t$2)=-B(t));
```

手の加速度の符号に注意して，代入する

$$\left(\frac{d^2}{dt^2}y(t)=a\left(\frac{d^2}{dt^2}\theta(t)\right)+\frac{d^2}{dt^2}Y_H(t)\right)\Bigg|_{\frac{d^2}{dt^2}Y_H(t)=-B(t)} \tag{6}$$

```
> value((6));
```

$$\frac{d^2}{dt^2}y(t)=a\left(\frac{d^2}{dt^2}\theta(t)\right)-B(t) \tag{7}$$

```
> isolate((7),diff(theta(t),t$2));
```

円板の角加速度

$$\frac{d^2}{dt^2}\theta(t)=-\frac{-\left(\frac{d^2}{dt^2}y(t)\right)-B(t)}{a} \tag{8}$$

角加速度の記号を消去して，並進の加速度を求める。

```
> subs((8),(3));
```

$$-\frac{I_G\left(-\left(\frac{d^2}{dt^2}y(t)\right)-B(t)\right)}{a}+a\,M\left(\frac{d^2}{dt^2}y(t)\right)=a\,Mg \tag{9}$$

```
> isolate((9),diff(y(t),t$2));
```

円板の並進加速度

$$\frac{d^2}{dt^2}y(t)=\frac{a^2Mg-I_GB(t)}{Ma^2+I_G} \tag{10}$$

円板（質量 M, 半径 a）の重心まわりの慣性モーメント（I_G）の公式を適用する。

```
> I__G = (1/2)*M*a^2;
```

$$I_G = \frac{1}{2} M a^2 \quad \textbf{(11)}$$

```
> subs((11),(10));
```

$$\frac{d^2}{dt^2} y(t) = \frac{2}{3} \frac{a^2 M g - \frac{1}{2} M a^2 B(t)}{M a^2} \quad \textbf{(12)}$$

```
> expand((12));
```

（円板の並進加速度）

$$\frac{d^2}{dt^2} y(t) = \frac{2}{3} g - \frac{1}{3} B(t) \quad \textbf{(13)}$$

C）円板の回転中心が加速度 $A(t)$ で上昇するための，手の加速度を求める。

上述の並進加速度に，所望の加速度 $A(t)$ を代入する。

```
> Eval((13),diff(y(t),t$2)=-A(t));
```

（加速度の符号に注意して，代入する）

$$\left(\frac{d^2}{dt^2} y(t) = \frac{2}{3} g - \frac{1}{3} B(t)\right)\Bigg|_{\frac{d^2}{dt^2} y(t) = -A(t)} \quad \textbf{(14)}$$

```
> value((14));
```

$$-A(t) = \frac{2}{3} g - \frac{1}{3} B(t) \quad \textbf{(15)}$$

```
> isolate((15),B(t));
```

$$B(t) = 3 A(t) + 2 g \quad \textbf{(16)}$$

（所望の手の加速度は，当然，上向きである）

3.5　剛体の運動エネルギー

設問[1)]

図 3.3 に示すように，水平に移動可能な台車（質量 M）に，振り子（質量 m, 質量中心

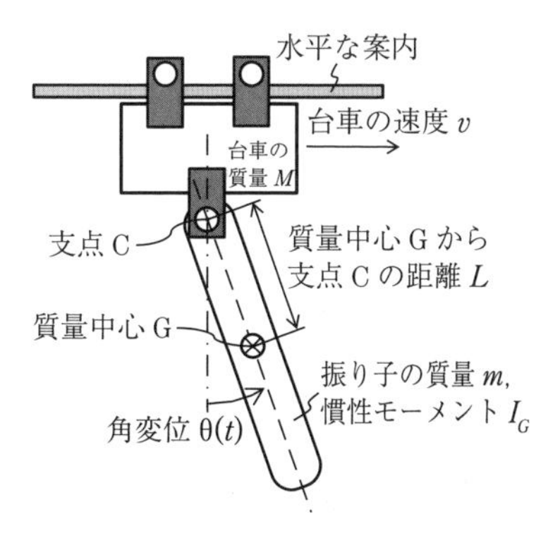

図 3.3　剛体振り子を搭載した台車

G まわりの慣性モーメント I_G）が，回転自由な支点 C に取り付けられている。支点 C と質量中心 G との距離を L とする。振り子の角変位 $\theta(t)$，台車の速度 v のとき，この系の運動エネルギーを定式化せよ。

解法のプロセス

1．問題を理解する。

与えられたデータや条件：剛体振り子の付いた台車のシステムの構造と，各要素のパラメータ。

未知のもの：振り子の角変位 $\theta(t)$，台車の速度 v のとき，この系の運動エネルギー。

2．解の計画を立てる。

台車と剛体振り子の各力学的エネルギーを定式化し，系全体の運動エネルギーを導く。

3．計画を実行する。

解の計画の実行

台車と剛体振り子の各力学的エネルギーを定式化し，系全体の運動エネルギーを導く。

```
> restart:
```

系全体の運動エネルギーの式を立てる。

```
> K = (1/2)*M*v^2 + (1/2)*m*v__G^2 + (1/2)*I__G*diff(theta(t),t)^2;
```

$$K=\frac{1}{2}Mv^2+\frac{1}{2}m{v_G}^2+\frac{1}{2}I_G\left(\frac{d}{dt}\theta(t)\right)^2 \quad (1)$$

剛体振り子の質量中心 G の変位を定式化する。

```
> x__G(t) = x__C(t) + L*sin(theta(t));
```

$$x_G(t)=x_C(t)+L\sin(\theta(t)) \quad (2)$$

```
> y__G(t) = L*(1-cos(theta(t)));
```

$$y_G(t)=L(1-\cos(\theta(t))) \quad (3)$$

剛体振り子の質量中心 G の速度と速さを導く。

```
> diff((2),t);
```

$$\frac{d}{dt}x_G(t)=\frac{d}{dt}x_C(t)+L\left(\frac{d}{dt}\theta(t)\right)\cos(\theta(t)) \quad (4)$$

```
> subs(diff(x__C(t),t)=v,(4));
```

$$\frac{d}{dt}x_G(t)=v+L\left(\frac{d}{dt}\theta(t)\right)\cos(\theta(t)) \quad (5)$$

```
> diff((3),t);
```

$$\frac{d}{dt}y_G(t)=L\left(\frac{d}{dt}\theta(t)\right)\sin(\theta(t)) \quad (6)$$

```
> v__G^2 = diff(x__G(t),t)^2+diff(y__G(t),t)^2;
```

$$v_G^2 = \left(\frac{d}{dt} x_G(t)\right)^2 + \left(\frac{d}{dt} y_G(t)\right)^2 \quad (7)$$

```
> subs({(5),(6)},(7));
```

$$v_G^2 = \left(v + L\left(\frac{d}{dt}\theta(t)\right)\cos(\theta(t))\right)^2 + L^2\left(\frac{d}{dt}\theta(t)\right)^2 \sin(\theta(t))^2 \quad (8)$$

```
> expand((8));
```

$$v_G^2 = v^2 + 2vL\left(\frac{d}{dt}\theta(t)\right)\cos(\theta(t)) + L^2\left(\frac{d}{dt}\theta(t)\right)^2\cos(\theta(t))^2 + L^2\left(\frac{d}{dt}\theta(t)\right)^2\sin(\theta(t))^2 \quad (9)$$

```
> simplify((9),trig);
```

$$v_G^2 = v^2 + 2vL\left(\frac{d}{dt}\theta(t)\right)\cos(\theta(t)) + L^2\left(\frac{d}{dt}\theta(t)\right)^2 \quad (10)$$

運動エネルギーの式（1）で，質量中心Gの速さの記号（v_G）を消去する。

```
> subs((10),(1));
```

$$K = \frac{1}{2}Mv^2 + \frac{1}{2}m\left(v^2 + 2vL\left(\frac{d}{dt}\theta(t)\right)\cos(\theta(t)) + L^2\left(\frac{d}{dt}\theta(t)\right)^2\right) + \frac{1}{2}I_G\left(\frac{d}{dt}\theta(t)\right)^2 \quad (11)$$

```
> expand((11));
```

$$K = \frac{1}{2}Mv^2 + \frac{1}{2}mv^2 + mvL\left(\frac{d}{dt}\theta(t)\right)\cos(\theta(t)) + \frac{1}{2}mL^2\left(\frac{d}{dt}\theta(t)\right)^2 + \frac{1}{2}I_G\left(\frac{d}{dt}\theta(t)\right)^2 \quad (12)$$

```
> collect((12), [M,m,I__G]);
```

$$K = \frac{1}{2}Mv^2 + \left(\frac{1}{2}v^2 + vL\left(\frac{d}{dt}\theta(t)\right)\cos(\theta(t)) + \frac{1}{2}L^2\left(\frac{d}{dt}\theta(t)\right)^2\right)m + \frac{1}{2}I_G\left(\frac{d}{dt}\theta(t)\right)^2 \quad (13)$$

3.6 不規則振動の解析

3.6.1 基礎的な統計量の計算

設問

−9 から +9 までの整数をとり得る 10 個の確率変数について，平均値，自乗平均値，分散，標準偏差，変動係数を計算せよ。

解法のプロセス

1. 問題を理解する。

与えられたデータや条件：確率変数の 10 個の数列データ。

未知のもの：各種の統計量（平均値，自乗平均値，分散，標準偏差，変動係数）。

2．解の計画を立てる。

A）確率変数の数列（リスト）を作成する。

B）上記の確率変数測定値について，各種の統計量を計算する。

3．計画を実行する。

4．振り返ってみる。

解の計画の実行

A）確率変数の数列（リスト）を作成する。

```
> restart:
> with(Statistics):
```

Statistics パッケージを準備する

確率変数のリスト。

```
> # MsrData := [2,8,4,-3,3,-4,-1,6,-2,4]:
> MsrData := RandomTools[Generate](list(integer(range=-10.
  .10),10)):
> MsrData;
                    [4, 2, -5, -9, 1, -7, -5, -6, 6, -3]                (1)
```

リストは，順序付けられたデータである

乱数発生パッケージの関数を用いる

B）上記の確率変数測定値について，各種の統計量を計算する。

平均値を計算する。

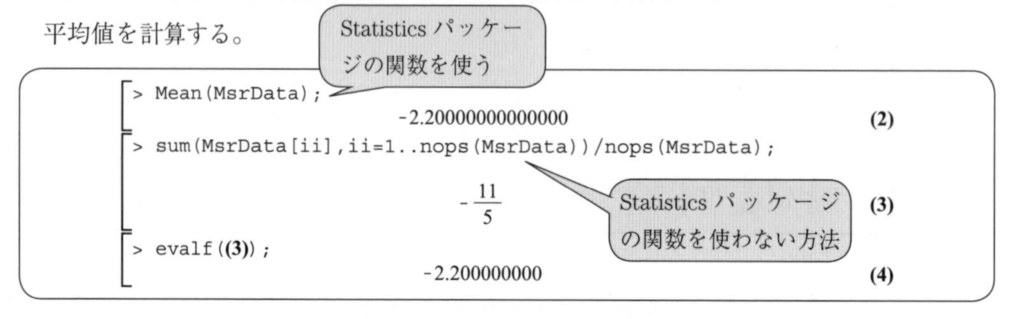

自乗平均値を計算する。

```
> sum(MsrData[ii]^2,ii=1..nops(MsrData))/nops(MsrData);
                              141/5                                     (5)
> evalf((5));
                           28.20000000                                  (6)
```

Statistics パッケージの関数を使わない方法

分散を計算する。標本分散（sample variance）と不偏分散（unbiased variance）との違いに注意を要する。

```
> sum((MsrData[ii]-(3))^2,ii=1..nops(MsrData))/nops(MsrData);
                              584/25                                    (7)
```

Statistics パッケージを使わずに「標本分散」を求める

```
> evalf((7));
```

$$23.36000000 \tag{8}$$

```
> sum((MsrData[ii]-(3))^2,ii=1..nops(MsrData))/(nops(MsrData)
-1);
```

$$\frac{1168}{45} \tag{9}$$

Statistics パッケージを使わずに「不偏分散」を求める

```
> evalf((9));
```

$$25.95555556 \tag{10}$$

```
> Variance(MsrData);
```

Statistics パッケージの関数（Variance）を使う

$$25.9555555555556 \tag{11}$$

```
> help("Statistics[Variance]");
```

この関数のヘルプから，「不偏分散（unbiased variance）」を計算することがわかる

標準偏差のために，上記の分散の平方根を計算する。

```
> sqrt((7));
```

「標本分散」の平方根

$$\frac{2}{5}\sqrt{146} \tag{12}$$

```
> evalf((12));
```

$$4.833218388 \tag{13}$$

```
> sqrt((9));
```

「不偏分散」の平方根

$$\frac{4}{15}\sqrt{365} \tag{14}$$

```
> evalf((14));
```

$$5.094659513 \tag{15}$$

```
> StandardDeviation(MsrData);
```

Statistics パッケージの関数（StandardDeviation）を使う

$$5.09465951321141 \tag{16}$$

```
> help("Statistics[StandardDeviation]");
```

この関数のヘルプから，「不偏分散の平方根」を計算することがわかる

変動係数を計算する。

```
> (12)/(3);
```

「標本分散」の標準偏差を平均値で割る

$$-\frac{2}{11}\sqrt{146} \tag{17}$$

```
> evalf((17));
```

$$-2.196917449 \tag{18}$$

```
> (14)/(3);
```

「不偏分散」の標準偏差を平均値で割る

$$-\frac{4}{33}\sqrt{365} \tag{19}$$

```
> evalf((19));
```

$$-2.315754323 \tag{20}$$

```
> Variation(MsrData);
```

Statistics パッケージの関数（Variation）を使う

$$-2.31575432418701 \tag{21}$$

```
> help("Statistics[Variation]");
```

この関数のヘルプ

振り返ってみる

・上述の通り，分散については，標本分散と不偏分散の区別が重要である。

3.6.2　床から加振される1自由度振動系のパワースペクトル密度関数

設問[2)]

図3.4に示すように，床から加振入力を受ける1自由度振動系がある。床の加速度のパワースペクトル密度関数（PDF）は次式とする。

$$S_b(\omega)=\frac{S_0\left(\omega_b{}^4+\left(2\zeta_b\omega_b\omega\right)^2\right)}{\left(-\omega^2+\omega_b{}^2\right)^2+\left(2\zeta_b\omega_b\omega\right)^2}$$

ここで，ω_b：床の固有角振動数，ζ_b：床の減衰比，S_0：定常ホワイトノイズのパワースペクトル密度とする。また，床と1自由度振動系との連成はないと仮定する。

1）ω_n：1自由度振動系の固有角振動数，ζ_n：1自由度振動系の減衰比，と表して，床の上記加速度が入力した場合の，床に対する質量 m の相対変位の定常応答のPDFを求めよ。

2）固有角振動数と減衰比の数値例で，定常応答のパワースペクトル密度関数をグラフ化せよ。

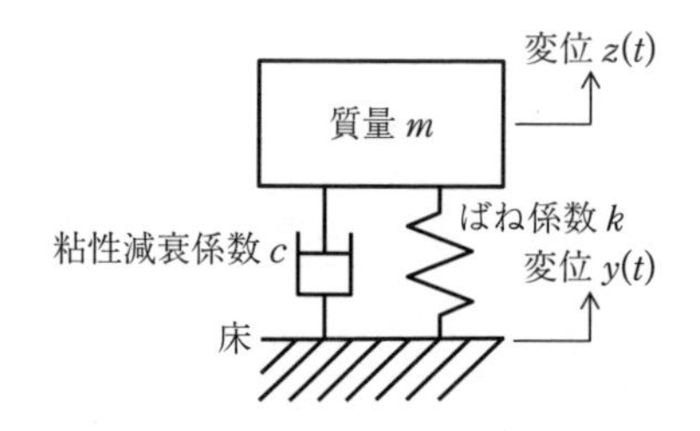

図3.4　床から加振される1自由度振動系

解法のプロセス

1. 問題を理解する。

与えられたデータや条件：1自由度振動モデル。床の加速度のPDF。

未知のもの：床に対する質量 m の相対変位の定常応答のPDF。

2. 解の計画を立てる。

A）質量 m の運動方程式を立てる。

B）上記の運動方程式をもとに，質量 m の相対変位の周波数応答伝達関数を導出する。

C）床の加速度が入力した場合の，質量 m の相対変位の定常応答の PDF を求める。

D）数値例で PDF のグラフを描く。

3. **計画を実行する。**

解の計画の実行

A）質量 m の運動方程式を立てる。

```
> restart:
```

質量 m の運動方程式を立てる。静止座標系に対する床の変位を $y(t)$，質量 m の変位を $z(t)$ と表す。

```
> m*diff(z(t),t$2) = k*(y(t)-z(t)) + c*(diff(y(t),t)-diff(z
  (t),t));
```

$$m\left(\frac{d^2}{dt^2}z(t)\right)=k\,(y(t)-z(t))+c\left(\frac{d}{dt}y(t)-\left(\frac{d}{dt}z(t)\right)\right) \quad (22)$$

```
> z(t) = y(t) + z__r(t);
```

質量 m の変位を，床に対する相対変位（$z_r(t)$）で表す

$$z(t)=y(t)+z_r(t) \quad (23)$$

```
> diff((23),t);
```

同様に，相対速度で表す

$$\frac{d}{dt}z(t)=\frac{d}{dt}y(t)+\frac{d}{dt}z_r(t) \quad (24)$$

```
> diff((24),t);
```

同様に，相対加速度で表す

$$\frac{d^2}{dt^2}z(t)=\frac{d^2}{dt^2}y(t)+\frac{d^2}{dt^2}z_r(t) \quad (25)$$

```
> subs({(23),(24),(25)},(22));
```

$$m\left(\frac{d^2}{dt^2}y(t)+\frac{d^2}{dt^2}z_r(t)\right)=-k\,z_r(t)-c\left(\frac{d}{dt}z_r(t)\right) \quad (26)$$

```
> (26)-rhs((26));
```

$$m\left(\frac{d^2}{dt^2}y(t)+\frac{d^2}{dt^2}z_r(t)\right)+k\,z_r(t)+c\left(\frac{d}{dt}z_r(t)\right)=0 \quad (27)$$

```
> expand((27));
```

$$m\left(\frac{d^2}{dt^2}y(t)\right)+m\left(\frac{d^2}{dt^2}z_r(t)\right)+k\,z_r(t)+c\left(\frac{d}{dt}z_r(t)\right)=0 \quad (28)$$

```
> expand((28)/m);
```

$$\frac{d^2}{dt^2}y(t)+\frac{d^2}{dt^2}z_r(t)+\frac{k\,z_r(t)}{m}+\frac{c\left(\frac{d}{dt}z_r(t)\right)}{m}=0 \quad (29)$$

運動方程式のパラメータを変換する。

```
> omega__n = sqrt(k/m);
```

1 自由度振動系の固有角振動数

$$\omega_n=\sqrt{\frac{k}{m}} \quad (30)$$

```
> zeta__n = c/(2*sqrt(m*k));
```

減衰比

$$\zeta_n=\frac{1}{2}\,\frac{c}{\sqrt{m\,k}} \quad (31)$$

```
> (30)^2;
```

$$\omega_n^2 = \frac{k}{m} \quad (32)$$

```
> isolate((32),k);
```

$$k = \omega_n^2 m \quad (33)$$

```
> isolate((31),c);
```

$$c = 2\,\zeta_n \sqrt{m\,k} \quad (34)$$

```
> subs((33),(34));
```

$$c = 2\,\zeta_n \sqrt{m^2\,\omega_n^2} \quad (35)$$

物理的に妥当な仮定：質量と固有角振動数は，ともに正とする

```
> simplify((35)) assuming m>0,omega__n>0;
```

$$c = 2\,\zeta_n\, m\, \omega_n \quad (36)$$

```
> subs({(33),(36)},(29));
```

代入により，固有角振動数と減衰比で表す式に変形する

$$\frac{d^2}{dt^2}\,y(t) + \frac{d^2}{dt^2}\,z_r(t) + \omega_n^2\,z_r(t) + 2\,\zeta_n\,\omega_n\left(\frac{d}{dt}\,z_r(t)\right) = 0 \quad (37)$$

```
> isolate((37),diff(y(t),t$2));
```

床の加速度を左辺，質量 m の相対運動を右辺に分ける

$$\frac{d^2}{dt^2}\,y(t) = -\left(\frac{d^2}{dt^2}\,z_r(t)\right) - \omega_n^2\,z_r(t) - 2\,\zeta_n\,\omega_n\left(\frac{d}{dt}\,z_r(t)\right) \quad (38)$$

B）上記の運動方程式をもとに，質量 m の相対変位の周波数応答伝達関数を導出する。周波数応答伝達関数を導出するため，積分変換パッケージを用いる。

```
> with(inttrans):
```

積分変換パッケージを準備する

質量 m の相対運動の方程式（式（38））をフーリエ変換する。

```
> fourier((38),t,omega);
```

$$-\omega^2\,fourier(y(t),t,\omega) = \left(-2\,\mathrm{I}\,\omega\,\zeta_n\,\omega_n + \omega^2 - \omega_n^2\right) fourier(z_r(t),t,\omega) \quad (39)$$

```
> [fourier(z__r(t),t,omega) = Z__r(omega), fourier(z(t),t,
  omega) = Z(omega), fourier(y(t),t,omega) = Y(omega)];
```

$$\left[fourier(z_r(t),t,\omega) = Z_r(\omega),\ fourier(z(t),t,\omega) = Z(\omega),\ fourier(y(t),t,\omega) = Y(\omega)\right] \quad (40)$$

```
> subs((40),(39));
```

$$-\omega^2\,Y(\omega) = \left(-2\,\mathrm{I}\,\omega\,\zeta_n\,\omega_n + \omega^2 - \omega_n^2\right) Z_r(\omega) \quad (41)$$

```
> simplify((41)*(-1));
```

$$\omega^2\,Y(\omega) = \left(2\,\mathrm{I}\,\omega\,\zeta_n\,\omega_n - \omega^2 + \omega_n^2\right) Z_r(\omega) \quad (42)$$

```
> isolate((42),Z__r(omega));
```

$$Z_r(\omega) = -\frac{\omega^2\,Y(\omega)}{-2\,\mathrm{I}\,\omega\,\zeta_n\,\omega_n + \omega^2 - \omega_n^2} \quad (43)$$

床の加速度を入力として，質量 m の相対変位を出力とする周波数応答伝達関数を導く。

```
> (43)/(omega^2*Y(omega));
```

$$\frac{Z_r(\omega)}{\omega^2\,Y(\omega)} = -\frac{1}{-2\,\mathrm{I}\,\omega\,\zeta_n\,\omega_n + \omega^2 - \omega_n^2} \quad (44)$$

```
> H(omega) = rhs((44));
```

$$H(\omega) = -\frac{1}{-2\,\mathrm{I}\,\omega\,\zeta_n\,\omega_n + \omega^2 - \omega_n^2} \tag{45}$$

C）床の加速度が入力した場合の，質量 m の相対変位の定常応答の PDF を求める。

周波数応答伝達関数の振幅特性の 2 乗を求める。

```
> abs(H(omega))^2;
```

$$|H(\omega)|^2 \tag{46}$$

```
> subs((45),(46));
```

$$\left|-\frac{1}{-2\,\mathrm{I}\,\omega\,\zeta_n\,\omega_n + \omega^2 - \omega_n^2}\right|^2 \tag{47}$$

```
> simplify((47)) assuming omega>0,omega__n>0,zeta__n>0
```

$$\frac{1}{4\,\omega^2\,\zeta_n^2\,\omega_n^2 + \omega^4 - 2\,\omega^2\,\omega_n^2 + \omega_n^4} \tag{48}$$

```
> (46) = (48);
```

$$|H(\omega)|^2 = \frac{1}{4\,\omega^2\,\zeta_n^2\,\omega_n^2 + \omega^4 - 2\,\omega^2\,\omega_n^2 + \omega_n^4} \tag{49}$$

床の加速度の PDF を定式化する。

```
> S__b(omega) = S__0*(omega__b^4+(2*zeta__b*omega__b*omega)
^2)/((omega__b^2-omega^2)^2+(2*zeta__b*omega__b*omega)^2);
```

$$S_b(\omega) = \frac{S_0\left(4\,\omega^2\,\zeta_b^2\,\omega_b^2 + \omega_b^4\right)}{\left(-\omega^2 + \omega_b^2\right)^2 + 4\,\zeta_b^2\,\omega_b^2\,\omega^2} \tag{50}$$

質量 m の床に対する相対変位について，定常応答の PDF を導く。

```
> S__x(omega) = abs(H(omega))^2*S__b(omega);
```

$$S_x(\omega) = |H(\omega)|^2\,S_b(\omega) \tag{51}$$

```
> subs({(49),(50)},(51));
```

$$S_x(\omega) = \frac{S_0\left(4\,\omega^2\,\zeta_b^2\,\omega_b^2 + \omega_b^4\right)}{\left(4\,\omega^2\,\zeta_n^2\,\omega_n^2 + \omega^4 - 2\,\omega^2\,\omega_n^2 + \omega_n^4\right)\left(\left(-\omega^2 + \omega_b^2\right)^2 + 4\,\zeta_b^2\,\omega_b^2\,\omega^2\right)} \tag{52}$$

D）数値例で PDF のグラフを描く。

【数値例：その 1】

```
> zeta__n:=0.1:
> omega__n:=2*Pi*0.5:
> zeta__b:=0.5:
> omega__b:=2*Pi*3:
> (52)/S__0;
```

上記での質量 m の PDF

$$\frac{S_x(\omega)}{S_0} = \frac{355.3057586\,\omega^2 + 1296\,\pi^4}{\left(\omega^4 - 19.34442463\,\omega^2 + 97.40909108\right)\left(\left(36\,\pi^2 - \omega^2\right)^2 + 355.3057586\,\omega^2\right)} \tag{53}$$

```
> GrPDF1 := plot(rhs((53)),omega=0..10, axes=boxed, gridlines,
  labels=["ω [rad/s]","PDF"], labeldirections=["horizontal",
  "vertical"],color="Blue", thickness=3, legend=["数値例
  #1"], title="パワースペクトル密度関数", titlefont=["メイリオ"],
  labelfont=["メイリオ"], axesfont=["メイリオ"]):
```

【数値例：その 2】

```
> zeta__n:=0.04:
> omega__n:=2*Pi:
> zeta__b:=0.5:
> omega__b:=2*Pi*3:
> (52)/S__0;
```

上記での質量 m の PDF

$$\frac{S_x(\omega)}{S_0} = \left(355.3057586\,\omega^2 + 1296\,\pi^4\right) \Big/ \left(\left(0.2526618728\,\omega^2 + \omega^4 - 8\,\omega^2\pi^2 + 16\,\pi^4\right)\left(\left(36\,\pi^2 - \omega^2\right)^2 + 355.3057586\,\omega^2\right)\right) \quad (54)$$

```
> GrPDF2 := plot(rhs((54)),omega=0..10,color="Red",linestyle=
  "dash",thickness=1,legend=["数値例#2"]):
```

グラフの重ね描きをする。

```
> plots[display]([GrPDF1,GrPDF2])
```

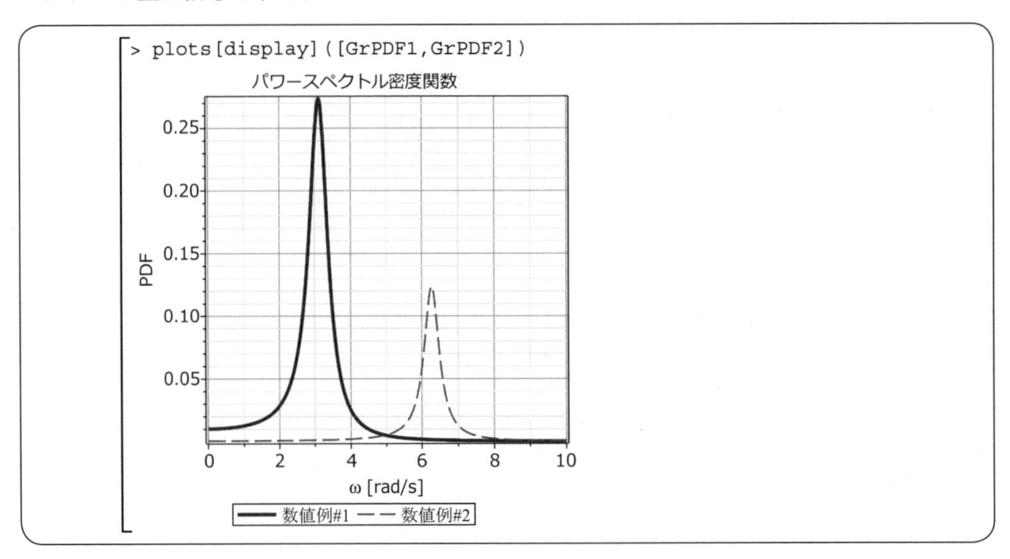

4
「材料力学」演習
（偏微分方程式）

本章では，材料力学の基礎として，軸のねじりとはりの曲げについて，STEM コンピューティングを演習する。4.1 節では，軸のねじりについて，せん断のフックの法則と軸の断面 2 次極モーメントに関する積分法を練習する。4.2 節では，軸の動的なねじり振動について，軸端に慣性モーメントを付加した分布定数振動系の波動方程式（偏微分方程式の一種）の導出，固有方程式（振動数方程式）の解法などを練習する。4.3 節では，はりの曲げについて，たわみ曲線の微分方程式などを練習する。4.4 節では，はりの動的な曲げ振動について，偏微分方程式（はり方程式）などを練習する。

4.1 軸 の ね じ り

設問

一端が壁面に固定され，他端が自由な中実丸棒の軸（長さ L，直径 d_0，断面 2 次極モーメント I_P，せん断弾性係数 G）が，次式の分布トルクを受ける。

$$\frac{\tau_0 x}{L}$$

ここで，x は固定端から軸上のある点までの距離，τ_0 は一定である。このとき，最大せん断応力（τ_{Max}）と，自由端のねじれ角 ϕ_L を求めよ。

解法のプロセス

1. 問題を理解する。

この系の図（ポンチ絵）を描け。そこに，必要な記号を書き加えよ。

与えられたデータや条件：この系の構造と，作用する分布トルク荷重。

各部のパラメータ。

未知のもの：最大せん断応力，先端のねじれ角。

2. 解の計画を立てる。

A）この系のトルクの釣合い式を立てる。

B）位置 x の断面でのねじれ角について定式化する。

C）未知数について方程式を立てて，解く。

3. 計画を実行する。

4. 振り返ってみる。

解の計画の実行

A）この系のトルクの釣合い式を立てる。

```
> restart:
```

固定壁（位置 $x=0$）から受ける反トルクを M_0 とする。

```
> T__x = tau__0*x/L;
```
設問に与えられた分布トルクの式

$$T_x = \frac{\tau_0 x}{L} \quad (1)$$

```
> M__0 = Int(T__x, x = 0..L);
```
分布トルクを棒長手方向に積分する

$$M_0 = \int_0^L T_x \, dx \quad (2)$$

```
> subs((1),(2));
```
被積分関数を代入する

$$M_0 = \int_0^L \frac{\tau_0 x}{L} \, dx \quad (3)$$

```
> value((3));
```
積分を実行し，固定端から受ける反トルクを計算する

$$M_0 = \frac{1}{2} \tau_0 L \quad (4)$$

B）位置 x の断面でのねじれ角について定式化する。

固定壁からの距離 x までについて，トルクの釣合い式を立てる。

```
> M__x = M__0-(Int(T__x, x=0..x));
```
長さ x の間の分布トルクを積分し，断面での釣合い式を立てる

$$M_x = M_0 - \left(\int_0^x T_x \, dx \right) \quad (5)$$

```
> subs((1),(5));
```
上述の分布トルクの式を代入する

$$M_x = M_0 - \left(\int_0^x \frac{\tau_0 x}{L} \, dx \right) \quad (6)$$

```
> subs((4),(6));
```
上述の固定壁の反トルクを代入する

$$M_x = \frac{1}{2} \tau_0 L - \left(\int_0^x \frac{\tau_0 x}{L} \, dx \right) \quad (7)$$

```
> value((7));
```
積分を実行する

$$M_x = \frac{1}{2} \tau_0 L - \frac{1}{2} \frac{\tau_0 x^2}{L} \quad (8)$$

```
> simplify((8));
```

$$M_x = \frac{1}{2}\frac{\tau_0 (L^2 - x^2)}{L} \quad (9)$$

```
> M__x = G*I__P*`d&phi;`/dx;
```

微小部分（長さ dx）のねじれ角（ϕ）は，フックの法則からこの式である

$$M_x = \frac{G I_P d\phi}{dx} \quad (10)$$

C）未知数について方程式を立てて，解く。

まず，自由端のねじれ角を導出する。

```
> subs((10),(9));
```

$$\frac{G I_P d\phi}{dx} = \frac{1}{2}\frac{\tau_0 (L^2 - x^2)}{L} \quad (11)$$

```
> isolate((11),`d&phi;`)/dx;
```

$$\frac{d\phi}{dx} = \frac{1}{2}\frac{\tau_0 (L^2 - x^2)}{L G I_P} \quad (12)$$

```
> phi__L = Int(`d&phi;`/dx, x=0..L);
```

$$\phi_L = \int_0^L \frac{d\phi}{dx}\,\mathrm{d}x \quad (13)$$

```
> eval((13),(12));
```

$$\phi_L = \int_0^L \frac{1}{2}\frac{\tau_0 (L^2 - x^2)}{L G I_P}\,\mathrm{d}x \quad (14)$$

```
> value((14));
```

積分を実行し，全長のねじれ角を計算する

$$\phi_L = \frac{1}{3}\frac{\tau_0 L^2}{G I_P} \quad (15)$$

```
> I__P = (1/32)*Pi*d__0^4;
```

中実丸棒の断面２次極モーメントの計算公式

$$I_P = \frac{1}{32}\pi d_0^4 \quad (16)$$

```
> subs((16),(15));
```

この計算公式を適用して，自由端のねじれ角の式を得る

$$\phi_L = \frac{32}{3}\frac{\tau_0 L^2}{G \pi d_0^4} \quad (17)$$

つぎに，最大せん断応力の式を導く。

```
> M__0 = G*I__P*(eval(diff(phi(x),x),x=0));
```

最大せん断応力は，上記 B）の固定壁面（位置 $x=0$）の外径（$r=d_0/2$）にて発生する

$$M_0 = G I_P \left(\left. \frac{\mathrm{d}}{\mathrm{d}x}\phi(x) \right|_{x=0} \right) \quad (18)$$

```
> tau__x0 = G*gamma__x0;
```

フックの法則により，固定壁面（位置 $x=0$）でのせん断応力の式である

$$\tau_{x0} = G\gamma_{x0} \quad (19)$$

```
> gamma__x0 = r*(eval(diff(phi(x),x),x=0));
```

$$\gamma_{x0}=r\left(\left.\frac{d}{dx}\phi(x)\right|_{x=0}\right) \quad (20)$$

固定壁面でのせん断ひずみ

```
> subs((20),(19));
```

$$\tau_{x0}=G\,r\left(\left.\frac{d}{dx}\phi(x)\right|_{x=0}\right) \quad (21)$$

固定壁面でのせん断応力

```
> isolate((21),eval(diff(phi(x),x),x=0));
```

$$\left.\frac{d}{dx}\phi(x)\right|_{x=0}=\frac{\tau_{x0}}{G\,r} \quad (22)$$

```
> subs((22),(18));
```

$$M_0=\frac{I_P\,\tau_{x0}}{r} \quad (23)$$

```
> subs((4),(23));
```

$$\frac{1}{2}\tau_0 L=\frac{I_P\,\tau_{x0}}{r} \quad (24)$$

```
> isolate((24),tau__x0);
```

$$\tau_{x0}=\frac{1}{2}\frac{\tau_0 L\,r}{I_P} \quad (25)$$

```
> tau__Max=rhs(eval((25),r=d__0/2));
```

せん断応力は，外径($r=d_0/2$)にて最大になる

$$\tau_{Max}=\frac{1}{4}\frac{\tau_0 L\,d_0}{I_P} \quad (26)$$

```
> subs((16),(26));
```

中実丸棒の断面２次極モーメントの計算公式を適用して，最大せん断応力の式を得る

$$\tau_{Max}=\frac{8\,\tau_0 L}{\pi\,d_0^3} \quad (27)$$

振り返ってみる

上で用いた，中実丸棒の断面２次極モーメントの計算公式を導出する。

```
> I__p = 'int(r^2, A)';
```

一般式は，軸の断面Aについて，半径rの２乗の積分である

$$I_p=\int r^2\,dA \quad (28)$$

```
> dA = 2*Pi*r*dr;
```

半径rで微小幅drの輪の面積である

$$dA=2\,\pi\,r\,dr \quad (29)$$

```
> I__p = Int(coeff(rhs((29)),dr)*r^2, r=0..(1/2)*d);
```

中実丸棒の場合，半径rの積分範囲は$0\sim d/2$である

$$I_p=\int_0^{\frac{1}{2}d} 2\,\pi\,r^3\,dr \quad (30)$$

```
> value((30));
```

$$I_p=\frac{1}{32}\pi\,d^4 \quad (31)$$

4.2 軸ねじり振動の分布定数モデル化と固有振動解析

設問

図4.1に示すバーベル型の2慣性ねじり振動系について，以下のモデル化と固有モード解析を行え。

1）軸の両端に円板（集中慣性）が付加され，軸自体は分布定数系として，この系の運動方程式を立てよ。

2）運動方程式を用いて，この系の固有振動を解析せよ。

3）寸法などの各パラメータ数値を用いて，振動解析の数値計算を行え。

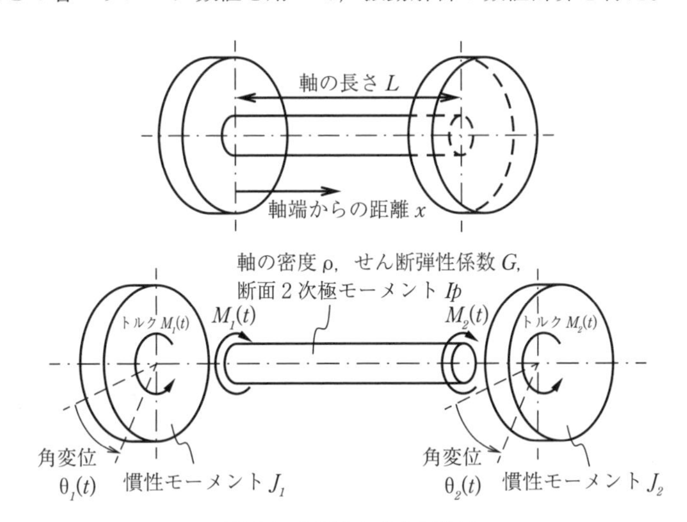

図4.1 2慣性ねじり振動系

解法のプロセス

1. **問題を理解する。**

与えられたデータや条件：2慣性ねじり振動系の構成，数値パラメータ。

未知のもの：運動方程式。固有振動数と固有モード，その数値計算例。

2. **解の計画を立てる。**

A）集中慣性と軸との力学的境界条件を用いて，分布定数系の運動方程式を立てる。

B）変数分離法を用いて，振動数方程式を導き，固有モード解析を行う。

C）運動方程式の各パラメータに数値を設定し，固有振動数と固有モード変形図を求める。

3. **計画を実行する。**

解の計画の実行

A）集中慣性と軸との力学的境界条件を用いて，分布定数系の運動方程式を立てる。

```
> restart:
```

軸両端に付加された集中慣性について，運動方程式を立てる。下付き数字の入力法は，数字の前にアンダーバーを二つ続ける。

```
> J__1*(diff(theta__1(t),t$2)) = M__1(t);
```

集中慣性J_1の角変位を$\theta_1(t)$，受けるトルクを$M_1(t)$と表す

$$J_1\left(\frac{d^2}{dt^2}\theta_1(t)\right)=M_1(t) \tag{1}$$

```
> J__2*(diff(theta__2(t),t$2)) = M__2(t);
```

集中慣性J_2の角変位を$\theta_2(t)$，受けるトルクを$M_2(t)$と表す

$$J_2\left(\frac{d^2}{dt^2}\theta_2(t)\right)=M_2(t) \tag{2}$$

軸のねじれ角を$\theta(x, t)$として，波動方程式を立てる。

ギリシャ文字とアルファベットをつなげるときは，両側をバッククォーテーション（`）で挟み，アンパーサンド（&）の後にギリシャ文字のアルファベット表記を続け，セミコロン（;）を付ける。

```
> rho*`&delta;x`*Ip*(diff(theta(x, t),t$2)) = T(x,t)+(diff(T
  (x,t),x))*`&delta;x`-T(x,t);
```

軸の微小長さ（δx）に関する運動方程式

$$\rho\,\delta x\,Ip\left(\frac{\partial^2}{\partial t^2}\theta(x,t)\right)=\left(\frac{\partial}{\partial x}T(x,t)\right)\delta x \tag{3}$$

```
> ((3))/(`&delta;x`);
```

$$\rho\,Ip\left(\frac{\partial^2}{\partial t^2}\theta(x,t)\right)=\frac{\partial}{\partial x}T(x,t) \tag{4}$$

```
> T(x,t) = G*Ip*(diff(theta(x,t),x));
```

位置xでのトルク$T(x, t)$とねじれ角との関係式

$$T(x,t)=G\,Ip\left(\frac{\partial}{\partial x}\theta(x,t)\right) \tag{5}$$

```
> subs((5),(4));
```

$$\rho\,Ip\left(\frac{\partial^2}{\partial t^2}\theta(x,t)\right)=\frac{\partial}{\partial x}\left(G\,Ip\left(\frac{\partial}{\partial x}\theta(x,t)\right)\right) \tag{6}$$

```
> simplify((6));
```

$$\rho\,Ip\left(\frac{\partial^2}{\partial t^2}\theta(x,t)\right)=G\,Ip\left(\frac{\partial^2}{\partial x^2}\theta(x,t)\right) \tag{7}$$

```
> ((7))/(rho*Ip);
```

波動方程式が導かれる

$$\frac{\partial^2}{\partial t^2}\theta(x,t)=\frac{G\left(\frac{\partial^2}{\partial x^2}\theta(x,t)\right)}{\rho} \tag{8}$$

軸の一端（$x=0$）での境界条件を定式化する。

```
> eval((5),x=0);
```

$$T(0,t)=G\,Ip\left(\left.\frac{\partial}{\partial x}\theta(x,t)\right|_{x=0}\right) \tag{9}$$

集中慣性 J_1 側，軸端（$x=0$）でのねじりトルクの釣合い式

```
> T(0,t) = M__1(t);
```

$$T(0,t)=M_1(t) \tag{10}$$

```
> subs((10),(9));
```

$$M_1(t)=G\,Ip\left(\left.\frac{\partial}{\partial x}\theta(x,t)\right|_{x=0}\right) \tag{11}$$

```
> subs((11),(1));
```

$$J_1\left(\frac{d^2}{dt^2}\theta_1(t)\right)=G\,Ip\left(\left.\frac{\partial}{\partial x}\theta(x,t)\right|_{x=0}\right) \tag{12}$$

```
> theta__1(t) = eval(theta(x,t),x=0);
```

軸端（$x=0$）でのねじり角の連続性の式である

$$\theta_1(t)=\theta(0,t) \tag{13}$$

```
> subs((13),(12));
```

$$J_1\left(\frac{d^2}{dt^2}\theta(0,t)\right)=G\,Ip\left(\left.\frac{\partial}{\partial x}\theta(x,t)\right|_{x=0}\right) \tag{14}$$

棒の一端と集中慣性（J_1）との力学的境界条件の式

軸の他端（$x=L$）での境界条件を定式化する。

```
> constants := constants, L:
```

以下，長さ L を定数として扱う

```
> eval((5),x=L);
```

$$T(L,t)=G\,Ip\left(\left.\frac{\partial}{\partial x}\theta(x,t)\right|_{x=L}\right) \tag{15}$$

集中慣性 J_2 側，軸端（$x=L$）でのねじりトルクの釣合い式

```
> T(L,t) = -M__2(t);
```

$$T(L,t)=-M_2(t) \tag{16}$$

軸端（$x=L$）でのねじりトルクの釣合い式

```
> subs((16),(15));
```

$$-M_2(t)=G\,Ip\left(\left.\frac{\partial}{\partial x}\theta(x,t)\right|_{x=L}\right) \tag{17}$$

```
> isolate((17),M__2(t));
```

符号反転

$$M_2(t)=-G\,Ip\left(\left.\frac{\partial}{\partial x}\theta(x,t)\right|_{x=L}\right) \tag{18}$$

```
> subs((18),(2));
```

$$J_2\left(\frac{d^2}{dt^2}\theta_2(t)\right)=-G\,Ip\left(\left.\frac{\partial}{\partial x}\theta(x,t)\right|_{x=L}\right) \tag{19}$$

```
> theta__2(t) = eval(theta(x, t), x = L);
```

軸端（$x=L$）でのねじり角の連続性の式である

$$\theta_2(t)=\theta(L,t) \tag{20}$$

```
> subs((20),(19));
```

$$J_2\left(\frac{\partial^2}{\partial t^2}\theta(L,t)\right)=-G\,Ip\left(\left.\frac{\partial}{\partial x}\theta(x,t)\right|_{x=L}\right) \tag{21}$$

棒の他端と集中慣性（J_2）との力学的境界条件の式

B）変数分離法を用いて，振動数方程式を導き，固有モード解析を行う。

波動方程式を変数分離する。

```
> theta(x, t) = R(x)*S(t);
```
変数分離法の基本式

$$\theta(x,t) = R(x)\,S(t) \quad (22)$$

```
> subs((22),(8));
```
前述の波動方程式に代入して変数分離

$$\frac{\partial^2}{\partial t^2}(R(x)\,S(t)) = \frac{G\left(\frac{\partial^2}{\partial x^2}(R(x)\,S(t))\right)}{\rho} \quad (23)$$

```
> eval((23));
```

$$R(x)\left(\frac{d^2}{dt^2}S(t)\right) = \frac{G\left(\frac{d^2}{dx^2}R(x)\right)S(t)}{\rho} \quad (24)$$

```
> ((24))/(S(t))/(R(x));
```
左辺は時間（t）だけ，右辺は位置（x）だけの関数である

$$\frac{\frac{d^2}{dt^2}S(t)}{S(t)} = \frac{G\left(\frac{d^2}{dx^2}R(x)\right)}{R(x)\,\rho} \quad (25)$$

xとtを独立に変えても等式が成り立つために，両辺の値は定数であり，固有角振動数（ω）を導入する

```
> ((25))=-omega^(2);
```

$$\left(\frac{\frac{d^2}{dt^2}S(t)}{S(t)} = \frac{G\left(\frac{d^2}{dx^2}R(x)\right)}{R(x)\,\rho}\right) = -\omega^2 \quad (26)$$

```
> lhs((25)) = rhs((26));
```
時間の関数$S(t)$に関する常微分方程式

$$\frac{\frac{d^2}{dt^2}S(t)}{S(t)} = -\omega^2 \quad (27)$$

```
> (27)*denom(lhs((27)));
```

$$\frac{d^2}{dt^2}S(t) = -S(t)\,\omega^2 \quad (28)$$

```
> (28)-rhs((28));
```
この常微分方程式を，見やすく変形した

$$\frac{d^2}{dt^2}S(t) + S(t)\,\omega^2 = 0 \quad (29)$$

```
> rhs((25)) = rhs((26));
```
位置の関数$R(x)$に関する常微分方程式

$$\frac{G\left(\frac{d^2}{dx^2}R(x)\right)}{R(x)\,\rho} = -\omega^2 \quad (30)$$

```
> (30)*denom(lhs((30)));
```

$$G\left(\frac{d^2}{dx^2}R(x)\right) = -R(x)\,\rho\,\omega^2 \quad (31)$$

```
> ((31))/(G);
```

$$\frac{d^2}{dx^2}R(x) = -\frac{R(x)\,\rho\,\omega^2}{G} \quad (32)$$

```
> (32)-rhs((32));
```
この常微分方程式を，見やすく変形した

$$\frac{d^2}{dx^2}R(x) + \frac{R(x)\,\rho\,\omega^2}{G} = 0 \quad (33)$$

```
> (29),(33);
```
波動方程式を変数分離して，二つの常微分方程式が導かれた

$$\frac{d^2}{dt^2}S(t) + S(t)\,\omega^2 = 0,\ \frac{d^2}{dx^2}R(x) + \frac{R(x)\,\rho\,\omega^2}{G} = 0 \quad (34)$$

一方の軸端（$x=0$）での力学的境界条件を変数分離する。

```
> eval((22),x=0);
```
$$\theta(0,t)=R(0)\,S(t) \tag{35}$$

軸端（$x=0$）での境界条件の変数分離

```
> diff((35),t$2);
```
$$D_{2,2}(\theta)(0,t)=R(0)\left(\frac{d^2}{dt^2}S(t)\right) \tag{36}$$

```
> subs((36),(14));
```
$$J_1 R(0)\left(\frac{d^2}{dt^2}S(t)\right)=G\,Ip\left(\left.\frac{\partial}{\partial x}\theta(x,t)\right|_{x=0}\right) \tag{37}$$

```
> diff((22),x);
```
$$\frac{\partial}{\partial x}\theta(x,t)=\left(\frac{d}{dx}R(x)\right)S(t) \tag{38}$$

```
> subs((38),(37));
```
$$J_1 R(0)\left(\frac{d^2}{dt^2}S(t)\right)=G\,Ip\left(\left.\left(\left(\frac{d}{dx}R(x)\right)S(t)\right)\right|_{x=0}\right) \tag{39}$$

```
> eval((39));
```
$$J_1 R(0)\left(\frac{d^2}{dt^2}S(t)\right)=G\,Ip\left(\left.\frac{d}{dx}R(x)\right|_{x=0}\right)S(t) \tag{40}$$

```
> subs((28),(40));
```
$$-J_1 R(0)\,S(t)\,\omega^2=G\,Ip\left(\left.\frac{d}{dx}R(x)\right|_{x=0}\right)S(t) \tag{41}$$

```
> ((41))/(S(t))/(G*Ip);
```
$$-\frac{J_1 R(0)\,\omega^2}{G\,Ip}=\left.\frac{d}{dx}R(x)\right|_{x=0} \tag{42}$$

```
> isolate((42),rhs((42)));
```
$$\left.\frac{d}{dx}R(x)\right|_{x=0}=-\frac{J_1 R(0)\,\omega^2}{G\,Ip} \tag{43}$$

軸端（$x=0$）での1階の微分係数が，右辺のように一定値となる

他方の軸端（$x=L$）での力学的境界条件を変数分離する。

```
> eval((22),x=L);
```
$$\theta(L,t)=R(L)\,S(t) \tag{44}$$

軸端（$x=L$）での境界条件の変数分離

```
> diff((44),t$2);
```
$$\frac{\partial^2}{\partial t^2}\theta(L,t)=R(L)\left(\frac{d^2}{dt^2}S(t)\right) \tag{45}$$

```
> subs((45),(21));
```
$$J_2 R(L)\left(\frac{d^2}{dt^2}S(t)\right)=-G\,Ip\left(\left.\frac{\partial}{\partial x}\theta(x,\ )\right|_{x=L}\right) \tag{46}$$

```
> subs((38),(46));
```
$$J_2 R(L)\left(\frac{d^2}{dt^2}S(t)\right)=-G\,Ip\left(\left.\left(\left(\frac{d}{dx}R(x)\right)S(t)\right)\right|_{x=L}\right) \tag{47}$$

```
> eval((47));
```

$$J_2 R(L) \left(\frac{d^2}{dt^2} S(t)\right) = -G\,Ip \left(\left.\frac{d}{dx} R(x)\right|_{x=L}\right) S(t) \quad (48)$$

```
> subs((28),(48));
```

$$-J_2 R(L)\, S(t)\, \omega^2 = -G\,Ip \left(\left.\frac{d}{dx} R(x)\right|_{x=L}\right) S(t) \quad (49)$$

```
> -((49))/(S(t))/(G*Ip);
```

$$\frac{J_2 R(L)\, \omega^2}{G\,Ip} = \left.\frac{d}{dx} R(x)\right|_{x=L} \quad (50)$$

```
> isolate((50),rhs((50)));
```

軸端（$x=L$）での1階の微分係数が，右辺のように一定値となる

$$\left.\frac{d}{dx} R(x)\right|_{x=L} = \frac{J_2 R(L)\, \omega^2}{G\,Ip} \quad (51)$$

固有モードと振動数方程式を導出する。

```
> R(x) = exp(sigma*x);
```

変数分離した $R(x)$ の一般解を求める

$$R(x) = e^{\sigma x} \quad (52)$$

```
> subs((52),(33));
```

上述の常微分方程式（33）に代入する

$$\frac{\partial^2}{\partial x^2} e^{\sigma x} + \frac{e^{\sigma x} \rho\, \omega^2}{G} = 0 \quad (53)$$

```
> eval((53));
```

$$\sigma^2 e^{\sigma x} + \frac{e^{\sigma x} \rho\, \omega^2}{G} = 0 \quad (54)$$

```
> collect((54),exp(sigma*x));
```

xによらず，等式が成り立つ条件は，未知数σの2次方程式である

$$\left(\sigma^2 + \frac{\rho\, \omega^2}{G}\right) e^{\sigma x} = 0 \quad (55)$$

```
> ((55))/(exp(sigma*x));
```

$$\sigma^2 + \frac{\rho\, \omega^2}{G} = 0 \quad (56)$$

物理的に妥当な仮定として，密度とせん断弾性係数と固有角振動数は正値である

```
> assume(rho>0, G>0, omega>0);
> ans:=solve((56), [sigma]);
```

上の2次方程式を，σについて解く

$$ans := \left[\left[\sigma = \frac{I\sqrt{G\sim \rho\sim}\ \omega\sim}{G\sim}\right], \left[\sigma = -\frac{I\sqrt{G\sim \rho\sim}\ \omega\sim}{G\sim}\right]\right] \quad (57)$$

```
> seq(R[ii](x)=C[ii]*eval(rhs((52)),op(ii,ans)),ii=1..2);
```

常微分方程式の二つの1次独立な解である。下付き数字の別方法として，カギかっこを使う

$$R_1(x) = C_1\, e^{\frac{I\sqrt{G\sim \rho\sim}\ \omega\sim x}{G\sim}},\ R_2(x) = C_2\, e^{-\frac{I\sqrt{G\sim \rho\sim}\ \omega\sim x}{G\sim}} \quad (58)$$

```
> eval(R[1](x)+R[2](x),{(58)});
```

二つの1次独立を重ね合わせた一般解であり，重合せ係数（C_1とC_2）が未知数である

$$C_1\, e^{\frac{I\sqrt{G\sim \rho\sim}\ \omega\sim x}{G\sim}} + C_2\, e^{-\frac{I\sqrt{G\sim \rho\sim}\ \omega\sim x}{G\sim}} \quad (59)$$

```
> convert((59),trig);
```
指数関数を三角関数に変換する

$$C_1\left(\cos\left(\frac{\sqrt{G\sim\rho\sim}\ \omega\sim x}{G\sim}\right)+\mathrm{I}\sin\left(\frac{\sqrt{G\sim\rho\sim}\ \omega\sim x}{G\sim}\right)\right)+C_2\left(\cos\left(\frac{\sqrt{G\sim\rho\sim}\ \omega\sim x}{G\sim}\right)-\mathrm{I}\sin\left(\frac{\sqrt{G\sim\rho\sim}\ \omega\sim x}{G\sim}\right)\right) \quad (60)$$

```
> collect((60),{cos,sin});
```
見やすさのため，式を整理する

$$(C_1+C_2)\cos\left(\frac{\sqrt{G\sim\rho\sim}\ \omega\sim x}{G\sim}\right)+(\mathrm{I}C_1-\mathrm{I}C_2)\sin\left(\frac{\sqrt{G\sim\rho\sim}\ \omega\sim x}{G\sim}\right) \quad (61)$$

```
> C[1]+C[2]=D[1];
```
コサイン項の係数を，新たな一つの未知数とする

$$C_1+C_2=\mathrm{D}_1 \quad (62)$$

```
> I*C[1]-I*C[2]=D[2];
```
サイン項の係数を，新たな一つの未知数とする

$$\mathrm{I}C_1-\mathrm{I}C_2=\mathrm{D}_2 \quad (63)$$

```
> R(x)=subs({(62),(63)},(61));
```
二つの新たな係数を用いて，$R(x)$ の一般解を書き直す

$$R(x)=\mathrm{D}_1\cos\left(\frac{\sqrt{G\sim\rho\sim}\ \omega\sim x}{G\sim}\right)+\mathrm{D}_2\sin\left(\frac{\sqrt{G\sim\rho\sim}\ \omega\sim x}{G\sim}\right) \quad (64)$$

```
> diff((64),x);
```

$$\frac{\mathrm{d}}{\mathrm{d}x}R(x)=-\frac{\mathrm{D}_1\sqrt{G\sim\rho\sim}\ \omega\sim\sin\left(\frac{\sqrt{G\sim\rho\sim}\ \omega\sim x}{G\sim}\right)}{G\sim}+\frac{\mathrm{D}_2\sqrt{G\sim\rho\sim}\ \omega\sim\cos\left(\frac{\sqrt{G\sim\rho\sim}\ \omega\sim x}{G\sim}\right)}{G\sim} \quad (65)$$

```
> eval((64),x=0);
```
この関数 $R(x)$ が軸端（$x=0$）の境界条件を満たすようにする

$$R(0)=\mathrm{D}_1 \quad (66)$$

```
> eval((65),x=0);
```
この関数 $R(x)$ が軸端（$x=0$）の境界条件を満たすようにする

$$\left.\frac{\mathrm{d}}{\mathrm{d}x}R(x)\right|_{x=0}=\frac{\mathrm{D}_2\sqrt{G\sim\rho\sim}\ \omega\sim}{G\sim} \quad (67)$$

```
> subs({(66),(67)},(43));
```
軸端（$x=0$）での境界条件に代入する

$$\frac{\mathrm{D}_2\sqrt{G\sim\rho\sim}\ \omega\sim}{G\sim}=-\frac{J_I\mathrm{D}_1\omega\sim^2}{G\sim Ip} \quad (68)$$

```
> isolate((68),D[2]);
```
未知係数 D_2 について解く

$$\mathrm{D}_2=-\frac{J_I\mathrm{D}_1\omega\sim}{Ip\sqrt{G\sim\rho\sim}} \quad (69)$$

```
> subs((69),(64));
```
一端（$x=0$）の境界条件を考慮した固有モード関数

$$R(x)=\mathrm{D}_1\cos\left(\frac{\sqrt{G\sim\rho\sim}\ \omega\sim x}{G\sim}\right)-\frac{J_I\mathrm{D}_1\omega\sim\sin\left(\frac{\sqrt{G\sim\rho\sim}\ \omega\sim x}{G\sim}\right)}{Ip\sqrt{G\sim\rho\sim}} \quad (70)$$

```
> diff((70),x);
```

その1階の導関数

$$\frac{d}{dx}R(x) = -\frac{D_1\sqrt{G{\sim}\rho{\sim}}\ \omega{\sim}\sin\left(\frac{\sqrt{G{\sim}\rho{\sim}}\ \omega{\sim}x}{G{\sim}}\right)}{G{\sim}} - \frac{J_1 D_1\omega{\sim}^2\cos\left(\frac{\sqrt{G{\sim}\rho{\sim}}\ \omega{\sim}x}{G{\sim}}\right)}{Ip\,G{\sim}} \tag{71}$$

```
> eval((70),x=L);
```

関数 $R(x)$ が軸端（$x=L$）の境界条件も満たすようにする

$$R(L) = D_1\cos\left(\frac{\sqrt{G{\sim}\rho{\sim}}\ \omega{\sim}L}{G{\sim}}\right) - \frac{J_1 D_1\omega{\sim}\sin\left(\frac{\sqrt{G{\sim}\rho{\sim}}\ \omega{\sim}L}{G{\sim}}\right)}{Ip\sqrt{G{\sim}\rho{\sim}}} \tag{72}$$

```
> collect((72),D[1]);
```

$$R(L) = \left(\cos\left(\frac{\sqrt{G{\sim}\rho{\sim}}\ \omega{\sim}L}{G{\sim}}\right) - \frac{J_1\omega{\sim}\sin\left(\frac{\sqrt{G{\sim}\rho{\sim}}\ \omega{\sim}L}{G{\sim}}\right)}{Ip\sqrt{G{\sim}\rho{\sim}}}\right)D_1 \tag{73}$$

```
> eval((71),x=L);
```

$$\left.\frac{d}{dx}R(x)\right|_{x=L} = -\frac{D_1\sqrt{G{\sim}\rho{\sim}}\ \omega{\sim}\sin\left(\frac{\sqrt{G{\sim}\rho{\sim}}\ \omega{\sim}L}{G{\sim}}\right)}{G{\sim}} - \frac{J_1 D_1\omega{\sim}^2\cos\left(\frac{\sqrt{G{\sim}\rho{\sim}}\ \omega{\sim}L}{G{\sim}}\right)}{Ip\,G{\sim}} \tag{74}$$

```
> collect((74),D[1]);
```

$$\left.\frac{d}{dx}R(x)\right|_{x=L} = \left(-\frac{\sqrt{G{\sim}\rho{\sim}}\ \omega{\sim}\sin\left(\frac{\sqrt{G{\sim}\rho{\sim}}\ \omega{\sim}L}{G{\sim}}\right)}{G{\sim}} - \frac{J_1\omega{\sim}^2\cos\left(\frac{\sqrt{G{\sim}\rho{\sim}}\ \omega{\sim}L}{G{\sim}}\right)}{Ip\,G{\sim}}\right)D_1 \tag{75}$$

```
> subs({(73),(75)},(51));
```

軸端（$x=L$）での境界条件に代入する

$$\left(-\frac{\sqrt{G{\sim}\rho{\sim}}\ \omega{\sim}\sin\left(\frac{\sqrt{G{\sim}\rho{\sim}}\ \omega{\sim}L}{G{\sim}}\right)}{G{\sim}} - \frac{J_1\omega{\sim}^2\cos\left(\frac{\sqrt{G{\sim}\rho{\sim}}\ \omega{\sim}L}{G{\sim}}\right)}{Ip\,G{\sim}}\right)D_1 = \frac{J_2\left(\cos\left(\frac{\sqrt{G{\sim}\rho{\sim}}\ \omega{\sim}L}{G{\sim}}\right) - \frac{J_1\omega{\sim}\sin\left(\frac{\sqrt{G{\sim}\rho{\sim}}\ \omega{\sim}L}{G{\sim}}\right)}{Ip\sqrt{G{\sim}\rho{\sim}}}\right)D_1\,\omega{\sim}^2}{G{\sim}\,Ip} \tag{76}$$

```
> (76)/D[1] assuming D[1]<>0;
```

当然ながら，未知係数 D_1 がゼロでない場合に興味がある

$$-\frac{\sqrt{G{\sim}\rho{\sim}}\ \omega{\sim}\sin\left(\frac{\sqrt{G{\sim}\rho{\sim}}\ \omega{\sim}L}{G{\sim}}\right)}{G{\sim}} - \frac{J_1\omega{\sim}^2\cos\left(\frac{\sqrt{G{\sim}\rho{\sim}}\ \omega{\sim}L}{G{\sim}}\right)}{Ip\,G{\sim}} = \frac{J_2\left(\cos\left(\frac{\sqrt{G{\sim}\rho{\sim}}\ \omega{\sim}L}{G{\sim}}\right) - \frac{J_1\omega{\sim}\sin\left(\frac{\sqrt{G{\sim}\rho{\sim}}\ \omega{\sim}L}{G{\sim}}\right)}{Ip\sqrt{G{\sim}\rho{\sim}}}\right)\omega{\sim}^2}{G{\sim}\,Ip} \tag{77}$$

```
> (77)-rhs((77));
```

右辺を左辺に移項する

$$-\frac{\sqrt{G\sim\rho\sim}\,\omega\sim\sin\left(\frac{\sqrt{G\sim\rho\sim}\,\omega\sim L}{G\sim}\right)}{G\sim}-\frac{J_1\,\omega\sim^2\cos\left(\frac{\sqrt{G\sim\rho\sim}\,\omega\sim L}{G\sim}\right)}{Ip\,G\sim}-\frac{J_2\left(\cos\left(\frac{\sqrt{G\sim\rho\sim}\,\omega\sim L}{G\sim}\right)-\frac{J_1\,\omega\sim\sin\left(\frac{\sqrt{G\sim\rho\sim}\,\omega\sim L}{G\sim}\right)}{Ip\sqrt{G\sim\rho\sim}}\right)\omega\sim^2}{G\sim\,Ip}=0 \quad (78)$$

```
> collect((78),{cos,sin});
```

見やすさのためコサイン項とサイン項に分けた。これが両端境界条件を満たす場合の振動数方程式である

$$\left(-\frac{J_1\,\omega\sim^2}{Ip\,G\sim}-\frac{J_2\,\omega\sim^2}{G\sim\,Ip}\right)\cos\left(\frac{\sqrt{G\sim\rho\sim}\,\omega\sim L}{G\sim}\right)+\left(-\frac{\sqrt{G\sim\rho\sim}\,\omega\sim}{G\sim}+\frac{J_2\,J_1\,\omega\sim^3}{G\sim\,Ip^2\sqrt{G\sim\rho\sim}}\right)\sin\left(\frac{\sqrt{G\sim\rho\sim}\,\omega\sim L}{G\sim}\right)=0 \quad (79)$$

C）運動方程式の各パラメータに数値を設定し，固有振動数と固有モード変形図を求める。

わかりやすさのため，固有角振動数ω〔rad/s〕を，〔Hz〕単位の固有振動数fに換算する。

```
> assume(f > 0);
> omega = (2*Pi)*f;
```

$$\omega\sim=2\,\pi f\sim \quad (80)$$

```
> subs((80),(79));
```

固有振動数f〔Hz〕を未知数とする振動数方程式

$$\left(-\frac{4\,J_1\,\pi^2 f\sim^2}{Ip\,G\sim}-\frac{4\,J_2\,\pi^2 f\sim^2}{G\sim\,Ip}\right)\cos\left(\frac{2\sqrt{G\sim\rho\sim}\,\pi f\sim L}{G\sim}\right)+\left(-\frac{2\sqrt{G\sim\rho\sim}\,\pi f\sim}{G\sim}+\frac{8\,J_2\,J_1\,\pi^3 f\sim^3}{G\sim\,Ip^2\sqrt{G\sim\rho\sim}}\right)\sin\left(\frac{2\sqrt{G\sim\rho\sim}\,\pi f\sim L}{G\sim}\right)=0 \quad (81)$$

```
> rho = 7.86*10^3;
```

鉄の密度〔kg/m³〕

$$\rho\sim=7860.00 \quad (82)$$

```
> G = 82.32*10^9;
```

鉄のせん断弾性率〔Pa〕

$$G\sim=8.232000000\ 10^{10} \quad (83)$$

```
> d = 4.75*10^(-3);
```

軸の直径〔m〕

$$d=0.004750000000 \quad (84)$$

```
> L = 52.0*10^(-3);
```

軸の長さ〔m〕

$$L=0.05200000000 \quad (85)$$

```
> Ip = (1/32)*Pi*d^4;
```

丸棒の断面2次極モーメント

$$Ip=\frac{1}{32}\,\pi\,d^4 \quad (86)$$

```
> subs((84),(86));
```

$$Ip=4.997747756\ 10^{-11} \quad (87)$$

【数値例：軸両端の集中慣性〔kg·m^2〕**】**

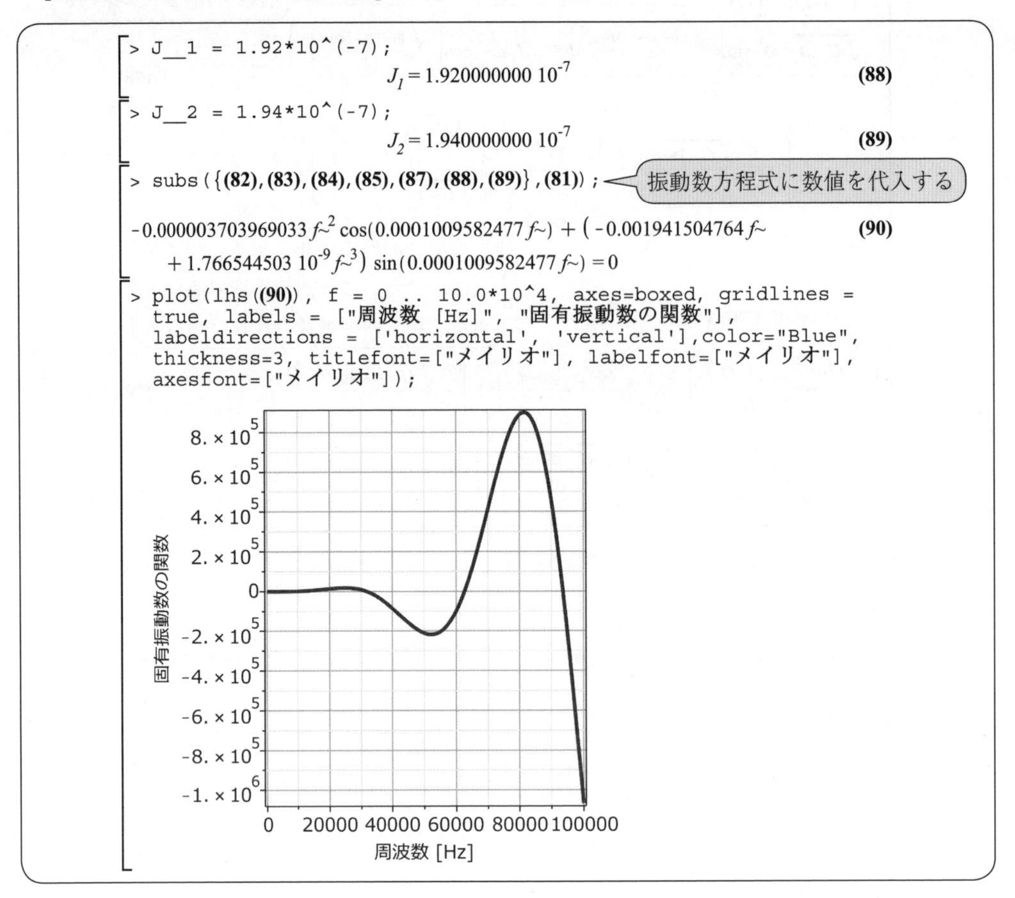

```
> J__1 = 1.92*10^(-7);
```

$$J_1 = 1.920000000\ 10^{-7} \qquad (88)$$

```
> J__2 = 1.94*10^(-7);
```

$$J_2 = 1.940000000\ 10^{-7} \qquad (89)$$

```
> subs({(82),(83),(84),(85),(87),(88),(89)},(81));
```


$$-0.000003703969033 f\sim^2 \cos(0.0001009582477 f\sim) + (-0.001941504764 f\sim + 1.766544503\ 10^{-9} f\sim^3) \sin(0.0001009582477 f\sim) = 0 \qquad (90)$$

```
> plot(lhs((90)), f = 0 .. 10.0*10^4, axes=boxed, gridlines =
  true, labels = ["周波数 [Hz]", "固有振動数の関数"],
  labeldirections = ['horizontal', 'vertical'],color="Blue",
  thickness=3, titlefont=["メイリオ"], labelfont=["メイリオ"],
  axesfont=["メイリオ"]);
```


このグラフでゼロクロスする周波数が，固有振動数である。低周波側から順に，1 次，2 次，3 次，4 次，である。

この中で，まず 1 次モードを解析する。

```
> f1:=fsolve((90),f=5000.0);
```

（振動数方程式を 5 000Hz の近傍での数値計算で解く）

$$f1 := 4517.414569 \qquad (91)$$

```
> subs({(80),(82),(83),(84),(85),(87),(88),(89)},(70));
```

（固有モード関数に数値を代入する）

$$R(x) = D_1 \cos(0.001941504764 f\sim x) - 0.0009489488648\ D_1 f\sim \sin(0.001941504764 f\sim x) \qquad (92)$$

```
> subs({D[1] = 1, f = f1},(92));
```

（1 次モードの固有モード変形である）

$$R(x) = \cos(8.770581907\, x) - 4.286795427 \sin(8.770581907\, x) \qquad (93)$$

```
> plot(rhs((93)), x = 0 .. 52.0*10^(-3), axes=boxed, gridlines
  = true, labels = ["回転軸上の位置 [m]", "ねじり"],
  labeldirections = ['horizontal', 'vertical'], color=
  "Blue", thickness=3, title="1次固有振動のモード変形図",
  titlefont=["メイリオ"], labelfont=["メイリオ"], axesfont=["メ
  イリオ"]);
```

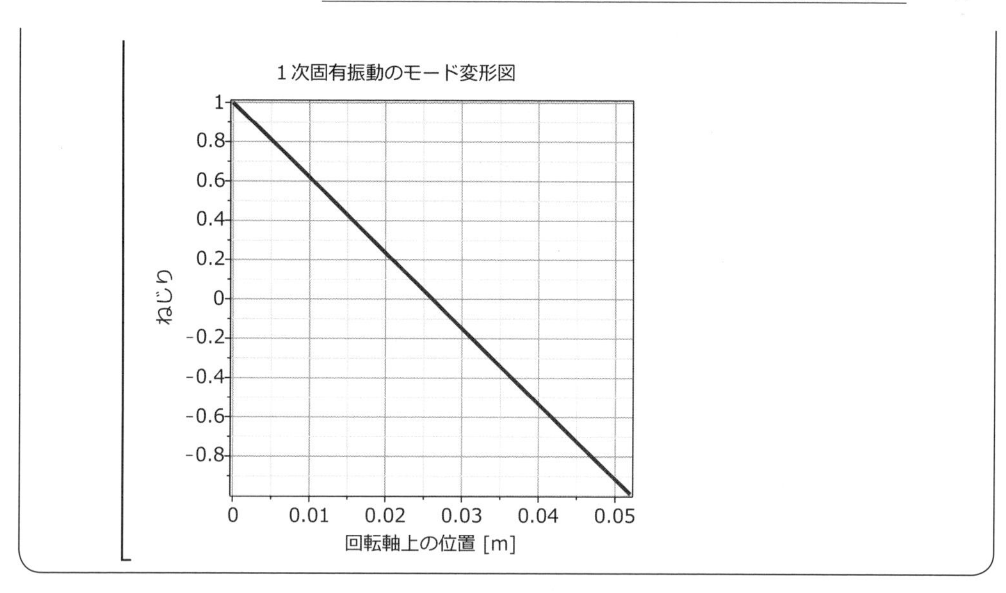

このモード変形図は，横軸の中央あたりでゼロクロスしていて，この位置が 1 次ねじり振動の節である。

つぎに，2 次モードを解析する。

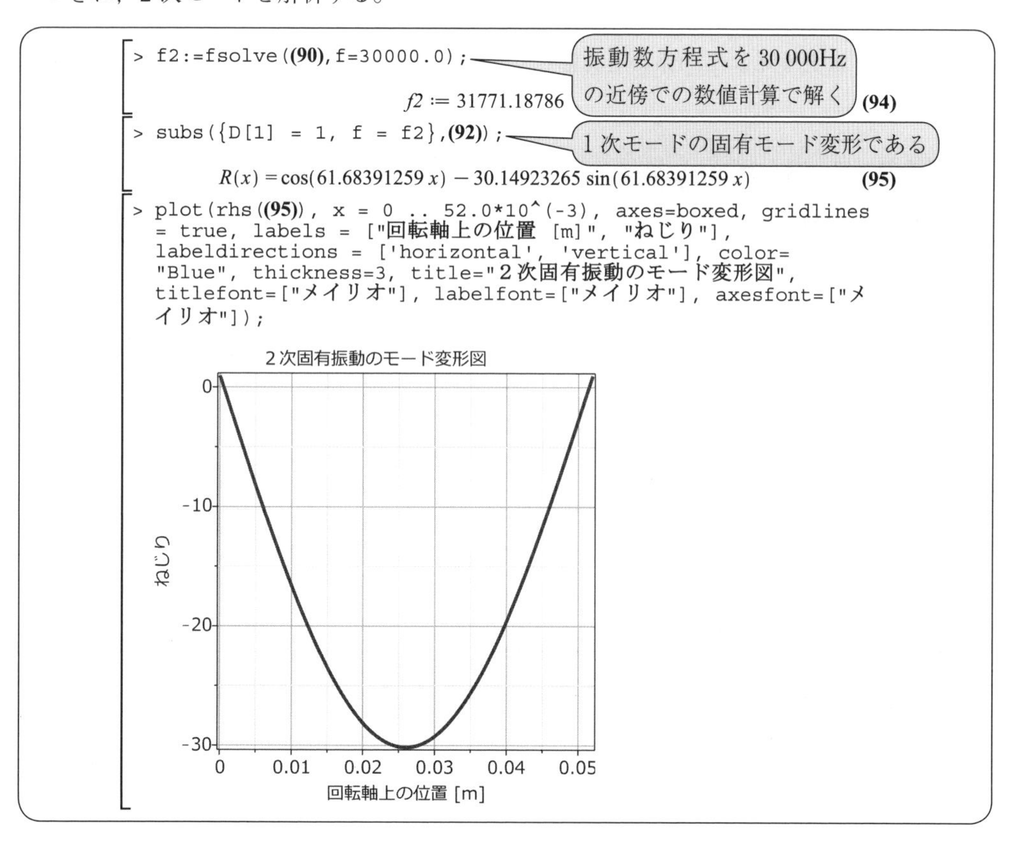

```
> f2:=fsolve((90),f=30000.0);
                                   f2 := 31771.18786                          (94)
> subs({D[1] = 1, f = f2},(92));
        R(x) = cos(61.68391259 x) − 30.14923265 sin(61.68391259 x)          (95)
> plot(rhs((95)), x = 0 .. 52.0*10^(-3), axes=boxed, gridlines
  = true, labels = ["回転軸上の位置 [m]", "ねじり"],
  labeldirections = ['horizontal', 'vertical'], color=
  "Blue", thickness=3, title="2 次固有振動のモード変形図",
  titlefont=["メイリオ"], labelfont=["メイリオ"], axesfont=["メ
  イリオ"]);
```

このモード変形図は，横軸の両端近くでゼロクロスしていて，この位置が2次ねじり振動の節である。中央あたりは最大変位（振動の腹）である。

つぎに，3次と4次の固有振動数を数値計算する。

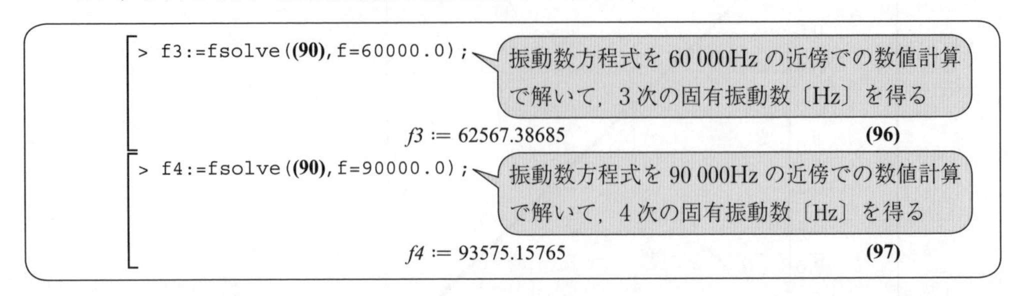

4.3　は り の 曲 げ

設問

固定端Aからの水平な片持ちはりの先端（自由端）に，鉛直下向きの集中荷重Pが作用する。はりの長さをL，断面の幅をb，高さをh，ヤング率をE_b，せん断弾性係数をG_b，ポアソン比をv_bとする。この系のせん断によるたわみも考慮して，自由端でのたわみを求めよ。

解法のプロセス

1. 問題を理解する。

この系の図（ポンチ絵）を描け。そこに，必要な記号を書き加えよ。

与えられたデータや条件：片持ちはりの構成と，はりが受ける荷重。各部のパラメータ。

未知のもの：自由端のたわみ。

2. 解の計画を立てる。

A）はりが受ける外力やモーメントの釣合い式を立てる。

B）せん断力と曲げモーメントを定式化する。

C）たわみ曲線の微分方程式を立てて，解く。

D）せん断力によるたわみの微分方程式を立てて，解く。

E）上記C），D）の自由端でのたわみ量を合計する。

3. 計画を実行する。

解の計画の実行

A）はりが受ける外力やモーメントの釣合い式を立てる。

```
> restart:
```

各釣合い式を立てる。

```
> R__A-P = 0;
```
固定端から受ける反力（R_A）との力の釣合い式

$$R_A - P = 0 \quad (1)$$

```
> M__A-P*L = 0;
```
固定端から受ける曲げモーメント（M_A）との釣合い式

$$-L\,P + M_A = 0 \quad (2)$$

```
> isolate((1),R__A);
```
反力（R_A）を表す式に変形する

$$R_A = P \quad (3)$$

```
> isolate((2),M__A);
```
曲げモーメント（M_A）を表す式に変形する

$$M_A = P\,L \quad (4)$$

B）せん断力と曲げモーメントを定式化する。

はり長手方向の各位置（x）でのせん断力 $F(x)$ について，定式化する。

```
> diff(F(x),x) = 0;
```
このはりは分布荷重を受けない

$$\frac{\mathrm{d}}{\mathrm{d}x}F(x) = 0 \quad (5)$$

```
> dsolve((5),F(x));
```
上の微分方程式を解くと，せん断力は一定値である

$$F(x) = \_C1 \quad (6)$$

```
> eval((6),x=0);
```
固定端 A での境界条件を考える

$$F(0) = \_C1 \quad (7)$$

```
> F(0) = R__A;
```
固定端では上述の反力（R_A）を受ける

$$F(0) = R_A \quad (8)$$

```
> subs((7),(8));
```

$$\_C1 = R_A \quad (9)$$

```
> subs((9),(6));
```

$$F(x) = R_A \quad (10)$$

```
> subs((3),(10));
```
各位置でのせん断力の式

$$F(x) = P \quad (11)$$

はり長手方向の各位置（x）での曲げモーメント $M(x)$ について，定式化する。

```
> diff(M(x),x) = F(x);
```
せん断力と曲げモーメントとの関係式

$$\frac{\mathrm{d}}{\mathrm{d}x}M(x) = F(x) \quad (12)$$

```
> subs((11),(12));
```

$$\frac{\mathrm{d}}{\mathrm{d}x}M(x) = P \quad (13)$$

```
> dsolve((13),M(x));
```
上の微分方程式を解くと，曲げモーメントは位置 x の1次関数である

$$M(x) = P\,x + \_C1 \quad (14)$$

```
> eval((14),x=0);
```
固定端 A での境界条件を考える

$$M(0) = \_C1 \quad (15)$$

```
> M(0) = -M__A;
```
$$M(0) = -M_A \tag{16}$$
固定端では上述の曲げモーメント（M_A）を受ける

```
> subs((4),(16));
```
$$M(0) = -P\,L \tag{17}$$

```
> subs((15),(17));
```
$$\_C1 = -P\,L \tag{18}$$

```
> subs((18),(14));
```
$$M(x) = -L\,P + P\,x \tag{19}$$

```
> factor((19));
```
$$M(x) = -P\,(L - x) \tag{20}$$

C）たわみ曲線の微分方程式を立てて，解く。

はりのたわみ曲線の微分方程式を立てる。

```
> diff(y(x), x$2) = -M(x)/(E__b*I__z);
```
$$\frac{d^2}{dx^2}\,y(x) = -\frac{M(x)}{E_b\,I_z} \tag{21}$$
たわみを $y(x)$ と表した，たわみ曲線の微分方程式である

```
> subs((20),(21));
```
$$\frac{d^2}{dx^2}\,y(x) = \frac{P\,(L - x)}{E_b\,I_z} \tag{22}$$
微分方程式に，曲げモーメントの式を代入する

```
> theta(x) = int(lhs((22)), x);
```
たわみ角 $\theta(x)$ とたわみとの関係式
$$\theta(x) = \frac{d}{dx}\,y(x) \tag{23}$$

```
> int(lhs((22)),x) = int(rhs((22)),x)+_C1;
```
微分方程式を1階積分し，たわみの微分係数を求める
$$\frac{d}{dx}\,y(x) = \frac{P\left(L\,x - \frac{1}{2}\,x^2\right)}{E_b\,I_z} + \_C1 \tag{24}$$

```
> subs((24),(23));
```
微分係数を代入して，たわみ角の式を導く
$$\theta(x) = \frac{P\left(L\,x - \frac{1}{2}\,x^2\right)}{E_b\,I_z} + \_C1 \tag{25}$$

固定端（$x=0$）でのたわみ角の境界条件。

```
> eval((25),x=0);
```
$$\theta(0) = \_C1 \tag{26}$$
上記の積分定数（$C1$）を決める境界条件

```
> theta(0) = 0;
```
$$\theta(0) = 0 \tag{27}$$

```
> subs((26),(27));
```
積分定数が定まった
$$\_C1 = 0 \tag{28}$$

```
> subs((28),(25));
```
積分定数を代入して，たわみ角の式を得る
$$\theta(x) = \frac{P\left(L\,x - \frac{1}{2}\,x^2\right)}{E_b\,I_z} \tag{29}$$

たわみについて，微分方程式を解く。

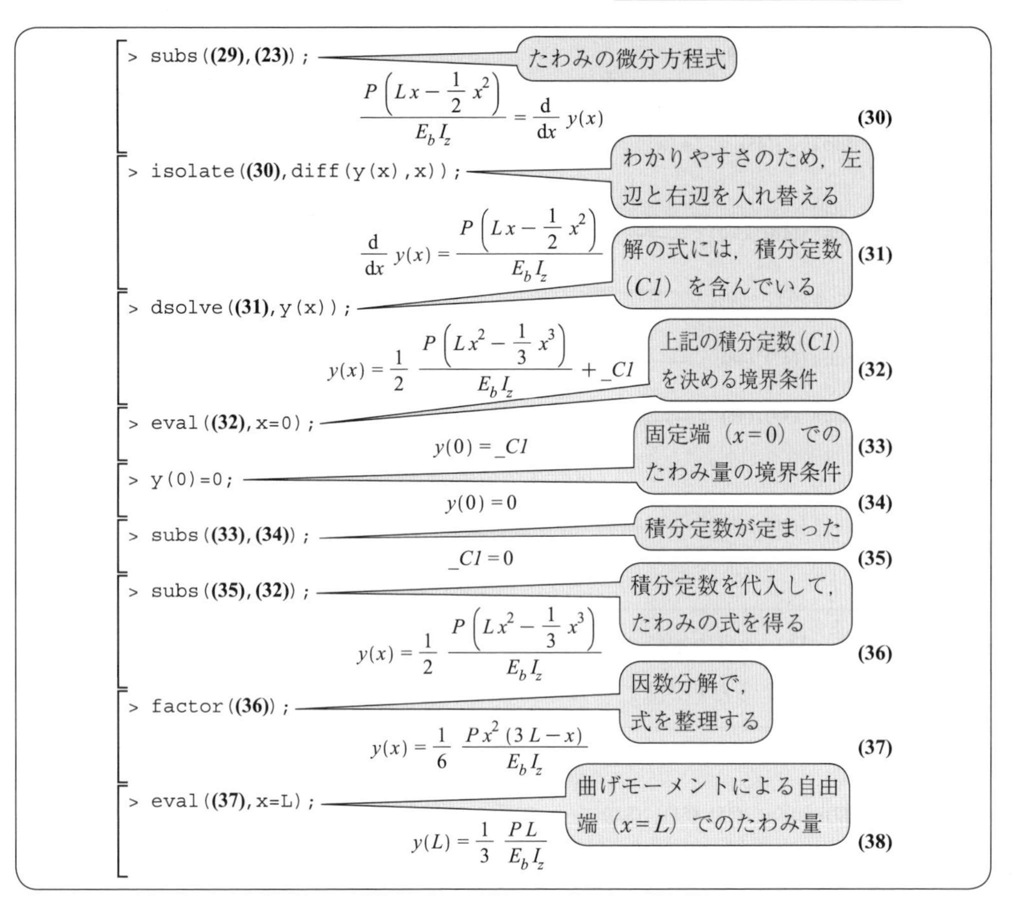

D）せん断力によるたわみの微分方程式を立てて，解く。

せん断力によるたわみを $y_s(x)$ と表して，その微分方程式を立てる。

```
> diff(y__s(x),x) = tau__Max/G__b;
```

（最大せん断応力を τ_{Max} と表す）

$$\frac{\mathrm{d}}{\mathrm{d}x}\, y_s(x) = \frac{\tau_{Max}}{G_b} \tag{39}$$

```
> (11);
```

（上述のせん断力の式）

$$F(x) = P \tag{40}$$

```
> tau__Max = 3*F(x)/(2*A);
```

（この系は長方形断面はりなので，最大せん断応力はこの式である）

$$\tau_{Max} = \frac{3}{2}\,\frac{F(x)}{A} \tag{41}$$

```
> A=b*h;
```

（長方形断面積）

$$A = b\,h \tag{42}$$

```
> subs((42),(41));
```

$$\tau_{Max} = \frac{3}{2}\,\frac{F(x)}{b\,h} \tag{43}$$

```
> subs((40),(43));
```

$$\tau_{Max} = \frac{3}{2}\,\frac{P}{b\,h} \tag{44}$$

```
> subs((44),(39));
```

$$\frac{d}{dx} y_s(x) = \frac{3}{2} \frac{P}{b\,h\,G_b} \tag{45}$$

解の式には，積分定数（C1）を含んでいる

```
> dsolve((45),y__s(x));
```

$$y_s(x) = \frac{3}{2} \frac{P x}{b\,h\,G_b} + \_C1 \tag{46}$$

上記の積分定数(C1)を決める境界条件

```
> eval((46),x=0);
```

$$y_s(0) = \_C1 \tag{47}$$

```
> y__s(0) = 0;
```

$$y_s(0) = 0 \tag{48}$$

固定端（$x=0$）でのせん断力によるたわみの境界条件

```
> subs((47),(48));
```

$$\_C1 = 0 \tag{49}$$

積分定数が定まった

```
> subs((49),(46));
```

$$y_s(x) = \frac{3}{2} \frac{P x}{b\,h\,G_b} \tag{50}$$

積分定数を代入して，せん断力によるたわみの式を得る

```
> eval((50),x=L);
```

$$y_s(L) = \frac{3}{2} \frac{P L}{b\,h\,G_b} \tag{51}$$

せん断力による自由端（$x=L$）でのたわみ量は次式

E）上記 C），D）の自由端でのたわみ量を合計する。

曲げモーメントによるたわみと，せん断力によるたわみを合計する。

```
> y(L)+y__s(L);
```

$$y(L) + y_s(L) \tag{52}$$

上で求めた各たわみの式を代入する

```
> (52)=subs({(38),(51)},(52));
```

$$y(L) + y_s(L) = \frac{1}{3} \frac{P L^3}{E_b I_z} + \frac{3}{2} \frac{P L}{b\,h\,G_b} \tag{53}$$

長方形断面はりの断面2次モーメント（I_z）の計算公式を代入する。

```
> I__z = (1/12)*b*h^3;
```

$$I_z = \frac{1}{12} b\,h^3 \tag{54}$$

長方形断面はりの断面2次モーメント

```
> subs((54),(53));
```

$$y(L) + y_s(L) = \frac{4 P L^3}{E_b b\,h^3} + \frac{3}{2} \frac{P L}{b\,h\,G_b} \tag{55}$$

ポアソン比を用いて，せん断弾性係数 G_b を消去する。

```
> G__b = E__b/(2*(1+nu__b));
```

$$G_b = \frac{E_b}{2 + 2\nu_b} \tag{56}$$

```
> subs((56),(55));
```

$$y(L) + y_s(L) = \frac{4 P L^3}{E_b b\,h^3} + \frac{3}{2} \frac{P (2 + 2\nu_b) L}{b\,h\,E_b} \tag{57}$$

```
> factor((57));
```

式を整理する

$$y(L) + y_s(L) = \frac{P L (3 h^2 \nu_b + 4 L^2 + 3 h^2)}{E_b b\,h^3} \tag{58}$$

4.4　はりの曲げ振動の分布定数モデル化と固有振動解析

設問

両端が単純支持された水平な真直はりについて，以下のモデル化と固有モード解析を行え。ここで，真直はりのヤング率を E_b，断面２次モーメントを I_b，長さを L と表す。

また，時刻を t，はりの一端から長手方向の位置を x，はりのたわみを $y(x, t)$，せん断力を $Q(x, t)$，曲げモーメントを $M(x, t)$，一様な分布荷重を $w(t)$ と表す。

1）分布定数系として，この系の運動方程式を立てよ。

2）運動方程式を用いて，この系の固有振動を解析せよ。

3）寸法などの各パラメータ数値を用いて，振動解析の数値計算を行え。

解法のプロセス

1. **問題を理解する。**

この系の図（ポンチ絵）を描け。そこに，必要な記号を書き加えよ。

与えられたデータや条件：両端単純支持はりの構成，数値パラメータ。

未知のもの：運動方程式。固有振動数と固有モード。その数値計算例。

2. **解の計画を立てる。**

A）真直はりと両端の境界条件を用いて，運動方程式を立てる。

B）変数分離法を用いて，固有モード解析を行う。

C）各パラメータに数値を設定し，固有振動数と固有モード変形図を求める。

3. **計画を実行する。**

解の計画の実行

A）真直はりと両端の境界条件を用いて，運動方程式を立てる。

```
[> restart:
```

はりの微小長さ（δx）について，運動方程式を立てる。4.2 節「軸ねじり振動」の波動方程式の導出と比較されたい。

```
> (rho*A)*`&delta;x`*diff(y(x,t),t$2)=(Q(x,t)+diff(Q(x,t),x)
*`&delta;x`)-Q(x,t)+w(t)*`&delta;x`;
```

微小長さ（δx）の運動方程式

$$\rho A\,\delta x\left(\frac{\partial^2}{\partial t^2}y(x,t)\right)=\left(\frac{\partial}{\partial x}Q(x,t)\right)\delta x+w(t)\,\delta x \qquad (1)$$

```
> collect((1),`&delta;x`);
```

$$\rho A\,\delta x\left(\frac{\partial^2}{\partial t^2}y(x,t)\right)=\left(\frac{\partial}{\partial x}Q(x,t)+w(t)\right)\delta x \qquad (2)$$

```
> (2)/`&delta;x`;
```

$$\rho A\left(\frac{\partial^2}{\partial t^2}y(x,t)\right)=\frac{\partial}{\partial x}Q(x,t)+w(t) \qquad (3)$$

```
> (M(x,t)+diff(M(x,t),x)*`&delta;x`)-M(x,t)+(Q(x,t)+diff(Q
(x,t),x)*`&delta;x`)*`&delta;x`+w(t)*`&delta;x`^2/2=0;
```

$$\left(\frac{\partial}{\partial x}M(x,t)\right)\delta x+\left(Q(x,t)+\left(\frac{\partial}{\partial x}Q(x,t)\right)\delta x\right)\delta x+\frac{1}{2}w(t)\,\delta x^2=0 \qquad (4)$$

```
> collect((4),`&delta;x`);
```

$$\left(\frac{\partial}{\partial x}Q(x,t)+\frac{1}{2}w(t)\right)\delta x^2+\left(\frac{\partial}{\partial x}M(x,t)+Q(x,t)\right)\delta x=0 \qquad (5)$$

```
> coeff(lhs((5)),`&delta;x`)=rhs((5));
```

$$\frac{\partial}{\partial x}M(x,t)+Q(x,t)=0 \qquad (6)$$

```
> isolate((6),Q(x,t));
```

$$Q(x,t)=-\left(\frac{\partial}{\partial x}M(x,t)\right) \qquad (7)$$

```
> subs((7),(3));
```

$$\rho A\left(\frac{\partial^2}{\partial t^2}y(x,t)\right)=\frac{\partial}{\partial x}\left(-\left(\frac{\partial}{\partial x}M(x,t)\right)\right)+w(t) \qquad (8)$$

```
> eval((8));
```

$$\rho A\left(\frac{\partial^2}{\partial t^2}y(x,t)\right)=-\left(\frac{\partial^2}{\partial x^2}M(x,t)\right)+w(t) \qquad (9)$$

曲げモーメントによるたわみ曲線の微分方程式を立てる。

```
> diff(y(x,t),x$2)=M(x,t)/E__b/I__b;
```

曲げモーメントを表す式に変形する

$$\frac{\partial^2}{\partial x^2}y(x,t)=\frac{M(x,t)}{E_b I_b} \qquad (10)$$

```
> isolate((10),M(x,t));
```

$$M(x,t)=\left(\frac{\partial^2}{\partial x^2}y(x,t)\right)E_b I_b \qquad (11)$$

上述した微小長さ（δx）の運動方程式（9）に代入する

```
> subs((11),(9));
```

$$\rho A\left(\frac{\partial^2}{\partial t^2}y(x,t)\right)=-\left(\frac{\partial^2}{\partial x^2}\left(\left(\frac{\partial^2}{\partial x^2}y(x,t)\right)E_b I_b\right)\right)+w(t) \qquad (12)$$

```
> eval((12));
```

$$\rho A\left(\frac{\partial^2}{\partial t^2}y(x,t)\right)=-\left(\frac{\partial^4}{\partial x^4}y(x,t)\right)E_b I_b+w(t) \qquad (13)$$

```
> expand((13)/rho/A);
```

密度と断面積の積で両辺を割り，右辺について分数を展開する

$$\frac{\partial^2}{\partial t^2}y(x,t)=-\frac{\left(\frac{\partial^4}{\partial x^4}y(x,t)\right)E_b I_b}{\rho A}+\frac{w(t)}{\rho A} \qquad (14)$$

これで，真直はりの曲げ振動の方程式が導かれた。

つぎに，境界条件を定式化する。両端とも単純支持なので，次式になる。

```
> y(0,t)=0;
```

（$x=0$ の単純支持端で，たわみはゼロである）

$$y(0,t)=0 \tag{15}$$

```
> eval(eval((10),x=0),M(0,t)=0);
```

（単純支持なので，曲げモーメントはゼロである）

$$\left.\frac{\partial^2}{\partial x^2}y(x,t)\right|_{x=0}=0 \tag{16}$$

（はりの長さ L を定数に追加する）

```
> constants:=constants,L:
> y(L,t)=0;
```

（$x=L$ の単純支持端で，たわみはゼロである）

$$y(L,t)=0 \tag{17}$$

```
> eval(eval((10),x=L),M(L,t)=0);
```

（単純支持なので，曲げモーメントはゼロである）

$$\left.\frac{\partial^2}{\partial x^2}y(x,t)\right|_{x=L}=0 \tag{18}$$

B）変数分離法を用いて，固有モード解析を行う。

上述した曲げ振動の方程式（14）を，変数分離する。4.2節「軸ねじり振動」の変数分離と比較されたい。

```
> y(x,t)=R(x)*S(t);
```

（変数分離の基本式）

$$y(x,t)=R(x)\,S(t) \tag{19}$$

```
> subs((19),(14));
```

（曲げ振動の方程式に代入する）

$$\frac{\partial^2}{\partial t^2}(R(x)\,S(t))=-\frac{\left(\frac{\partial^4}{\partial x^4}(R(x)\,S(t))\right)E_b I_b}{\rho A}+\frac{w(t)}{\rho A} \tag{20}$$

```
> eval((20));
```

$$R(x)\left(\frac{d^2}{dt^2}S(t)\right)=-\frac{\left(\frac{d^4}{dx^4}R(x)\right)S(t)\,E_b I_b}{\rho A}+\frac{w(t)}{\rho A} \tag{21}$$

```
> eval((21),w(t)=0);
```

（特に荷重 $w(t)$ をゼロとする）

$$R(x)\left(\frac{d^2}{dt^2}S(t)\right)=-\frac{\left(\frac{d^4}{dx^4}R(x)\right)S(t)\,E_b I_b}{\rho A} \tag{22}$$

```
> (22)/R(x)/S(t);
```

$$\frac{\frac{d^2}{dt^2}S(t)}{S(t)}=-\frac{\left(\frac{d^4}{dx^4}R(x)\right)E_b I_b}{R(x)\,\rho A} \tag{23}$$

```
> ((23))=-omega^2;
```

（固有振動数（ω）を導入する）

$$\left(\frac{\frac{d^2}{dt^2}S(t)}{S(t)}=-\frac{\left(\frac{d^4}{dx^4}R(x)\right)E_b I_b}{R(x)\,\rho A}\right)=-\omega^2 \tag{24}$$

```
> lhs((23))=rhs((24));
```

$$\frac{\frac{d^2}{dt^2}S(t)}{S(t)}=-\omega^2 \tag{25}$$

```
> (25)*denom(lhs((25)));
```

$$\frac{d^2}{dt^2}S(t)=-S(t)\,\omega^2 \tag{26}$$

```
> (26)-rhs((26));
```
$$\frac{d^2}{dt^2} S(t) + S(t)\,\omega^2 = 0 \tag{27}$$
```
> rhs((23))=rhs((24));
```
$$-\frac{\left(\frac{d^4}{dx^4} R(x)\right) E_b I_b}{R(x)\,\rho A} = -\omega^2 \tag{28}$$
```
> (28)*denom(lhs((28)));
```
$$-\left(\frac{d^4}{dx^4} R(x)\right) E_b I_b = -R(x)\,\rho A\,\omega^2 \tag{29}$$
```
> isolate((29),diff(R(x),x$4));
```
$$\frac{d^4}{dx^4} R(x) = \frac{R(x)\,\rho A\,\omega^2}{E_b I_b} \tag{30}$$
```
> lambda^4=rho*A*omega^2/E__b/I__b;
```
$$\lambda^4 = \frac{\rho A\,\omega^2}{E_b I_b} \tag{31}$$
```
> isolate((31),rho);
```
$$\rho = \frac{\lambda^4 E_b I_b}{A\,\omega^2} \tag{32}$$
```
> subs((32),(30));
```
$$\frac{d^4}{dx^4} R(x) = R(x)\,\lambda^4 \tag{33}$$
```
> (33)-rhs((33));
```
$$\frac{d^4}{dx^4} R(x) - R(x)\,\lambda^4 = 0 \tag{34}$$

上述した両端の境界条件式を，変数分離する。

```
> eval((19),x=0);
```
$$y(0,t) = R(0)\,S(t) \tag{35}$$


```
> subs((35),(15));
```
$$R(0)\,S(t) = 0 \tag{36}$$
```
> (36)/S(t);
```
$$R(0) = 0 \tag{37}$$
```
> diff((19),x$2);
```


$$\frac{\partial^2}{\partial x^2} y(x,t) = \left(\frac{d^2}{dx^2} R(x)\right) S(t) \tag{38}$$
```
> eval((38),x=0);
```


$$\left.\frac{\partial^2}{\partial x^2} y(x,t)\right|_{x=0} = \left(\left.\frac{d^2}{dx^2} R(x)\right|_{x=0}\right) S(t) \tag{39}$$
```
> subs((39),(16));
```
$$\left(\left.\frac{d^2}{dx^2} R(x)\right|_{x=0}\right) S(t) = 0 \tag{40}$$
```
> (40)/S(t);
```
$$\left.\frac{d^2}{dx^2} R(x)\right|_{x=0} = 0 \tag{41}$$

```
> eval((19),x=L);
```
$$y(L, t) = R(L)\, S(t) \tag{42}$$
$x=L$ の単純支持端でのたわみの変数分離

```
> subs((42),(17));
```
$$R(L)\, S(t) = 0 \tag{43}$$

```
> (43)/S(t);
```
$$R(L) = 0 \tag{44}$$
他端 $x=L$ の単純支持端での 2 階偏導関数の変数分離

```
> eval((38),x=L);
```
$$\left.\frac{\partial^2}{\partial x^2} y(x, t)\right|_{x=L} = \left(\left.\frac{d^2}{dx^2} R(x)\right|_{x=L}\right) S(t) \tag{45}$$

```
> subs((45),(18));
```
$$\left(\left.\frac{d^2}{dx^2} R(x)\right|_{x=L}\right) S(t) = 0 \tag{46}$$

```
> (46)/S(t);
```
$$\left.\frac{d^2}{dx^2} R(x)\right|_{x=L} = 0 \tag{47}$$

固有振動数と固有モード関数を導出する。

```
> R(x)=exp(sigma*x);
```
$$R(x) = e^{\sigma x} \tag{48}$$
変数分離した $R(x)$ の一般解を求める

```
> subs((48),(34));
```
$$\frac{\partial^4}{\partial x^4} e^{\sigma x} - e^{\sigma x} \lambda^4 = 0 \tag{49}$$

```
> eval((49));
```
$$\sigma^4 e^{\sigma x} - e^{\sigma x} \lambda^4 = 0 \tag{50}$$

```
> collect((50),exp(sigma*x));
```
$$\left(-\lambda^4 + \sigma^4\right) e^{\sigma x} = 0 \tag{51}$$

```
> (51)/exp(sigma*x);
```
$$-\lambda^4 + \sigma^4 = 0 \tag{52}$$

```
> assume(lambda::real);
> solve((52), [sigma]);
```
$$[[\sigma = \lambda\sim], [\sigma = -\lambda\sim], [\sigma = I\lambda\sim], [\sigma = -I\lambda\sim]] \tag{53}$$

```
> [seq(eval(C[ii]*rhs((48)),op(ii,(53))),ii=1..4)];
```
$$\left[C_1 e^{\lambda\sim x}, C_2 e^{-\lambda\sim x}, C_3 e^{I\lambda\sim x}, C_4 e^{-I\lambda\sim x}\right] \tag{54}$$

```
> R(x)=sum(op(ii,(54)),ii=1..4);
```
$$R(x) = C_1 e^{\lambda\sim x} + C_2 e^{-\lambda\sim x} + C_3 e^{I\lambda\sim x} + C_4 e^{-I\lambda\sim x} \tag{55}$$
これが，固有モード関数の一般解である

```
> convert((55),trig);
```
$$R(x) = C_1 \left(\cosh(\lambda\sim x) + \sinh(\lambda\sim x)\right) + C_2 \left(\cosh(\lambda\sim x) - \sinh(\lambda\sim x)\right) + C_3 \left(\cos(\lambda\sim x) + I\sin(\lambda\sim x)\right) + C_4 \left(\cos(\lambda\sim x) - I\sin(\lambda\sim x)\right) \tag{56}$$

```
> collect((56),{cos,sin,cosh,sinh});
```
$$R(x) = \left(C_3 + C_4\right)\cos(\lambda\sim x) + \left(C_1 + C_2\right)\cosh(\lambda\sim x) + \left(I C_3 - I C_4\right)\sin(\lambda\sim x) + \left(C_1 - C_2\right)\sinh(\lambda\sim x) \tag{57}$$

```
> subs([(C[3]+C[4])=D[1],(C[1]+C[2])=D[2],(I*C[3]-I*C[4])=D
  [3],(C[1]-C[2])=D[4]],(57));
```
$$R(x) = D_1 \cos(\lambda\sim x) + D_2 \cosh(\lambda\sim x) + D_3 \sin(\lambda\sim x) + D_4 \sinh(\lambda\sim x) \tag{58}$$

```
> eval((58),x=0);
```
上述した，$x=0$ の単純支持端での境界条件を用いる

$$R(0) = D_1 + D_2 \tag{59}$$

```
> subs((59),(37));
```
$$D_1 + D_2 = 0 \tag{60}$$

```
> isolate((60),D[2]);
```
$$D_2 = -D_1 \tag{61}$$

```
> subs((61),(58));
```
$$R(x) = D_1 \cos(\lambda\sim x) - D_1 \cosh(\lambda\sim x) + D_3 \sin(\lambda\sim x) + D_4 \sinh(\lambda\sim x) \tag{62}$$

```
> Diff(R(x),x$2)=eval(diff(R(x),x$2),(62));
```
$$\frac{d^2}{dx^2} R(x) = -D_1 \lambda\sim^2 \cos(\lambda\sim x) - D_1 \lambda\sim^2 \cosh(\lambda\sim x) - D_3 \lambda\sim^2 \sin(\lambda\sim x) + D_4 \lambda\sim^2 \sinh(\lambda\sim x) \tag{63}$$

```
> value((63));
```
$$\frac{d^2}{dx^2} R(x) = -D_1 \lambda\sim^2 \cos(\lambda\sim x) - D_1 \lambda\sim^2 \cosh(\lambda\sim x) - D_3 \lambda\sim^2 \sin(\lambda\sim x) + D_4 \lambda\sim^2 \sinh(\lambda\sim x) \tag{64}$$

```
> eval((64),x=0);
```
上述した，$x=0$ の単純支持端での境界条件を用いる

$$\left.\frac{d^2}{dx^2} R(x)\right|_{x=0} = -2 D_1 \lambda\sim^2 \tag{65}$$

```
> subs((65),(41));
```
$$-2 D_1 \lambda\sim^2 = 0 \tag{66}$$

```
> isolate((66),D[1]);
```
$$D_1 = 0 \tag{67}$$

```
> subs((67),(62));
```
$$R(x) = D_3 \sin(\lambda\sim x) + D_4 \sinh(\lambda\sim x) \tag{68}$$

```
> subs((67),(64));
```
$$\frac{d^2}{dx^2} R(x) = -D_3 \lambda\sim^2 \sin(\lambda\sim x) + D_4 \lambda\sim^2 \sinh(\lambda\sim x) \tag{69}$$

```
> eval((68),x=L);
```
上述した，$x=L$ の単純支持端での境界条件を用いる

$$R(L) = D_3 \sin(\lambda\sim L) + D_4 \sinh(\lambda\sim L) \tag{70}$$

```
> subs((70),(44));
```
$$D_3 \sin(\lambda\sim L) + D_4 \sinh(\lambda\sim L) = 0 \tag{71}$$

```
> eval((69),x=L);
```
上述した，$x=L$ の単純支持端での境界条件を用いる

$$\left.\frac{d^2}{dx^2} R(x)\right|_{x=L} = -D_3 \lambda\sim^2 \sin(\lambda\sim L) + D_4 \lambda\sim^2 \sinh(\lambda\sim L) \tag{72}$$

```
> subs((72),(47));
```
$$-D_3 \lambda\sim^2 \sin(\lambda\sim L) + D_4 \lambda\sim^2 \sinh(\lambda\sim L) = 0 \tag{73}$$

```
> collect((73),lambda^2);
```
$$\left(-D_3 \sin(\lambda\sim L) + D_4 \sinh(\lambda\sim L)\right) \lambda\sim^2 = 0 \tag{74}$$

```
> (74)/lambda^2 assuming lambda<>0;
```
$$-D_3 \sin(\lambda\sim L) + D_4 \sinh(\lambda\sim L) = 0 \tag{75}$$

```
> (71)+(75);
```
$$2 D_4 \sinh(\lambda\sim L) = 0 \tag{76}$$

```
> isolate((76),D[4]);
```
$$D_4 = 0 \tag{77}$$

```
> subs((77),(71));
```
$$D_3 \sin(\lambda\sim L) = 0 \tag{78}$$

上で定義したλにより，この式が振動数方程式である

```
> (78)/D[3] assuming D[3]<>0;
```
$$\sin(\lambda\sim L) = 0 \tag{79}$$

```
> assume(n::integer); lambda*L=n*Pi;
```
πの整数倍

$$\lambda\sim L = n\sim \pi \tag{80}$$

```
> isolate((80),lambda);
```
$$\lambda\sim = \frac{n\sim \pi}{L} \tag{81}$$

```
> subs((81),(31));
```
$$\frac{n\sim^4 \pi^4}{L^4} = \frac{\rho A \omega^2}{E_b I_b} \tag{82}$$

```
> isolate((82),omega^2);
```
$$\omega^2 = \frac{n\sim^4 \pi^4 E_b I_b}{L^4 \rho A} \tag{83}$$

```
> omega[n]=sqrt(rhs((83))) assuming omega>0,rho>0,A>0,E__b>0,
I__b>0;
```
n次の固有振動数

$$\omega_{n\sim} = n\sim^2 \pi^2 \sqrt{\frac{E_b I_b}{L^4 \rho A}} \tag{84}$$

```
> R[n](x)=D[3]*sin(n*Pi*x/L);
```
n次の固有モード関数

$$R_{n\sim}(x) = D_3 \sin\left(\frac{n\sim \pi x}{L}\right) \tag{85}$$

C）各パラメータに数値を設定し，固有振動数と固有モード変形図を求める。

わかりやすさのため，固有角振動数ω〔rad/s〕を，〔Hz〕単位の固有振動数fに換算する。

```
> omega[n] = (2*Pi)*f[n];
```
$$\omega_{n\sim} = 2\pi f_{n\sim} \tag{86}$$

```
> isolate((86),f[n]);
```
$$f_{n\sim} = \frac{1}{2}\frac{\omega_{n\sim}}{\pi} \tag{87}$$

```
> eval((87),(84));
```
n次の固有振動数〔Hz〕

$$f_{n\sim} = \frac{1}{2} n\sim^2 \pi \sqrt{\frac{E_b I_b}{L^4 \rho A}} \tag{88}$$

各パラメータの数値は，下記とする。

```
> rho = 7.86*10^3;
```
鉄の密度〔kg/m³〕

$$\rho = 7860.00 \tag{89}$$

```
> d = 4.75*10^(-3);
```
軸の直径〔m〕

$$d = 0.004750000000 \tag{90}$$

```
> A = Pi*(d/2)^2;
```
真直はり（中実丸棒）の断面積〔m²〕

$$A = \frac{1}{4}\pi d^2 \tag{91}$$

```
> subs((90),(91));
```
$$A = 0.00001772054606 \tag{92}$$

```
> E__b = 205*10^9;
```
鉄のヤング率〔Pa〕

$$E_b = 205000000000 \tag{93}$$

```
> I__b = Pi*d^4/64;
```

$$I_b = \frac{1}{64}\pi d^4 \tag{94}$$

真直はり（中実丸棒）の断面２次モーメント

```
> subs((90),(94));
```

$$I_b = 2.498873878\ 10^{-11} \tag{95}$$

```
> L = 52.0*10^(-3);
```

$$L = 0.05200000000 \tag{96}$$

軸の長さ〔m〕

1次モードを解析する。

```
> subs({n=1,(89),(92),(93),(95),(96)},(88));
```

１次の固有振動数〔Hz〕

$$f_1 = 3522.998560 \tag{97}$$

```
> subs({n=1,D[3]=1,(96)},(85));
```

$$R_1(x) = \sin(60.41524334\,x) \tag{98}$$

１次の固有関数（固有モード変形）

```
> plot(rhs((98)), x = 0..52.0*10^(-3), axes=boxed, gridlines =
  true, labels = ["真直はりに沿った位置 [m]", "たわみ"],
  labeldirections = ['horizontal', 'vertical'], color=
  "Blue", thickness=3, title="１次固有振動のモード変形図",
  titlefont=["メイリオ"], labelfont=["メイリオ"], axesfont=["メ
  イリオ"]);
```

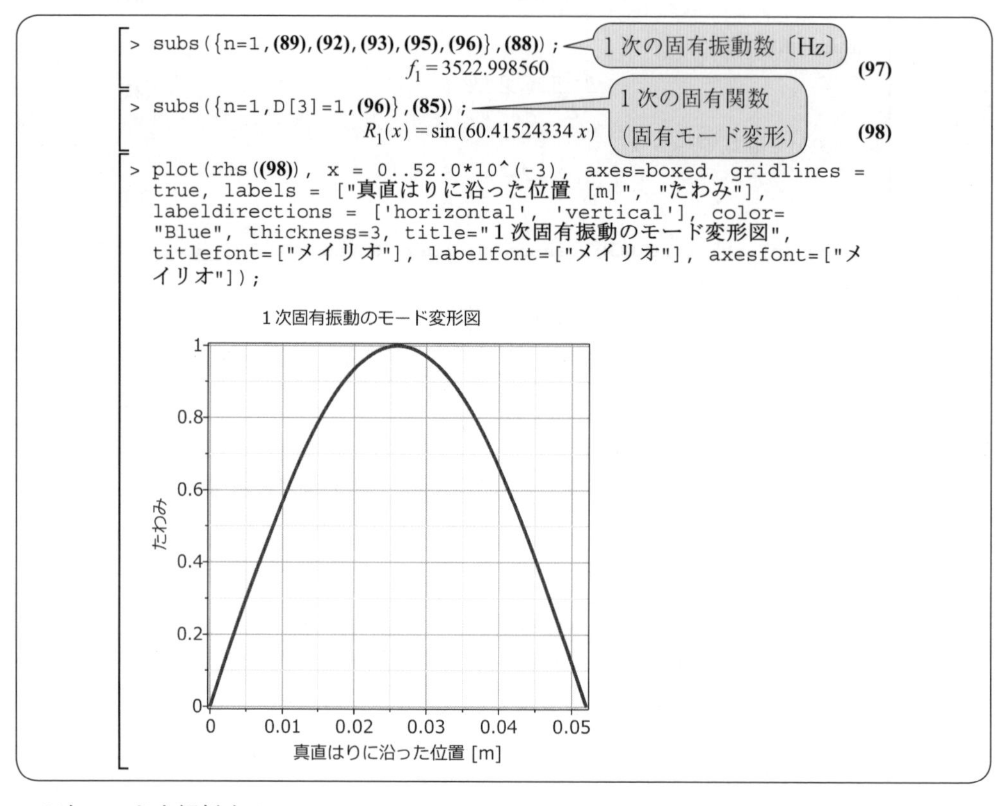

2次モードを解析する。

```
> subs({n=2,(89),(92),(93),(95),(96)},(88));
```

２次の固有振動数〔Hz〕

$$f_2 = 14091.99424 \tag{99}$$

```
> subs({n=2,D[3]=1,(96)},(85));
```

$$R_2(x) = \sin(120.8304867\,x) \tag{100}$$

２次の固有関数（固有モード変形）

```
> plot(rhs((100)), x = 0..52.0*10^(-3), axes=boxed, gridlines
  = true, labels = ["真直はりに沿った位置 [m]", "たわみ"],
  labeldirections = ['horizontal', 'vertical'], color=
  "Blue", thickness=3, title="２次固有振動のモード変形図",
  titlefont=["メイリオ"], labelfont=["メイリオ"], axesfont=["メ
  イリオ"]);
```

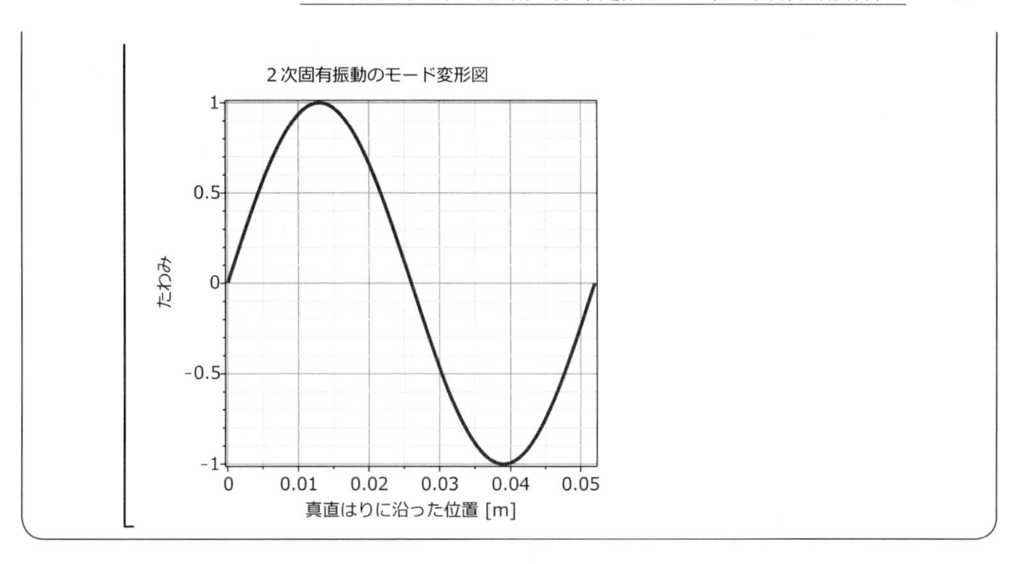
2次固有振動のモード変形図
1
0.5
0
-0.5
-1
たわみ
0
0.01
0.02
0.03
0.04
0.05
真直はりに沿った位置 [m]

5
「熱力学」「伝熱工学」演習
（偏微分，全微分）

本章では，熱力学の基礎として，熱力学法則と熱機関の理論サイクルと，伝熱工学に関するSTEMコンピューティングを演習する。5.1～5.3節では作動流体に理想気体を仮定し，状態方程式，熱力学法則，自由エネルギー，各種の状態変化の基礎式を立て，それらをもとに，各種エンジンの理論サイクルの仕事と熱効率の計算法を練習する。5.4節では伝熱工学について，3次元の熱伝導方程式を導く練習をする。

5.1　理想気体の状態量と熱力学法則に関する基礎式

練習課題

本節では，次節以降の問題を解く準備として，以下のような熱力学の基礎式をMaple数式として記述し，それらを操作する基本的な方法を練習する。

A）理想気体の状態方程式。記号として，圧力：p〔Pa〕，体積：V〔m^3〕，温度：T〔K〕，質量：m〔kg〕，気体定数：R〔J/(kg·K)〕を用いる。

B）熱力学第1法則に関する基礎式。記号として，熱：Q〔J〕，仕事：W〔J〕，内部エネルギー：U〔J〕，エンタルピー：H〔J〕，定積比熱：c_V〔J/(kg·K)〕，定圧比熱：c_P〔J/(kg·K)〕，比熱比：κ 等を用いる。

C）熱力学第2法則に関する基礎式。記号として，エントロピー：S〔J/K〕，ヘルムホルツ自由エネルギー：F〔J〕，ギブス自由エネルギー：G〔J〕等を用いる。

Mapleでの定式化

A）理想気体の状態方程式を立てる。

```
> restart:
```

質量 m〔kg〕の理想気体に関する状態方程式である。

```
> p*V=m*R*T;
```

$$pV=mRT \tag{1}$$

B）理想気体の熱力学第 1 法則に関する基礎式を立てる。

閉じた系について，その系に入る熱は，系の内部エネルギーの増加と，系が外部にする仕事との和に等しい。

```
> `&delta;Q`=dU+`&delta;W`;
```

$$\delta Q = dU + \delta W \tag{2}$$

準静的過程の条件下で，閉じた系の基礎式を立てる。

```
> `&delta;W`=p*dV;
```

準静的過程の仕事と，系の圧力と体積との関係式

$$\delta W = p\, dV \tag{3}$$

```
> eval((2),(3));
```

準静的過程の条件を適用する

$$\delta Q = dV\, p + dU \tag{4}$$

エンタルピーに関する基礎式を適用する。

```
> H=U+pV;
```

エンタルピーは，内部エネルギーと（圧力 × 体積）の和で定義される

$$H = U + pV \tag{5}$$

```
> dH=dU+p*dV+V*dp;
```

エンタルピーの微分式

$$dH = V\, dp + dV\, p + dU \tag{6}$$

```
> isolate((6),dU);
```

内部エネルギーの増加に関する式に変形する

$$dU = -V\, dp - dV\, p + dH \tag{7}$$

```
> subs((7),(4));
```

この式を，熱力学第 1 法則の基礎式に代入する

$$\delta Q = -V\, dp + dH \tag{8}$$

定積比熱（c_V）に関する基礎式を適用する。

```
> `&delta;Q`=c__V*dT;
```

等積過程で，単位質量（1〔kg〕）の理想気体に入る熱を，定積比熱の定義式とする

$$\delta Q = c_V\, dT \tag{9}$$

```
> dV=0;
```

等積過程なので，体積変化はゼロである

$$dV = 0 \tag{10}$$

```
> subs({(9),(10)},(4));
```

これらを準静的過程の基礎式に代入する

$$c_V\, dT = dU \tag{11}$$

```
> isolate((11),c__V);
```

$$c_V = \frac{dU}{dT} \tag{12}$$

```
> lhs((12))=(rhs((12)))[V];
```

定積比熱と内部エネルギーとの関係式が導かれた。右辺の下付き（V）は体積一定を意味する

$$c_V = \left(\frac{dU}{dT}\right)_V \tag{13}$$

定圧比熱（c_P）に関する基礎式を適用する。

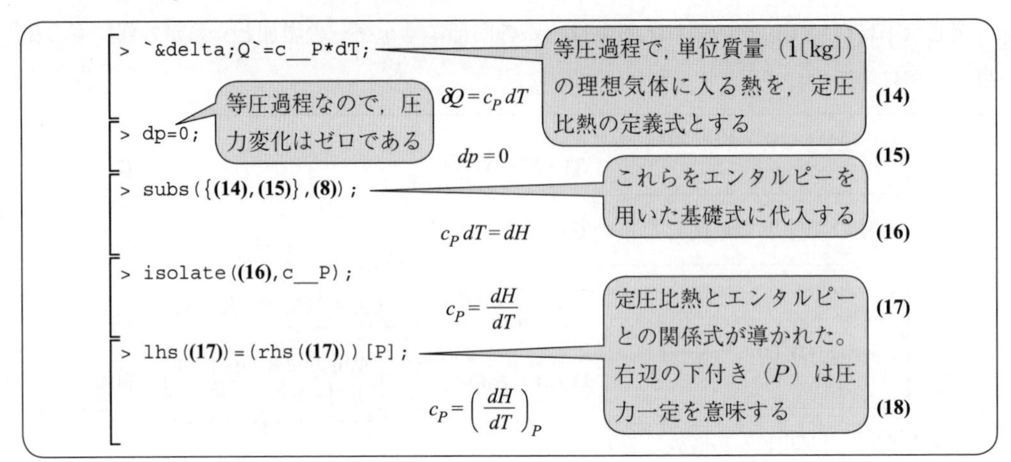

定積比熱と定圧比熱との関係式を導く。

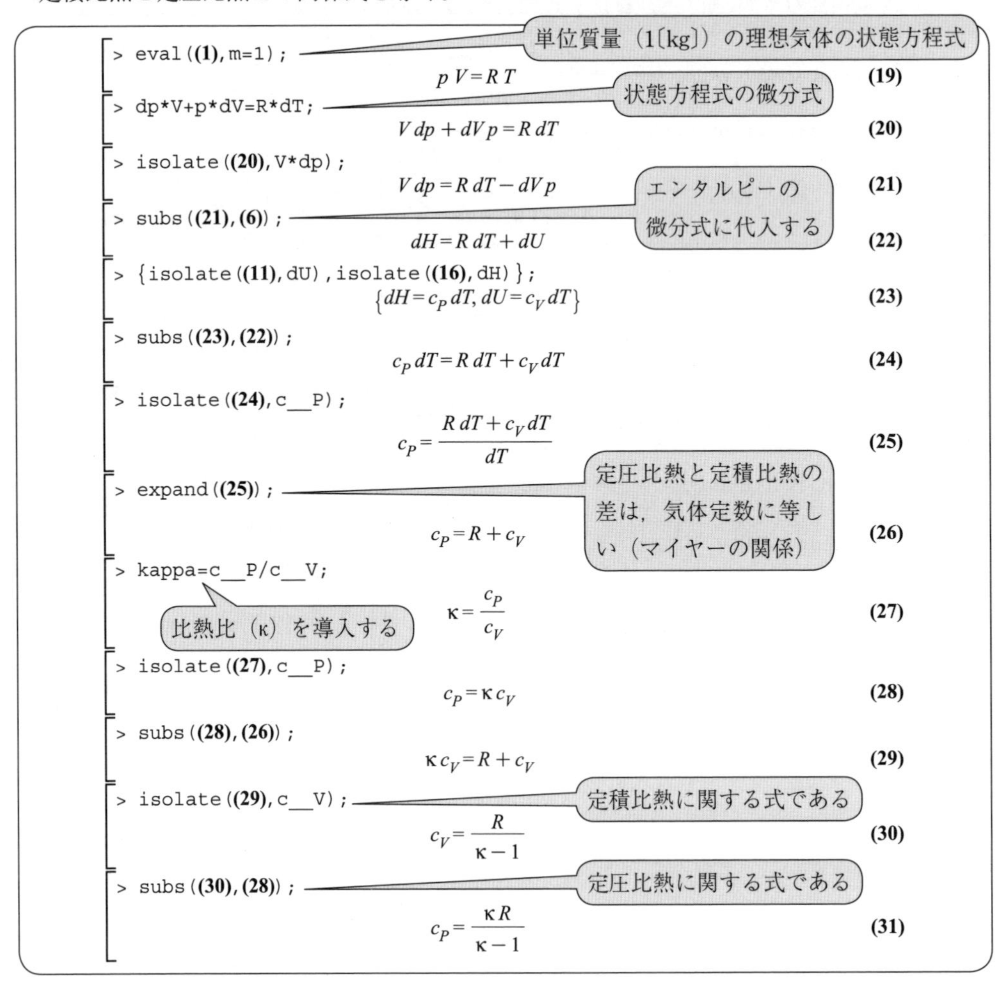

C）熱力学第２法則に関する基礎式を立てる。

エントロピーに関する基礎式を立てる。

```
> dS=`&delta;Q`/T;
```
（エントロピーの定義式）

$$dS = \frac{\delta Q}{T} \tag{32}$$

```
> (subs((9),(32)))[V];
```
（まず，等積過程でのエントロピー変化を考えるため，理想気体の定積比熱の定義式を適用する）

$$\left(dS = \frac{c_V\,dT}{T}\right)_V \tag{33}$$

```
> `&Delta;S`[V]=Int(rhs(op(0,(33)))/dT,T=T__1..T__2);
```
（理想気体の温度変化（$T_1 \to T_2$）によるエントロピーの変化を積分計算する）

$$\Delta S_V = \int_{T_1}^{T_2} \frac{c_V}{T}\,\mathrm{d}T \tag{34}$$

```
> value((34)) assuming T__1>=0,T__2>=0;
```

$$\Delta S_V = -\ln(T_1)\,c_V + \ln(T_2)\,c_V \tag{35}$$

```
> combine((35),ln) assuming T__1>=0,T__2>=0;
```
（等積過程のエントロピー変化は，温度上昇（$T_1 < T_2$）なら増大であり，温度低下（$T_1 > T_2$）なら減少である）

$$\Delta S_V = c_V \ln\left(\frac{T_2}{T_1}\right) \tag{36}$$

```
> ((32))[T];
```
（つぎに，等温過程でのエントロピー変化を考える）

$$\left(dS = \frac{\delta Q}{T}\right)_T \tag{37}$$

```
> subs(isolate((11),dU),(4));
```
（熱力学第１法則の基礎式で，内部エネルギー項を定積比熱で表す）

$$\delta Q = c_V\,dT + dV\,p \tag{38}$$

```
> lhs((38))=Eval(rhs((38)),dT=0);
```
（等温過程（$dT = 0$）で，系に入る熱を求める）

$$\delta Q = \left(c_V\,dT + dV\,p\right)\Big|_{dT=0} \tag{39}$$

```
> value((39));
```

$$\delta Q = p\,dV \tag{40}$$

```
> eval((37),(40));
```
（等温過程でのエントロピーの微分である）

$$\left(dS = \frac{p\,dV}{T}\right)_T \tag{41}$$

```
> `&Delta;S`[T]=Int(rhs(op(0,(41)))/dV,V=V__1..V__2);
```
（理想気体の体積変化（$V_1 \to V_2$）によるエントロピーの変化を積分計算する）

$$\Delta S_T = \int_{V_1}^{V_2} \frac{p}{T}\,\mathrm{d}V \tag{42}$$

```
> eval(isolate((1),p),m=1);
```
（理想気体（単位質量 $m = 1$[kg]）の状態方程式を変形する）

$$p = \frac{R\,T}{V} \tag{43}$$

```
> subs((43),(42));
```

上記の積分のため，変形した状態方程式を代入する

$$\Delta S_T = \int_{V_1}^{V_2} \frac{R}{V}\, dV \tag{44}$$

```
> value((44)) assuming V__1>0,V__2>0;
```

$$\Delta S_T = -\ln(V_1)\, R + \ln(V_2)\, R \tag{45}$$

```
> combine((45),ln) assuming V__1>=0,V__2>=0;
```

等温過程のエントロピー変化は，体積増大（$V_1 < V_2$）なら増大であり，体積減少（$V_1 > V_2$）なら減少である

$$\Delta S_T = R \ln\left(\frac{V_2}{V_1}\right) \tag{46}$$

ヘルムホルツの自由エネルギーに関する基礎式を立てる。

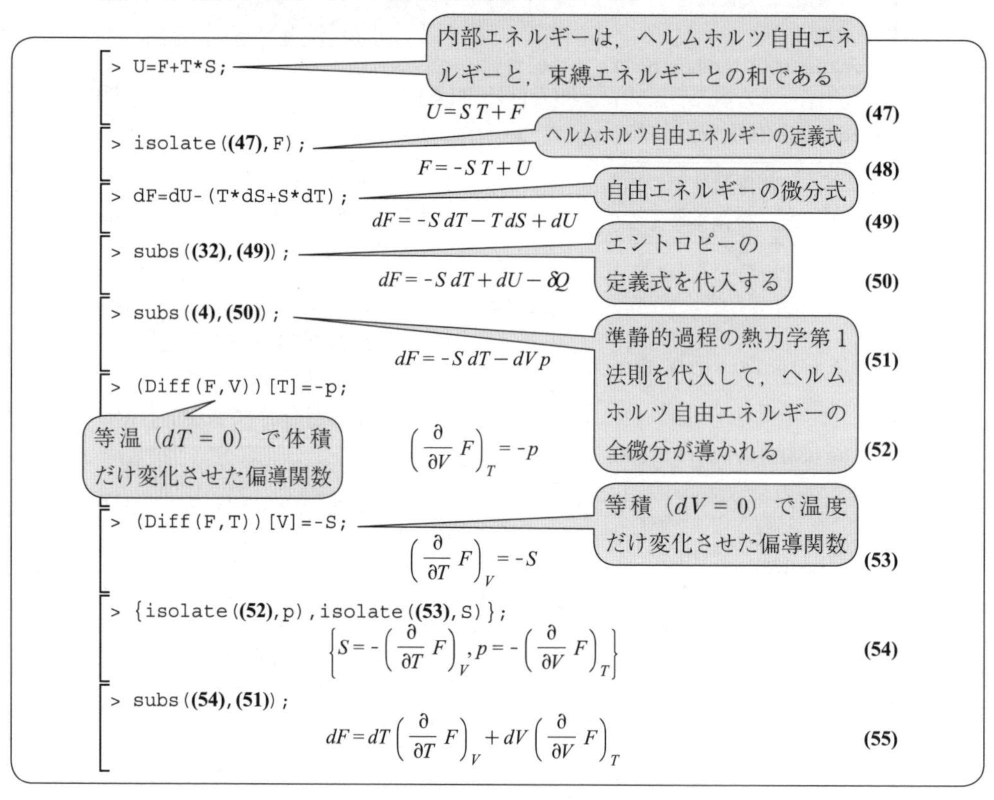

```
> U=F+T*S;
```

$$U = S\,T + F \tag{47}$$

```
> isolate((47),F);
```

$$F = -S\,T + U \tag{48}$$

```
> dF=dU-(T*dS+S*dT);
```

$$dF = -S\,dT - T\,dS + dU \tag{49}$$

```
> subs((32),(49));
```

$$dF = -S\,dT + dU - \delta Q \tag{50}$$

```
> subs((4),(50));
```

$$dF = -S\,dT - dV\,p \tag{51}$$

```
> (Diff(F,V))[T]=-p;
```

$$\left(\frac{\partial}{\partial V} F\right)_T = -p \tag{52}$$

```
> (Diff(F,T))[V]=-S;
```

$$\left(\frac{\partial}{\partial T} F\right)_V = -S \tag{53}$$

```
> {isolate((52),p),isolate((53),S)};
```

$$\left\{S = -\left(\frac{\partial}{\partial T} F\right)_V,\ p = -\left(\frac{\partial}{\partial V} F\right)_T\right\} \tag{54}$$

```
> subs((54),(51));
```

$$dF = dT\left(\frac{\partial}{\partial T} F\right)_V + dV\left(\frac{\partial}{\partial V} F\right)_T \tag{55}$$

ギブスの自由エネルギーに関する基礎式を立てる。

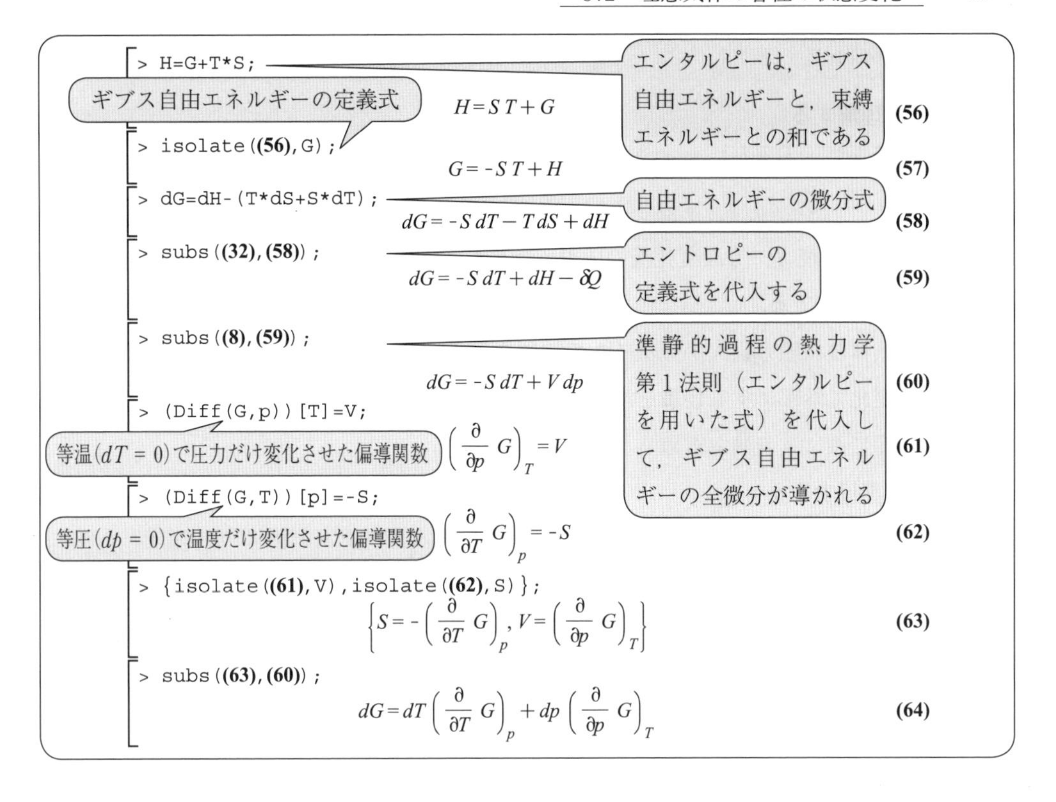

5.2 理想気体の各種の状態変化

5.2.1 等 温 変 化

設問

圧力 p_1，体積 V_1 の理想気体（質量 m，気体定数 R）の閉じた系が，等温過程によって，体積 V_2 に状態変化した。

この等温過程について，以下を求めよ。

1）温度 T

2）等温変化後の圧力 p_2

3）外部にする仕事 W

4）系に入る熱 Q_{in}

解法のプロセス

1．問題を理解する。

与えられたデータや条件：作動流体が理想気体であること。それが等温過程で状態変化すること。

未知のもの：温度 T，等温変化後の圧力 p_2，外部にする仕事 W，系に入る熱 Q_{in}。

2．解の計画を立てる。

A）理想気体の状態方程式からボイルの法則を導き，温度と等温変化後の圧力を求める。

B）等温変化で外部にする仕事を求める。

C）この間に系に入る熱を求める。

3．計画を実行する。

解の計画の実行

A）理想気体の状態方程式からボイルの法則を導き，温度と等温変化後の圧力を求める。

```
> restart:
```

理想気体の状態方程式から，温度の式を導出し，さらにボイルの法則の式を導く。

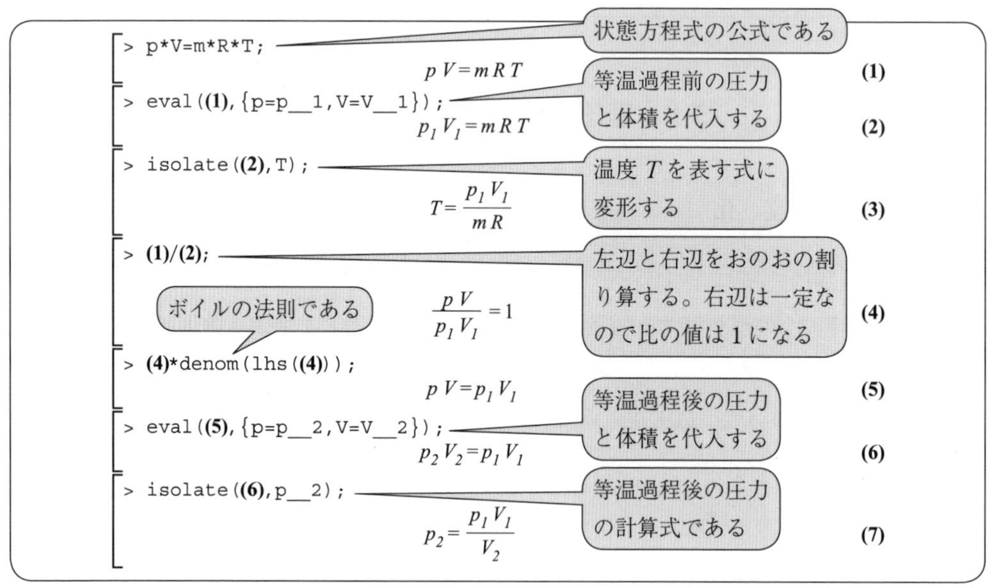

B）等温変化で外部にする仕事を求める。

等温過程による仕事 W を計算する。

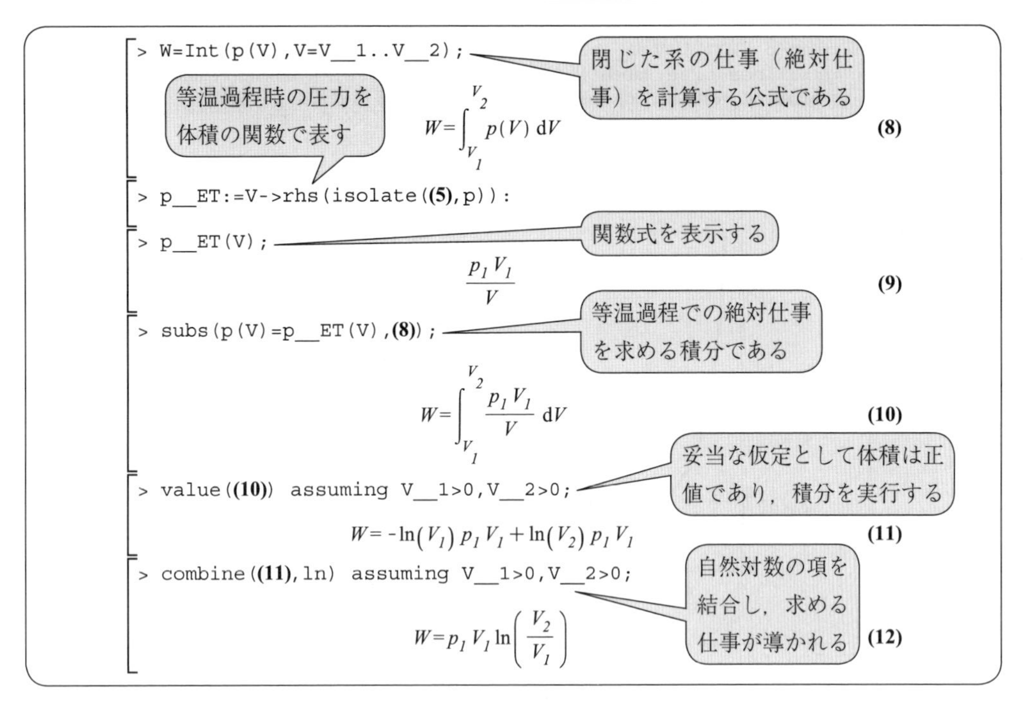

C）この間に系に入る熱を求める。

準静的過程の熱力学第1法則を用いて，計算する。

```
> Q__in=(U__2-U__1)+W;
```
熱力学第1法則の公式

$$Q_{in}=U_2-U_1+W \quad (13)$$

```
> U__1=U__2;
```
等温過程なので，内部エネルギーは一定である

$$U_1=U_2 \quad (14)$$

```
> eval((13),(14));
```
内部エネルギーが一定なので，加えられた熱量は仕事量に等しい

$$Q_{in}=W \quad (15)$$

等温変化の数値例を計算する。

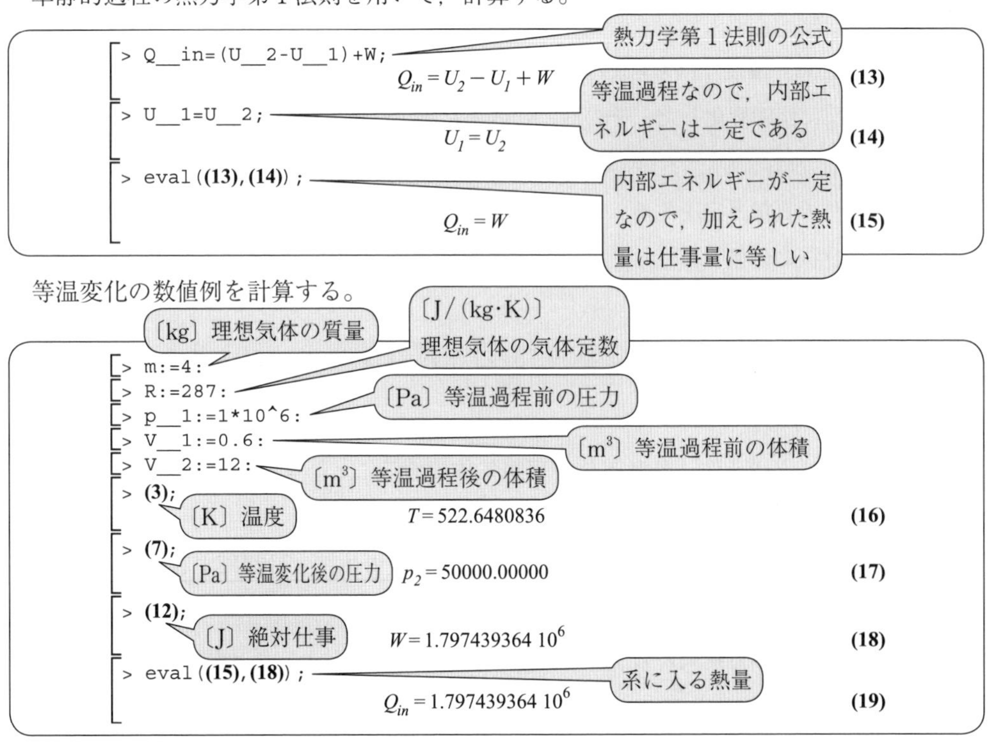

この数値例の等温過程を，p–V 線図に表す。

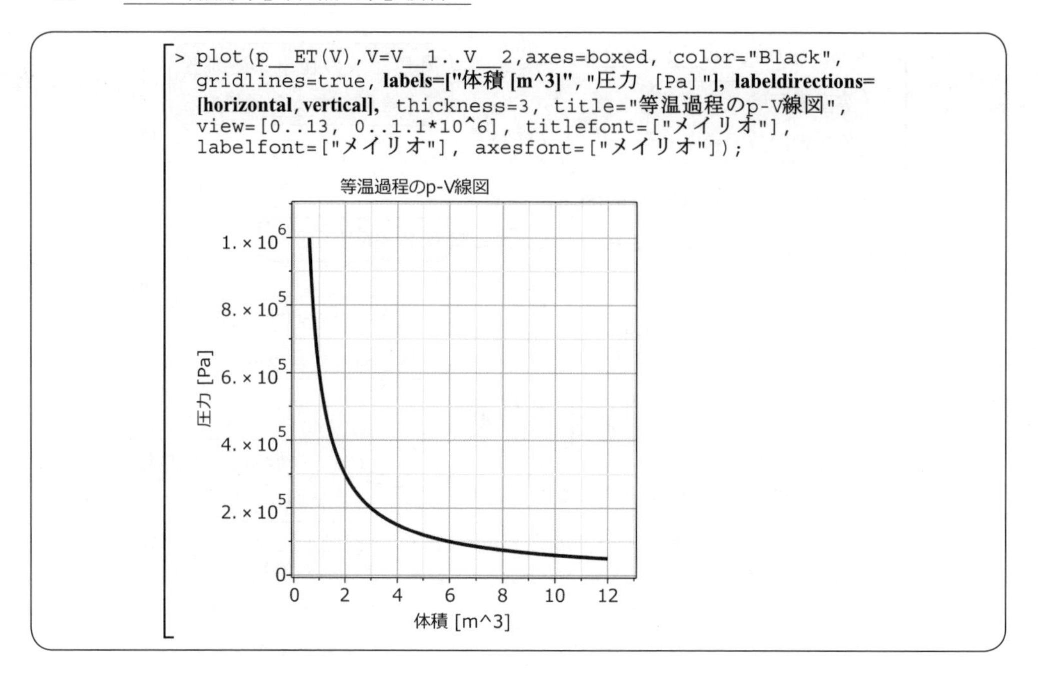

5.2.2　等　圧　変　化

設問

圧力 p，体積 V_1，温度 T_1 の理想気体（質量 m，気体定数 R）が，等圧過程によって，体積 V_2，温度 T_2 に状態変化した。その間，この系に熱 Q_{in} を与えた。このとき，以下を求めよ。

1）この気体の質量と定圧比熱

2）等圧変化後の体積 V_2

3）外部にする仕事 W

解法のプロセス

1. **問題を理解する。**

与えられたデータや条件：作動流体が理想気体であること。それが等圧過程で状態変化すること。

未知のもの：この気体の質量と定圧比熱，等圧変化後の体積，外部にする仕事。

2. **解の計画を立てる。**

A）理想気体の状態方程式からシャルルの法則を導き，質量と定圧比熱，等圧変化後の体積を求める。

B）等圧変化で外部にする仕事を求める。

3. **計画を実行する。**

解の計画の実行

A）理想気体の状態方程式からシャルルの法則を導き，質量と定圧比熱，等圧変化後の体積を求める。

```
> restart:
```

理想気体の状態方程式から，質量の計算式を導出する。

```
> p*V=m*R*T;
```

状態方程式の公式である

$$p\,V = m\,R\,T \tag{20}$$

```
> eval((20),{V=V__1,T=T__1});
```

等圧過程前の体積と温度を代入する

$$p\,V_1 = m\,R\,T_1 \tag{21}$$

```
> isolate((21),m);
```

質量 m を表す式に変形する

$$m = \frac{p\,V_1}{R\,T_1} \tag{22}$$

```
> Q__in=m*c__P*(T__2-T__1);
```

定圧比熱を c_P と表して，等圧過程における熱力学第1法則の式である

$$Q_{in} = m\,c_P\left(T_2 - T_1\right) \tag{23}$$

```
> isolate((23),c__P);
```

定圧比熱を表す式に変形する

$$c_P = \frac{Q_{in}}{m\left(T_2 - T_1\right)} \tag{24}$$

```
> subs((22),(24));
```

質量の記号 m を，代入によって消去する

$$c_P = \frac{Q_{in}\,R\,T_1}{p\,V_1\left(T_2 - T_1\right)} \tag{25}$$

シャルルの法則の式を導いて，等圧変化後の体積を求める。

```
> (20)/(21);
```

左辺どうし，右辺どうしを割り算する

$$\frac{V}{V_1} = \frac{T}{T_1} \tag{26}$$

```
> isolate((26),V);
```

$$V = \frac{T\,V_1}{T_1} \tag{27}$$

```
> (27)/T;
```

シャルルの法則の式である

$$\frac{V}{T} = \frac{V_1}{T_1} \tag{28}$$

```
> eval((28),{T=T__2,V=V__2});
```

等圧過程前後の等式である

$$\frac{V_2}{T_2} = \frac{V_1}{T_1} \tag{29}$$

```
> isolate((29),V__2);
```

等圧過程後の体積の式に変形する

$$V_2 = \frac{V_1\,T_2}{T_1} \tag{30}$$

B）等圧変化で外部にする仕事を求める。

等圧変化による仕事 W を計算する。

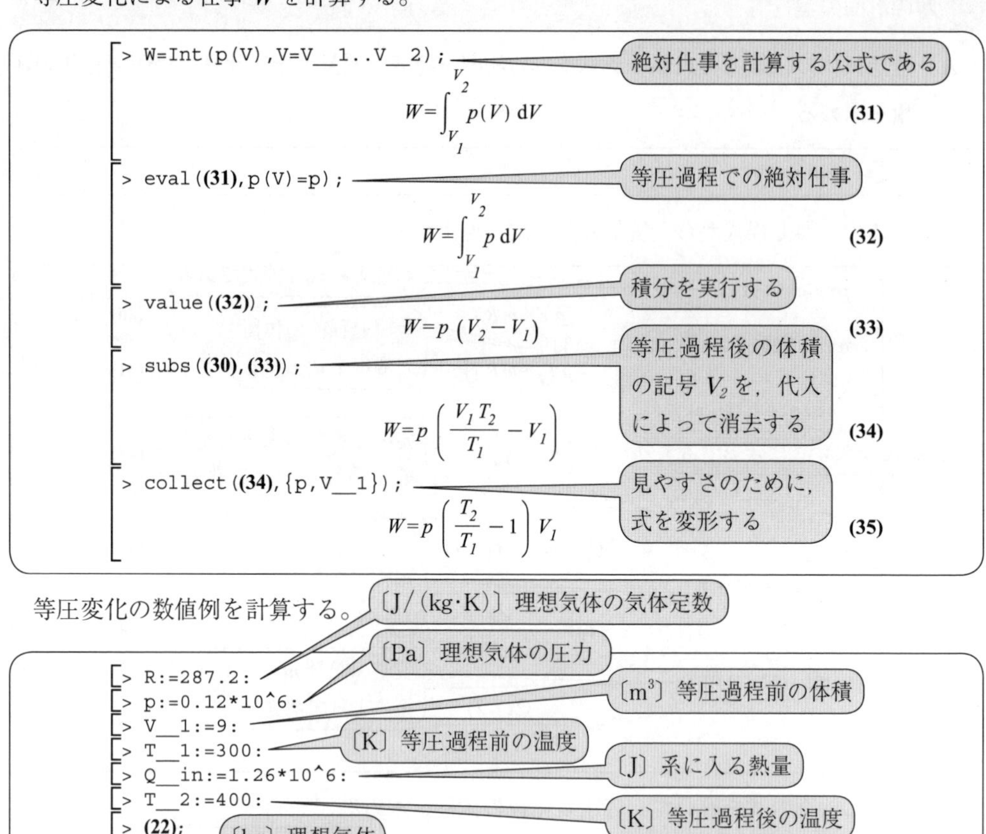

等圧変化の数値例を計算する。

```
> R:=287.2:                 〔J/(kg·K)〕理想気体の気体定数
> p:=0.12*10^6:             〔Pa〕理想気体の圧力
> V__1:=9:                  〔m^3〕等圧過程前の体積
> T__1:=300:                〔K〕等圧過程前の温度
> Q__in:=1.26*10^6:         〔J〕系に入る熱量
> T__2:=400:                〔K〕等圧過程後の温度
> (22);                     〔kg〕理想気体の質量である
```

$$m=12.53481894 \tag{36}$$

```
> (25);                     〔J/(kg·K)〕理想気体の定圧比熱である
```

$$c_P=1005.200000 \tag{37}$$

```
> (30);                     〔m^3〕等圧過程後の体積である
```

$$V_2=12 \tag{38}$$

```
> (35);                     〔J〕外部にした仕事である
```

$$W=3.600000000\ 10^5 \tag{39}$$

この数値例の等圧過程を，p–V 線図に表す。

```
> V_EP:=T->rhs((27)):       シャルルの法則による体積と温度の関係式（27）を使う
> V_EP(T);
```

$$\frac{3}{100}\,T \tag{40}$$

```
> plot([V_EP(T),p,T=T__1..T__2],axes=boxed, color="Black",
  gridlines=true, labels=["体積 [m^3]","圧力 [Pa]"], labeldirections=
  [horizontal,vertical], thickness=3, title="等圧過程のp-V線図",
  view=[0..13, 0..0.2*10^6], titlefont=["メイリオ"],
  labelfont=["メイリオ"], axesfont=["メイリオ"]);
```

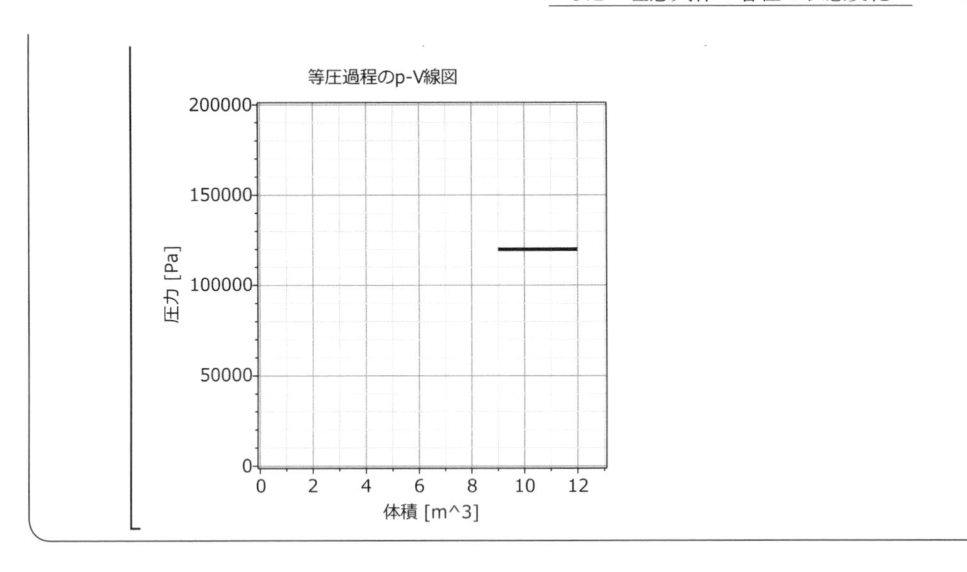

5.2.3 等 積 変 化

設問

圧力 p_1，温度 T_1 の理想気体（質量 m，気体定数 R，定積比熱 c_V）が，等積過程（体積 V）によって，温度 T_2 に状態変化した。このとき，以下を求めよ。

1）この気体の質量 m

2）等積変化後の圧力 p_2

3）系に入る熱 Q_{in}

解法のプロセス

1. **問題を理解する。**

与えられたデータや条件：作動流体が理想気体であること。それが等積過程で状態変化すること。

未知のもの：この気体の質量，等積変化後の圧力，系に入る熱。

2. **解の計画を立てる。**

A）理想気体の状態方程式を立てて，質量を求める。

B）等積変化後の圧力を求める。

C）系に入る熱を求める。

3. **計画を実行する。**

解の計画の実行

A）理想気体の状態方程式を立てて，質量を求める。

```
> restart:
```

理想気体の状態方程式から，質量の計算式を導出する。

```
> p*V=m*R*T;
```
（状態方程式の公式である）

$$pV=mRT \tag{41}$$

```
> eval((41),{p=p__1,T=T__1});
```
（等積過程前の圧力と温度を代入する）

$$p_1V=mRT_1 \tag{42}$$

```
> isolate((42),m);
```
（質量 m を表す式に変形する）

$$m=\frac{p_1V}{RT_1} \tag{43}$$

B）等積変化後の圧力を求める。

```
> (41)/(42);
```
（左辺どうし，右辺どうしを割り算する）

$$\frac{p}{p_1}=\frac{T}{T_1} \tag{44}$$

```
> isolate((44),p);
```

$$p=\frac{Tp_1}{T_1} \tag{45}$$

```
> eval((45),{T=T__2,p=p__2});
```
（等圧過程後の圧力の式である）

$$p_2=\frac{T_2p_1}{T_1} \tag{46}$$

C）系に入る熱を求める。

熱力学第1法則を適用する。

```
> Q__in=m*c__V*(T__2-T__1);
```
（等積過程における熱力学第1法則の式である）

$$Q_{in}=mc_V(T_2-T_1) \tag{47}$$

等積変化の数値例を計算する。

```
> R:=2077.2:      〔J/(kg·K)〕理想気体の気体定数
> V:=1:           〔m^3〕理想気体の体積
> p__1:=0.1*10^6: 〔Pa〕等積過程前の圧力
> T__1:=300:      〔K〕等積過程前の温度
> T__2:=1273:     〔K〕等積過程後の温度
> (43);
```
（〔kg〕理想気体の質量である）

$$m=0.1604724308 \tag{48}$$

```
> (46);
```
（〔Pa〕等積過程後の圧力である）

$$p_2=4.243333333\ 10^5 \tag{49}$$

```
> c__V:=3160:     〔J/(kg·K)〕定積比熱
> eval((47),(48));
```
（〔J〕加えた熱量である）

$$Q_{in}=4.934013735\ 10^5 \tag{50}$$

```
>
```

この数値例の等積過程を，p–V 線図に表す。

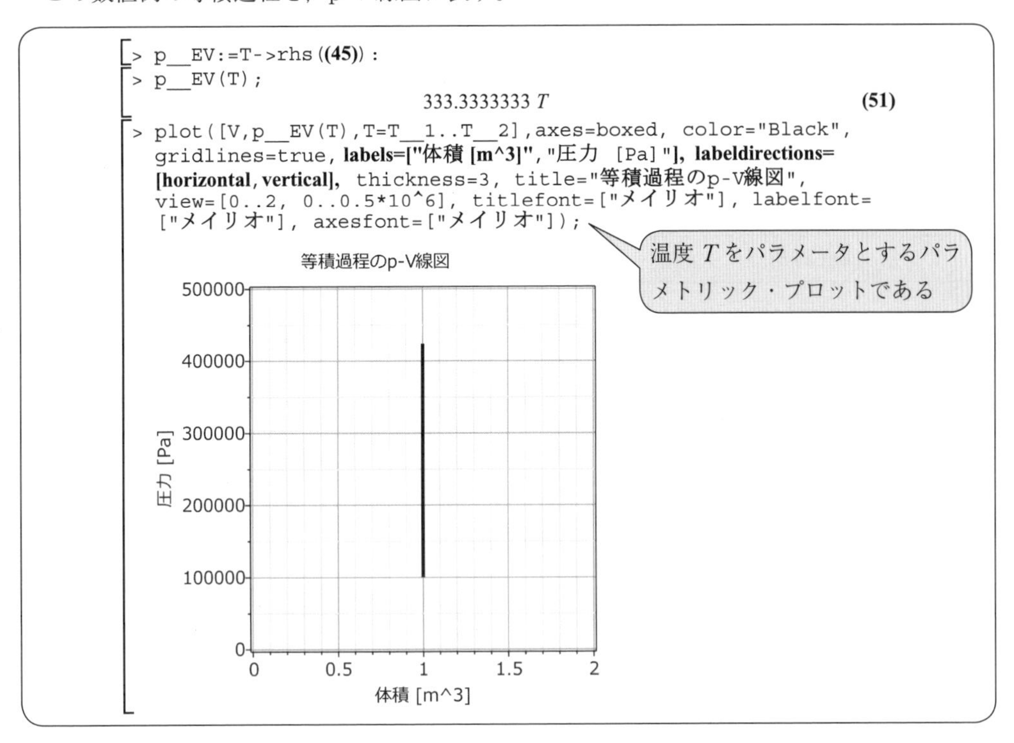

5.2.4 可逆断熱変化

設問

圧力 p_1，体積 V_1 の理想気体（質量 m，気体定数 R）が，可逆断熱過程によって，圧力 p_2 に状態変化した。このとき，以下を求めよ。

1）可逆断熱変化後の体積 V_2

2）外部にする仕事 W

解法のプロセス

1. **問題を理解する。**

与えられたデータや条件：作動流体が理想気体であること。それが可逆断熱過程で状態変化すること。

未知のもの：可逆断熱変化後の体積，外部にする仕事。

2. **解の計画を立てる。**

A）理想気体の状態方程式と熱力学第 1 法則から，可逆断熱変化の前後での状態量の関係式を導き，変化後の体積を求める。

B）可逆断熱過程で外部にする仕事を求める。

3. 計画を実行する。

解の計画の実行

A）理想気体の状態方程式と熱力学第１法則から，可逆断熱変化の前後での状態量の関係式を導き，変化後の体積を求める。

```
> restart:
```

5.1 節 A）「理想気体の状態方程式」と，5.1 節 B）「熱力学第１法則に関する基礎式」を参照する。

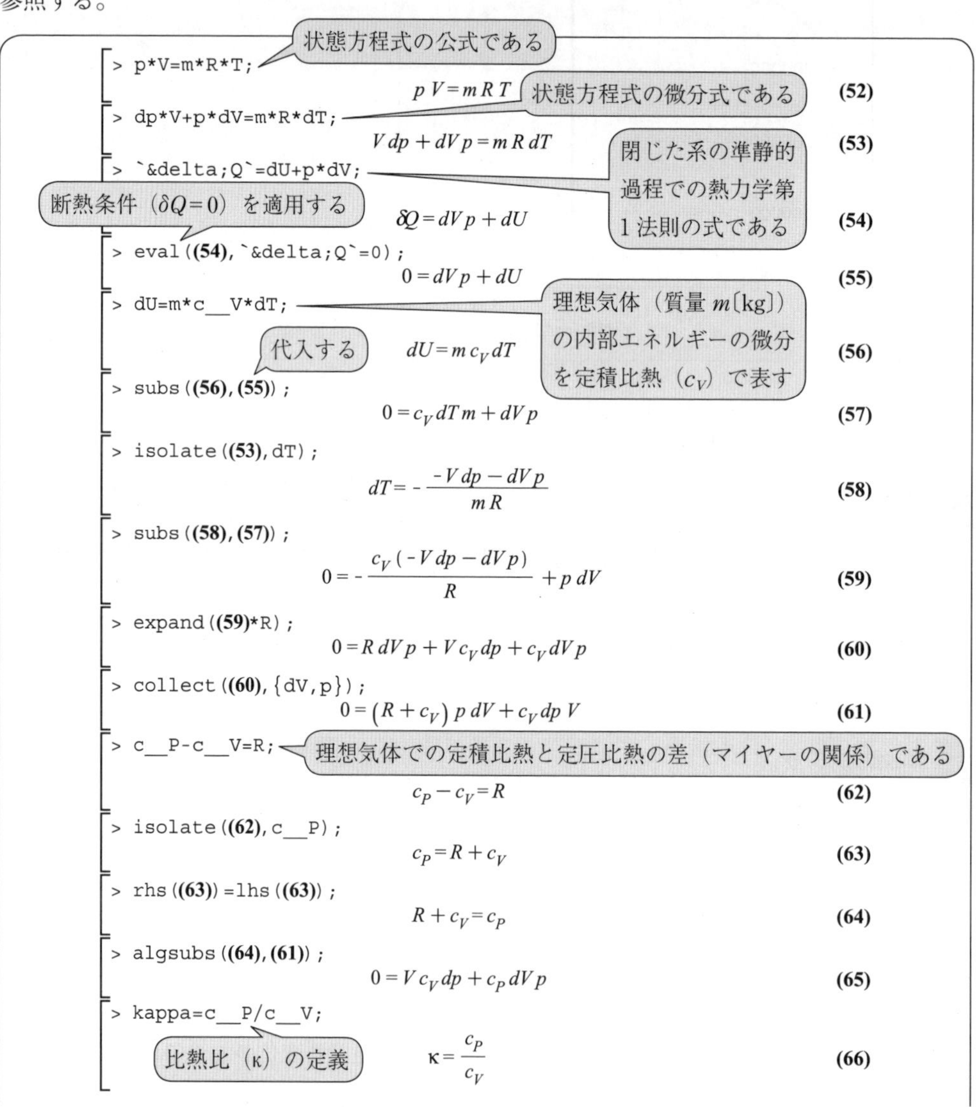

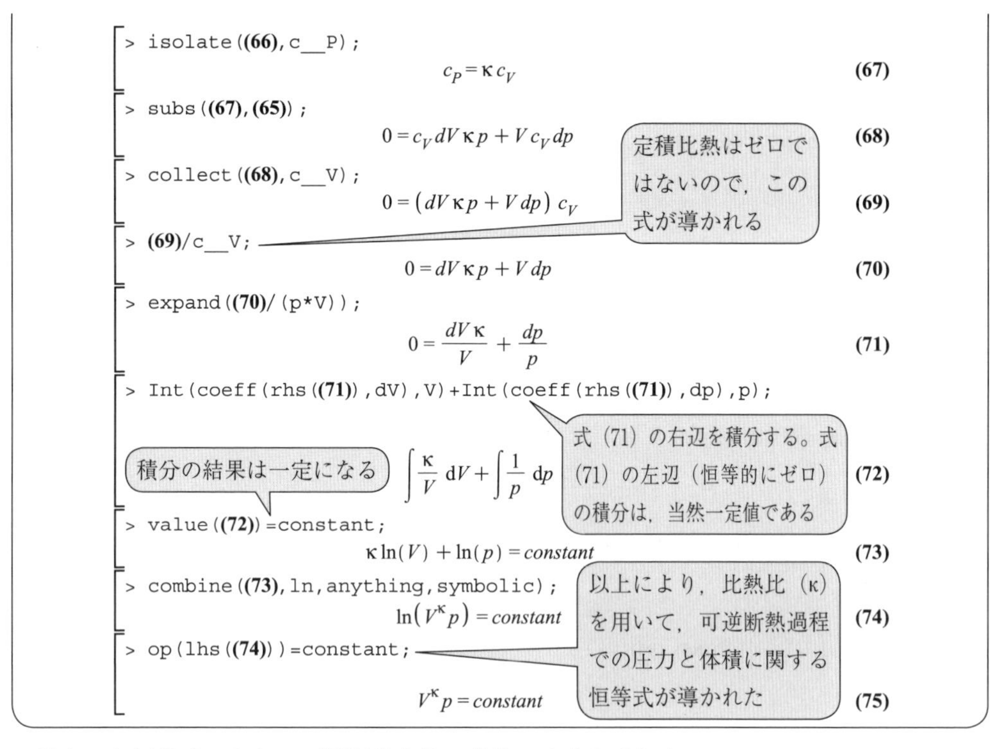

```
> isolate((66),c__P);
```

$$c_P=\kappa c_V \tag{67}$$

```
> subs((67),(65));
```

$$0=c_V dV \kappa p + V c_V dp \tag{68}$$

```
> collect((68),c__V);
```

$$0=\left(dV \kappa p + V dp\right) c_V \tag{69}$$

```
> (69)/c__V;
```

$$0=dV \kappa p + V dp \tag{70}$$

```
> expand((70)/(p*V));
```

$$0=\frac{dV \kappa}{V}+\frac{dp}{p} \tag{71}$$

```
> Int(coeff(rhs((71)),dV),V)+Int(coeff(rhs((71)),dp),p);
```

$$\int \frac{\kappa}{V}\,\mathrm{d}V+\int \frac{1}{p}\,\mathrm{d}p \tag{72}$$

```
> value((72))=constant;
```

$$\kappa \ln(V)+\ln(p)=constant \tag{73}$$

```
> combine((73),ln,anything,symbolic);
```

$$\ln\left(V^{\kappa} p\right)=constant \tag{74}$$

```
> op(lhs((74)))=constant;
```

$$V^{\kappa} p=constant \tag{75}$$

導出した恒等式により，可逆断熱変化の前後で次式が成り立つ。

```
> eval(lhs((75)),{p=p__1,V=V__1})=eval(lhs((75)),{p=p__2,V=
  V__2});
```

$$V_1^{\kappa} p_1=V_2^{\kappa} p_2 \tag{76}$$

```
> isolate((76),V__2);
```

$$V_2=\left(\frac{V_1^{\kappa} p_1}{p_2}\right)^{\frac{1}{\kappa}} \tag{77}$$

B）可逆断熱過程で外部にする仕事を求める。

可逆断熱過程による仕事 W を計算する。

```
> W=Int(p(V),V=V__1..V__2);
```

絶対仕事を計算する公式である

$$W=\int_{V_1}^{V_2} p(V)\,\mathrm{d}V \tag{78}$$

```
> eval((76),{p__2=p,V__2=V});
```

$$V_1^{\kappa} p_1=V^{\kappa} p \tag{79}$$

```
> isolate((79),p);
```

$$p=\frac{V_1^{\kappa} p_1}{V^{\kappa}} \tag{80}$$

```
> p__IE:=V->rhs((80)):
```

```
> p__IE(V);
```

$$\frac{V_1^{\kappa} p_1}{V^{\kappa}} \tag{81}$$

```
> subs(p(V)=p__IE(V),(78));
```

可逆断熱過程での絶対仕事を求める積分である

$$W = \int_{V_1}^{V_2} \frac{V_1^{\kappa} p_1}{V^{\kappa}} \, \mathrm{d}V \tag{82}$$

```
> value((82)) assuming V__1>0,V__2>0;
```

妥当な仮定として体積は正値であり，積分を実行する

$$W = -\frac{p_1 \left(V_2^{-\kappa+1} V_1^{\kappa} - V_1\right)}{\kappa - 1} \tag{83}$$

```
> expand((83));
```

$$W = -\frac{p_1 V_2 V_1^{\kappa}}{(\kappa-1)\, V_2^{\kappa}} + \frac{p_1 V_1}{\kappa - 1} \tag{84}$$

```
> isolate((76),V__1^kappa);
```

$$V_1^{\kappa} = \frac{V_2^{\kappa} p_2}{p_1} \tag{85}$$

```
> normal(subs((85),(84)));
```

仕事を求める式を単純にできた

$$W = \frac{V_1 p_1 - V_2 p_2}{\kappa - 1} \tag{86}$$

```
> eval((52),{p=p__1,V=V__1,T=T__1});
```

可逆断熱過程前の状態方程式

$$p_1 V_1 = m R T_1 \tag{87}$$

```
> eval((52),{p=p__2,V=V__2,T=T__2});
```

可逆断熱過程後の状態方程式

$$V_2 p_2 = m R T_2 \tag{88}$$

```
> {isolate((87),p__1),isolate((88),p__2)};
```

圧力を表す式に変形する

$$\left\{p_1 = \frac{m R T_1}{V_1},\, p_2 = \frac{m R T_2}{V_2}\right\} \tag{89}$$

```
> subs((89),(86));
```

仕事を求める式に代入する

$$W = \frac{R T_1 m - R T_2 m}{\kappa - 1} \tag{90}$$

```
> collect((90),{m,R});
```

仕事を求める式を，状態方程式を用いて変形し，可逆断熱過程前後の温度変化で表した

$$W = \frac{(T_1 - T_2)\, m R}{\kappa - 1} \tag{91}$$

可逆断熱変化の数値例を計算する。

```
> kappa:=1.4:
> p__1:=0.6*10^6:
> V__1:=0.02:
> p__2:=0.1*10^6:
> (77);
```

比熱比

〔Pa〕可逆断熱過程前の圧力

〔m³〕可逆断熱過程前の体積

〔Pa〕可逆断熱過程後の圧力

〔m³〕可逆断熱過程後の体積

$$V_2 = 0.07192043696 \tag{92}$$

```
> eval((86),(92));
```

〔J〕可逆断熱過程によって外部にする仕事である

$$W = 12019.89076 \tag{93}$$

この数値例の可逆断熱過程を，p–V 線図に表す。

```
> plot(p__IE(V),V=V__1..eval(V__2,(92)),axes=boxed, color=
  "Black", gridlines=true, labels=["体積 [m^3]","圧力 [Pa]"],
  labeldirections=[horizontal,vertical], thickness=3, title="可逆断熱過程
  のp-V線図", view=[0..0.08, 0..0.7*10^6], titlefont=["メイリ
  オ"], labelfont=["メイリオ"], axesfont=["メイリオ"]);
```

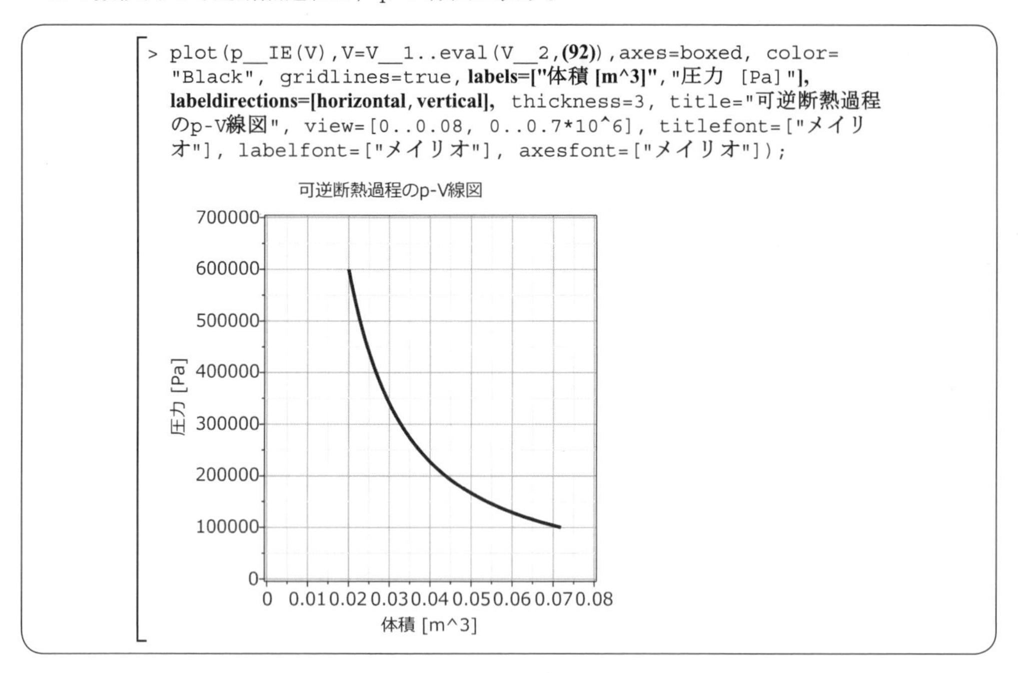

5.2.5 ポリトロープ変化

設問

圧力 p_1，温度 T_1 の理想気体（質量 m，気体定数 R，定積比熱 c_V）が，ポリトロープ過程（指数 n）によって，圧力 p_2 に状態変化した。このとき，以下を求めよ。

1）ポリトロープ変化後の温度 T_2

2）内部エネルギーの変化（$U_2 - U_1$）

解法のプロセス

1. **問題を理解する。**

与えられたデータや条件：作動流体が理想気体であること。それがポリトロープ過程で状態変化すること。

未知のもの：ポリトロープ変化後の温度，過程前後の内部エネルギーの変化量。

2. **解の計画を立てる。**

A）ポリトロープ過程の式と，理想気体の状態方程式から，変化後の温度を求める。

B）ポリトロープ過程前後の内部エネルギーの変化を求める。

3. **計画を実行する。**

解の計画の実行

A）ポリトロープ過程の式と，理想気体の状態方程式から，変化後の温度を求める。

```
> restart:
```

ポリトロープ過程の式と，理想気体の状態方程式を立てて，圧力と温度の関係式を導く。

```
> p__1*V__1^n=p__2*V__2^n;
```
ポリトロープ過程の公式である

$$p_1 V_1^n = p_2 V_2^n \quad (94)$$

```
> p*V=m*R*T;
```
状態方程式の公式である

$$p V = m R T \quad (95)$$

```
> isolate((95),V);
```
体積に関する式に変形する

$$V = \frac{m R T}{p} \quad (96)$$

```
> eval((96),{V=V__1,p=p__1,T=T__1});
```
ポリトロープ過程前の状態量に関する式である

$$V_1 = \frac{m R T_1}{p_1} \quad (97)$$

```
> eval((96),{V=V__2,p=p__2,T=T__2});
```
ポリトロープ過程後の状態量に関する式である

$$V_2 = \frac{m R T_2}{p_2} \quad (98)$$

```
> subs({(97),(98)},(94));
```
ポリトロープ過程前後の圧力と温度の関係式である

$$p_1 \left(\frac{m R T_1}{p_1}\right)^n = p_2 \left(\frac{m R T_2}{p_2}\right)^n \quad (99)$$

```
> simplify((99),symbolic);
```

$$p_1^{1-n} m^n R^n T_1^n = p_2^{1-n} m^n R^n T_2^n \quad (100)$$

```
> isolate((100),T__2^n);
```

$$T_2^n = \frac{p_1^{1-n} T_1^n}{p_2^{1-n}} \quad (101)$$

```
> (101)/T__1^n;
```

$$\frac{T_2^n}{T_1^n} = \frac{p_1^{1-n}}{p_2^{1-n}} \quad (102)$$

```
> lhs((102))^(1/n)=rhs((102))^(1/n);
```

$$\left(\frac{T_2^n}{T_1^n}\right)^{\frac{1}{n}} = \left(\frac{p_1^{1-n}}{p_2^{1-n}}\right)^{\frac{1}{n}} \quad (103)$$

```
> simplify((103),symbolic);
```

$$\frac{T_2}{T_1} = p_1^{\frac{1-n}{n}} p_2^{\frac{-1+n}{n}} \quad (104)$$

```
> isolate((104),T__2);
```
ポリトロープ過程後の温度の計算式である

$$T_2 = p_1^{\frac{1-n}{n}} p_2^{\frac{-1+n}{n}} T_1 \quad (105)$$

B）ポリトロープ過程前後の内部エネルギーの変化を求める。

定積比熱（c_V）を用いて，内部エネルギーの変化を定式化する。

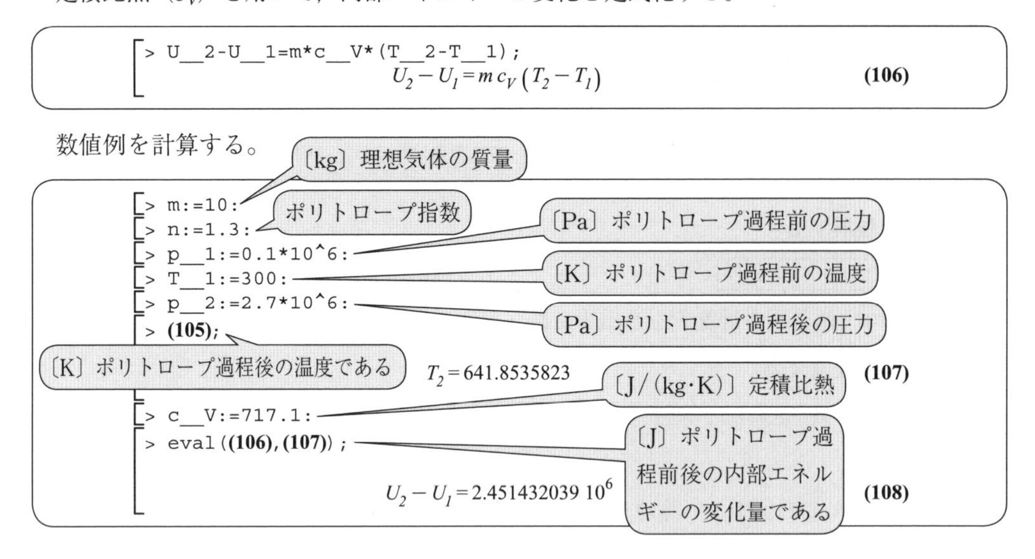

数値例を計算する。

5.3 各種熱機関の理論サイクル

5.3.1 オットーサイクル

設問

オットーサイクルは，ガソリンエンジンの理論サイクルであり，つぎの四つの過程が連続する熱機関である。

① 断熱圧縮の過程：状態変化を $A \to B$ と表す。この間に，作動流体（燃焼性ガス）を高温にする。

② 等積加熱の過程：状態変化を $B \to C$ と表す。この間に（火花点火でガスが燃焼し），外部から熱が入る。

③ 断熱膨張の過程：状態変化を $C \to D$ と表す。この間に，作動流体の膨張によって外部に機械的仕事をする。

④ 等積冷却の過程：状態変化を $D \to A$ と表す。1 サイクルを終了して，最初の状態に戻る。

このサイクルの熱効率（η_{Otto}）の計算式が，下記になるまでの数式展開を示せ。

$$\eta_{Otto} = 1 - \frac{1}{\epsilon_{Otto}^{\ \kappa-1}}$$

ここで，比熱比を κ とし，また次式の圧縮比（断熱圧縮前後の体積比）を定義する。

$$\epsilon_{Otto} = \frac{V_A}{V_B}$$

（実際のエンジンは，作動流体の流入と流出（ガスの吸入と排気）のある開いた系であり，閉じた系の準静的なオットーサイクルとは異なる。さらに4ストロークサイクルエンジンでは，1サイクルでピストンが2往復する。）

解法のプロセス

1. 問題を理解する。

与えられたデータや条件：系がオットーサイクル熱機関であること。

未知のもの：熱効率の計算式を導出する数式展開プロセス。

2. 解の計画を立てる。

A）理想気体の断熱過程と等積過程の基礎式を用いて，各過程での仕事と熱の授受を定式化する。

B）1サイクルでの仕事と，熱効率を求める。

3. 計画を実行する。

解の計画の実行

A）理想気体の断熱過程と等積過程の基礎式を用いて，各過程での仕事と熱の授受を定式化する。

```
> restart:
```

5.2節で用いた結果を用いて，まず，断熱圧縮の過程（$A \to B$）について定式化する。

```
> W=(T__1-T__2)*m*R/(kappa-1);
```

断熱変化の系が外部にする仕事の公式

$$W = \frac{(T_1 - T_2)\, m\, R}{\kappa - 1} \quad (1)$$

```
> eval((1),{W=W__AB,T__1=T__A,T__2=T__B});
```

この公式を断熱圧縮に当てはめる

$$W_{AB} = \frac{(T_A - T_B)\, m\, R}{\kappa - 1} \quad (2)$$

つぎに，等積加熱の過程（$B \to C$）について定式化する。

```
> Q__in=m*c__V*(T__2-T__1);
```

等積変化で系に入る熱の公式

$$Q_{in} = m\, c_V\, (T_2 - T_1) \quad (3)$$

```
> eval((3),{Q__in=Q__BC,T__1=T__B,T__2=T__C});
```

この公式を等積加熱に当てはめる

$$Q_{BC} = m\, c_V\, (T_C - T_B) \quad (4)$$

つぎに，断熱膨張の過程（$C \rightarrow D$）について定式化する。

```
> eval((1),{W=W__CD,T__1=T__C,T__2=T__D});
```

断熱圧縮と同様に，公式に当てはめる

$$W_{CD} = \frac{(T_C - T_D)\, m R}{\kappa - 1} \tag{5}$$

つぎに，等積冷却の過程（$D \rightarrow A$）について定式化する。

```
> eval((3),{Q__in=Q__DA,T__1=T__D,T__2=T__A});
```

等積加熱と同様に，公式に当てはめる

$$Q_{DA} = m\, c_V (T_A - T_D) \tag{6}$$

B）1サイクルでの仕事と，熱効率を求める。

仕事について，上で求めた結果を合計する。

```
> W__Otto=W__AB+W__CD;
```

等積変化（$B \rightarrow C$）と（$D \rightarrow A$）は体積一定なので，仕事がゼロである

$$W_{Otto} = W_{AB} + W_{CD} \tag{7}$$

```
> subs({(2),(5)},(7));
```

上で求めた仕事の結果を代入する

$$W_{Otto} = \frac{(T_A - T_B)\, m R}{\kappa - 1} + \frac{(T_C - T_D)\, m R}{\kappa - 1} \tag{8}$$

```
> normal((8));
```

通分すると，1サイクルでの仕事が導かれる

$$W_{Otto} = \frac{m R\, (T_A - T_B + T_C - T_D)}{\kappa - 1} \tag{9}$$

つぎに，熱効率を求める。

```
> eta__Otto=W__Otto/Q__BC;
```

熱効率の定義式

$$\eta_{Otto} = \frac{W_{Otto}}{Q_{BC}} \tag{10}$$

```
> subs({(4),(9)},(10));
```

上で求めた結果を代入する

$$\eta_{Otto} = \frac{R\, (T_A - T_B + T_C - T_D)}{(\kappa - 1)\, c_V (T_C - T_B)} \tag{11}$$

```
> kappa=c__P/c__V;
```

比熱比の定義式

$$\kappa = \frac{c_P}{c_V} \tag{12}$$

```
> c__P-c__V=R;
```

理想気体でのマイヤーの関係

$$c_P - c_V = R \tag{13}$$

```
> subs(isolate((12),c__P),(13));
```

定圧比熱を消去する

$$c_V \kappa - c_V = R \tag{14}$$

```
> isolate((14),c__V);
```

定積比熱に関する式に変形する

$$c_V = \frac{R}{\kappa - 1} \tag{15}$$

```
> subs((15),(11));
```

これを熱効率の式に代入し，各状態の温度だけの式にする。さらに式の簡単化を続ける

$$\eta_{Otto} = \frac{T_A - T_B + T_C - T_D}{T_C - T_B} \tag{16}$$

断熱圧縮（$A \to B$）と断熱膨張（$C \to D$）について，温度と体積の関係式を導く。

```
> V__1^kappa*p__1=V__2^kappa*p__2;
```
可逆断熱変化での圧力と体積の関係式

$$V_1^{\kappa} p_1 = V_2^{\kappa} p_2 \quad (17)$$

```
> {p__1=m*R*T__1/V__1, p__2=m*R*T__2/V__2};
```
理想気体の状態方程式を，各状態の圧力の式に直す

$$\left\{p_1 = \frac{m R T_1}{V_1}, p_2 = \frac{m R T_2}{V_2}\right\} \quad (18)$$

```
> subs((18),(17));
```
代入して，断熱変化での体積と温度の関係式に直す

$$\frac{V_1^{\kappa} m R T_1}{V_1} = \frac{V_2^{\kappa} m R T_2}{V_2} \quad (19)$$

```
> (19)/(m*R);
```
簡単化する

$$\frac{V_1^{\kappa} T_1}{V_1} = \frac{V_2^{\kappa} T_2}{V_2} \quad (20)$$

```
> isolate((20),T__1);
```

$$T_1 = \frac{V_2^{\kappa} T_2 V_1}{V_2 V_1^{\kappa}} \quad (21)$$

```
> (21)/T__2;
```

$$\frac{T_1}{T_2} = \frac{V_2^{\kappa} V_1}{V_2 V_1^{\kappa}} \quad (22)$$

```
> simplify((22));
```
以上で，温度の比と，体積の比の関係式を導いた

$$\frac{T_1}{T_2} = V_2^{\kappa-1} V_1^{-\kappa+1} \quad (23)$$

```
> eval((23),{T__1=T__A,V__1=V__A,T__2=T__B,V__2=V__B});
```
断熱圧縮に当てはめる

$$\frac{T_A}{T_B} = V_B^{\kappa-1} V_A^{-\kappa+1} \quad (24)$$

```
> eval((23),{T__1=T__C,V__1=V__C,T__2=T__D,V__2=V__D});
```
断熱膨張に当てはめる

$$\frac{T_C}{T_D} = V_D^{\kappa-1} V_C^{-\kappa+1} \quad (25)$$

等積加熱（$B \to C$）と等積冷却（$D \to A$）について，体積に関する式を立てる。

```
> V__B=V__C;
```
等積の定義から，（$B \to C$）で体積は等しい

$$V_B = V_C \quad (26)$$

```
> V__D=V__A;
```
等積の定義から，（$D \to A$）でも体積は等しい

$$V_D = V_A \quad (27)$$

これらを使って，熱効率の式を簡単化する。

```
> eval((25),{rhs((26))=lhs((26)),(27)});
```
（等積加熱と等積冷却での体積の等式を，断熱膨張に適用する）

$$\frac{T_C}{T_D} = V_A^{\kappa-1} V_B^{-\kappa+1} \tag{28}$$

```
> isolate((24),T__A);
```
（断熱圧縮前の温度の式）

$$T_A = V_B^{\kappa-1} V_A^{-\kappa+1} T_B \tag{29}$$

```
> epsilon__Otto=V__A/V__B;
```
（断熱圧縮の圧縮比を導入する）

$$\epsilon_{Otto} = \frac{V_A}{V_B} \tag{30}$$

```
> isolate((30),V__A);
```
（断熱圧縮前の体積）

$$V_A = \epsilon_{Otto} V_B \tag{31}$$

```
> simplify(subs((31),(29))) assuming kappa>1,V__B>0;
```
（簡単化の妥当な仮定として，マイヤーの関係から比熱比＞1であり，体積は当然正値である）

$$T_A = \epsilon_{Otto}^{-\kappa+1} T_B \tag{32}$$

```
> isolate((28),T__D);
```
（断熱膨張後の温度の式）

$$T_D = \frac{T_C}{V_A^{\kappa-1} V_B^{-\kappa+1}} \tag{33}$$

```
> simplify((33));
```
（簡単化）

$$T_D = T_C V_A^{-\kappa+1} V_B^{\kappa-1} \tag{34}$$

```
> simplify(subs((31),(34))) assuming kappa>1,V__B>0;
```
（簡単化の妥当な仮定として，マイヤーの関係から比熱比＞1であり，体積は当然正値である）

$$T_D = T_C \epsilon_{Otto}^{-\kappa+1} \tag{35}$$

```
> T__A-T__D=subs({(32),(35)},T__A-T__D);
```
（断熱圧縮前の温度と断熱膨張後の温度差を計算する）

$$T_A - T_D = \epsilon_{Otto}^{-\kappa+1} T_B - T_C \epsilon_{Otto}^{-\kappa+1} \tag{36}$$

```
> factor((36));
```
（因数分解する）

$$T_A - T_D = \epsilon_{Otto}^{-\kappa+1} (T_B - T_C) \tag{37}$$

```
> algsubs((37),(16));
```
（これを熱効率の式に代入する）

$$\eta_{Otto} = \frac{\epsilon_{Otto}^{-\kappa+1} T_B - T_C \epsilon_{Otto}^{-\kappa+1} - T_B + T_C}{T_C - T_B} \tag{38}$$

```
> factor((38));
```
（分母の温度差に着目し，右辺分子を因数分解すると約分できる。熱効率は圧縮比に依存し，比の値が大きいほど高効率である）

$$\eta_{Otto} = -\epsilon_{Otto}^{-\kappa+1} + 1 \tag{39}$$

5.3.2 ディーゼルサイクル

設問

ディーゼルサイクルは，ディーゼルエンジンの理論サイクルであり，つぎの四つの過程が連続する熱機関である。

① 断熱圧縮の過程：状態変化を $A \rightarrow B$ と表す。この間に，作動流体（燃焼性ガス）を高温にする。

② 等圧加熱の過程：状態変化を $B \to C$ と表す。この間に（自着火でガスが燃焼し），外部から熱が入る。

③ 断熱膨張の過程：状態変化を $C \to D$ と表す。この間に，作動流体の膨張によって外部に機械的仕事をする。

④ 等積冷却の過程：状態変化を $D \to A$ と表す。1サイクルを終了して，最初の状態に戻る。

このサイクルの熱効率（η_{Diesel}）の計算式が，下記になるまでの数式展開を示せ。

$$\eta_{Diesel} = 1 - \frac{\sigma_{Diesel}{}^{\kappa} - 1}{\epsilon_{Diesel}{}^{\kappa-1}(\sigma_{Diesel} - 1)\kappa}$$

ここで，比熱比を κ とし，また次式の2種類のパラメータを定義する。

圧縮比：$\epsilon_{Diesel} = \dfrac{V_A}{V_B}$

締切比：$\sigma_{Diesel} = \dfrac{V_C}{V_B}$

解法のプロセス

1. 問題を理解する。

与えられたデータや条件：系がディーゼルサイクル熱機関であること。

未知のもの：熱効率の計算式を導出する数式展開プロセス。

2. 解の計画を立てる。

A）理想気体の断熱過程，等圧過程，等積過程の基礎式を用いて，各過程での仕事と熱の授受を定式化する。

B）1サイクルでの仕事と，熱効率を求める。

3. 計画を実行する。

解の計画の実行

A）理想気体の断熱過程，等圧過程，等積過程の基礎式を用いて，各過程での仕事と熱の授受を定式化する。

```
> restart:
```

まず，断熱圧縮の過程（$A \to B$）について定式化する。

```
> W__AB=(T__A-T__B)*m*R/(kappa-1);
```

オットーサイクルの場合と同じ式である

$$W_{AB} = \frac{(T_A - T_B)\, m R}{\kappa - 1} \tag{40}$$

つぎに，等圧加熱の過程（$B \to C$）について定式化する。

```
> Q__in=m*c__P*(T__2-T__1);
```

等圧変化で系に入る熱の公式

$$Q_{in}=m\,c_P\,(T_2-T_1) \tag{41}$$

```
> eval((41),{Q__in=Q__BC,T__1=T__B,T__2=T__C});
```

この公式を等圧加熱に当てはめる

$$Q_{BC}=m\,c_P\,(T_C-T_B) \tag{42}$$

```
> W=p*(T__2/T__1-1)*V__1;
```

等圧変化の系が外部にする仕事の公式

$$W=p\left(\frac{T_2}{T_1}-1\right)V_1 \tag{43}$$

```
> eval((43),{W=W__BC,T__1=T__B,V__1=V__B,p=p__B,T__2=T__C});
```

この公式を等圧加熱に当てはめる

$$W_{BC}=p_B\left(\frac{T_C}{T_B}-1\right)V_B \tag{44}$$

状態 B での状態方程式

```
> p__B*V__B=m*R*T__B;
```

$$p_B\,V_B=m\,R\,T_B \tag{45}$$

つぎの代入のために，式を変形する

```
> isolate((45),p__B);
```

$$p_B=\frac{m\,R\,T_B}{V_B} \tag{46}$$

仕事の式に代入して，状態量を温度だけにする

```
> subs((46),(44));
```

$$W_{BC}=m\,R\,T_B\left(\frac{T_C}{T_B}-1\right) \tag{47}$$

等圧加熱前後の温度差に比例する

```
> simplify((47));
```

$$W_{BC}=-m\,R\,(-T_C+T_B) \tag{48}$$

つぎに，断熱膨張の過程（$C\to D$）について定式化する。

```
> W__CD=(T__C-T__D)*m*R/(kappa-1);
```

オットーサイクルの場合と同じ式である

$$W_{CD}=\frac{(T_C-T_D)\,m\,R}{\kappa-1} \tag{49}$$

つぎに，等積冷却の過程（$D\to A$）について定式化する。

```
> Q__DA=m*c__V*(T__A-T__D);
```

オットーサイクルの場合と同じ式である

$$Q_{DA}=m\,c_V\,(T_A-T_D) \tag{50}$$

B）1サイクルでの仕事と，熱効率を求める。

仕事について，上で求めた結果を合計する。

等積冷却では体積一定なので，仕事がゼロである

```
> W__Diesel=W__AB+W__BC+W__CD;
```

$$W_{Diesel}=W_{AB}+W_{BC}+W_{CD} \tag{51}$$

上で求めた仕事の結果を代入する

```
> subs({(40),(48),(49)},(51));
```

$$W_{Diesel}=\frac{(T_A-T_B)\,m\,R}{\kappa-1}-m\,R\,(-T_C+T_B)+\frac{(T_C-T_D)\,m\,R}{\kappa-1} \tag{52}$$

つぎに，熱効率を求める。

```
> eta__Diesel=W__Diesel/Q__BC;
```
熱効率の定義式

$$\eta_{Diesel}=\frac{W_{Diesel}}{Q_{BC}} \tag{53}$$

```
> subs({(42),(52)},(53));
```
上で求めた結果を代入する

$$\eta_{Diesel}=\frac{\frac{(T_A-T_B)\,m R}{\kappa-1}-m R\,(-T_C+T_B)+\frac{(T_C-T_D)\,m R}{\kappa-1}}{m\,c_P\,(T_C-T_B)} \tag{54}$$

```
> normal((54));
```
通分する

$$\eta_{Diesel}=-\frac{R\,(-T_B\,\kappa+T_C\,\kappa+T_A-T_D)}{(\kappa-1)\,c_P\,(-T_C+T_B)} \tag{55}$$

```
> [kappa=c__P/c__V, c__P-c__V = R];
```
比熱比の定義と，マイヤーの関係式

$$\left[\kappa=\frac{c_P}{c_V},\ c_P-c_V=R\right] \tag{56}$$

```
> isolate(op(1,(56)),c__V);
```
比熱比の式を変形する

$$c_V=\frac{c_P}{\kappa} \tag{57}$$

```
> subs((57),op(2,(56)));
```
マイヤーの関係式に代入して，定積比熱を消去する

$$c_P-\frac{c_P}{\kappa}=R \tag{58}$$

```
> simplify(isolate((58),c__P));
```
ここまでで，定圧比熱と気体定数の記号を消去する準備をした

$$c_P=\frac{R\,\kappa}{\kappa-1} \tag{59}$$

```
> subs((59),(55));
```
代入すると，オットーサイクルの場合との違いとして，温度以外に比熱比が含まれている

$$\eta_{Diesel}=-\frac{-T_B\,\kappa+T_C\,\kappa+T_A-T_D}{\kappa\,(-T_C+T_B)} \tag{60}$$

比熱比に関して，式を整理する

```
> collect((60),kappa);
```

$$\eta_{Diesel}=-\frac{T_C-T_B}{-T_C+T_B}-\frac{T_A-T_D}{(-T_C+T_B)\,\kappa} \tag{61}$$

断熱圧縮（$A\rightarrow B$）と断熱膨張（$C\rightarrow D$）について，オットーサイクルで求めた，温度と体積の関係式を用いる。

```
> T__A/T__B=V__B^(kappa-1)*V__A^(-kappa+1);
```
断熱圧縮の式

$$\frac{T_A}{T_B}=V_B^{\kappa-1}\,V_A^{-\kappa+1} \tag{62}$$

```
> T__C/T__D=V__D^(kappa-1)*V__C^(-kappa+1);
```
断熱膨張の式

$$\frac{T_C}{T_D}=V_D^{\kappa-1}\,V_C^{-\kappa+1} \tag{63}$$

等積冷却（$D\rightarrow A$）について，体積に関する式を立てる。

```
> V__D=V__A;
```
等積の定義から，（$D\rightarrow A$）で体積は等しい

$$V_D=V_A \tag{64}$$

これらを使って，熱効率の式を簡単化する。

```
> subs((64),(63));
```

代入

$$\frac{T_C}{T_D} = V_A^{\kappa-1}\,V_C^{-\kappa+1} \qquad (65)$$

```
> simplify(isolate((65),T__D));
```

温度 T_D を消去するために，式変形する

$$T_D = T_C\,V_A^{-\kappa+1}\,V_C^{\kappa-1} \qquad (66)$$

```
> isolate((62),T__A);
```

温度 T_D を消去するために，断熱圧縮の式を変形する

$$T_A = V_B^{\kappa-1}\,V_A^{-\kappa+1}\,T_B \qquad (67)$$

等積冷却前後の温度差

```
> T__A-T__D=subs({(66),(67)},T__A-T__D);
```

$$T_A - T_D = V_B^{\kappa-1}\,V_A^{-\kappa+1}\,T_B - T_C\,V_A^{-\kappa+1}\,V_C^{\kappa-1} \qquad (68)$$

```
> epsilon__Diesel=V__A/V__B;
```

オットーサイクルと同様に，圧縮比の定義

$$\epsilon_{Diesel} = \frac{V_A}{V_B} \qquad (69)$$

```
> isolate((69),V__A);
```

$$V_A = \epsilon_{Diesel}\,V_B \qquad (70)$$

```
> sigma__Diesel=V__C/V__B;
```

締切比の定義

$$\sigma_{Diesel} = \frac{V_C}{V_B} \qquad (71)$$

```
> isolate((71),V__C);
```

$$V_C = \sigma_{Diesel}\,V_B \qquad (72)$$

```
> V__B/T__B = V__C/T__C;
```

等圧加熱（$B \to C$）では，シャルルの法則が成り立つ

$$\frac{V_B}{T_B} = \frac{V_C}{T_C} \qquad (73)$$

```
> subs((72),(73));
```

シャルルの法則の等式に，締切比の体積式を代入する

$$\frac{V_B}{T_B} = \frac{\sigma_{Diesel}\,V_B}{T_C} \qquad (74)$$

等圧加熱前後の温度の関係式

```
> isolate((74),T__C);
```

$$T_C = T_B\,\sigma_{Diesel} \qquad (75)$$

等積冷却前後の温度差の式に代入する

```
> subs({(70),(72),(75)},(68));
```

$$T_A - T_D = V_B^{\kappa-1}\left(\epsilon_{Diesel}\,V_B\right)^{-\kappa+1} T_B - T_B\,\sigma_{Diesel}\left(\epsilon_{Diesel}\,V_B\right)^{-\kappa+1}\left(\sigma_{Diesel}\,V_B\right)^{\kappa-1} \qquad (76)$$

```
> simplify((76)) assuming V__B>0;
```

妥当な仮定として，体積は正値である

$$T_A - T_D = -\epsilon_{Diesel}^{-\kappa+1}\,T_B\left(\sigma_{Diesel}^{\kappa} - 1\right) \qquad (77)$$

等積冷却前後の温度差の式

```
> collect((77),T__B);
```

$$T_A - T_D = -\epsilon_{Diesel}^{-\kappa+1}\,T_B\left(\sigma_{Diesel}^{\kappa} - 1\right) \qquad (78)$$

```
> algsubs((77),(61));
```

上述の熱効率の式で，等積冷却前後の温度差の部分に代入する

$$\eta_{Diesel} = \frac{\epsilon_{Diesel}^{-\kappa+1}\,T_B\left(\sigma_{Diesel}^{\kappa} - 1\right)}{\left(-T_C + T_B\right)\kappa} - \frac{T_C - T_B}{-T_C + T_B} \qquad (79)$$

```
> simplify((79)) assuming T__B>0,T__C>T__B;
```

妥当な仮定として，絶対温度は正値である

$$\eta_{Diesel} = \frac{T_B\left(\epsilon_{Diesel}^{-\kappa+1}\sigma_{Diesel}^{\kappa} - \epsilon_{Diesel}^{-\kappa+1}\right)}{\left(-T_C + T_B\right)\kappa} + 1 \quad \textbf{(80)}$$

```
> subs((75),(80));
```

等圧加熱前後の温度の式を代入する

$$\eta_{Diesel} = \frac{T_B\left(\epsilon_{Diesel}^{-\kappa+1}\sigma_{Diesel}^{\kappa} - \epsilon_{Diesel}^{-\kappa+1}\right)}{\left(-T_B\sigma_{Diesel} + T_B\right)\kappa} + 1 \quad \textbf{(81)}$$

```
> simplify((81)-1) assuming T__B>0;
```

右辺の分数式を簡単化するため，定数項（1）が悪影響しないように，左辺に移項する

$$\eta_{Diesel} - 1 = -\frac{\left(\sigma_{Diesel}^{\kappa} - 1\right)\epsilon_{Diesel}^{-\kappa+1}}{\left(\sigma_{Diesel} - 1\right)\kappa} \quad \textbf{(82)}$$

```
> (82)+1;
```

定数項（1）を右辺に戻して，熱効率が導かれる。比熱比，圧縮比，締切比がパラメータである

$$\eta_{Diesel} = -\frac{\left(\sigma_{Diesel}^{\kappa} - 1\right)\epsilon_{Diesel}^{-\kappa+1}}{\left(\sigma_{Diesel} - 1\right)\kappa} + 1 \quad \textbf{(83)}$$

5.3.3　ブレイトンサイクル

設問

ブレイトンサイクルは，ガスタービンエンジンなどの理論サイクルであり，つぎの四つの過程が連続する熱機関である。

① 断熱圧縮の過程：状態変化を $A \to B$ と表す。この間に，作動流体を高温にする。

② 等圧加熱の過程：状態変化を $B \to C$ と表す。この間に，外部から熱が入り，外部に機械的仕事をする。

③ 断熱膨張の過程：状態変化を $C \to D$ と表す。この間に，外部に機械的仕事をする。

④ 等圧冷却の過程：状態変化を $D \to A$ と表す。1サイクルを終了して，最初の状態に戻る。

このサイクルの熱効率（$\eta_{Brayton}$）の計算式が，下記になるまでの数式展開を示せ。

$$\eta_{Brayton} = 1 - \frac{1}{\gamma_{Brayton}^{(\kappa-1)/\kappa}}$$

ここで，比熱比を κ とし，また次式の圧力比（断熱圧縮前後の圧力の比）を定義する。

$$\gamma_{Brayton} = \frac{p_B}{p_A}$$

解法のプロセス

1. **問題を理解する。**

与えられたデータや条件：系がブレイトンサイクル熱機関であること。

未知のもの：熱効率の計算式を導出する数式展開プロセス。

2. **解の計画を立てる。**

A）理想気体の断熱過程と等圧過程の基礎式を用いて，各過程での仕事と熱の授受を定式化する。

B）1サイクルでの仕事と，熱効率を求める。

3. **計画を実行する。**

4. **振り返ってみる。**

解の計画の実行

A）理想気体の断熱過程と等圧過程の基礎式を用いて，各過程での仕事と熱の授受を定式化する。

```
> restart:
```

まず，断熱圧縮の過程（$A \rightarrow B$）について定式化する。

```
> W__AB=(T__A-T__B)*m*R/(kappa-1);
```

オットーサイクルの場合と同じ式である

$$W_{AB}=\frac{(T_A-T_B)\,m\,R}{\kappa-1} \tag{84}$$

つぎに，等圧加熱の過程（$B \rightarrow C$）について定式化する。

```
> Q__BC=m*c__P*(T__C-T__B);
```

ディーゼルサイクルの場合と同じ式である

$$Q_{BC}=m\,c_P\,(T_C-T_B) \tag{85}$$

```
> W__BC=-m*R*(-T__C+T__B);
```

ディーゼルサイクルの場合と同じ式である

$$W_{BC}=-m\,R\,(-T_C+T_B) \tag{86}$$

つぎに，断熱膨張の過程（$C \rightarrow D$）について定式化する。

```
> W__CD=(T__C-T__D)*m*R/(kappa-1);
```

オットーサイクルの場合と同じ式である

$$W_{CD}=\frac{(T_C-T_{\mathrm{D}})\,m\,R}{\kappa-1} \tag{87}$$

つぎに，等圧冷却の過程（$D \to A$）について定式化する。

```
> Q__DA=m*c__P*(T__A-T__D);
```
上の等圧加熱と同様である

$$Q_{DA}=m\,c_P\left(T_A-T_D\right) \tag{88}$$

```
> W__DA=-m*R*(-T__A+T__D);
```
上の等圧加熱と同様である

$$W_{DA}=-m\,R\left(-T_A+T_D\right) \tag{89}$$

B）1サイクルでの仕事と，熱効率を求める。

仕事について，上で求めた結果を合計する。

```
> W__Brayton=W__AB+W__BC+W__CD+W__DA;
```

$$W_{Brayton}=W_{AB}+W_{BC}+W_{CD}+W_{DA} \tag{90}$$

上で求めた仕事の結果を代入する

```
> subs({(84),(86),(87),(89)},(90));
```

$$W_{Brayton}=\frac{\left(T_A-T_B\right)m\,R}{\kappa-1}-m\,R\left(-T_C+T_B\right)+\frac{\left(T_C-T_D\right)m\,R}{\kappa-1}-m\,R\left(-T_A+T_D\right) \tag{91}$$

つぎに，熱効率を求める。

```
> eta__Brayton=W__Brayton/Q__BC;
```
熱効率の定義式

$$\eta_{Brayton}=\frac{W_{Brayton}}{Q_{BC}} \tag{92}$$

```
> subs({(85),(91)},(92));
```
上で求めた結果を代入する

$$\eta_{Brayton}=\frac{\frac{\left(T_A-T_B\right)m\,R}{\kappa-1}-m\,R\left(-T_C+T_B\right)+\frac{\left(T_C-T_D\right)m\,R}{\kappa-1}-m\,R\left(-T_A+T_D\right)}{m\,c_P\left(T_C-T_B\right)} \tag{93}$$

```
> normal((93));
```
通分する

$$\eta_{Brayton}=-\frac{R\,\kappa\left(T_A-T_B+T_C-T_D\right)}{\left(\kappa-1\right)c_P\left(-T_C+T_B\right)} \tag{94}$$

```
> c__P = R*kappa/(kappa-1);
```
ディーゼルサイクルで求めた定圧比熱の式を用いる

$$c_P=\frac{R\,\kappa}{\kappa-1} \tag{95}$$

```
> subs((95),(94));
```
これを熱効率の式に代入し，各状態の温度だけの式にする。さらに式の簡単化を続ける

$$\eta_{Brayton}=-\frac{T_A-T_B+T_C-T_D}{-T_C+T_B} \tag{96}$$

断熱圧縮（$A \to B$）について，オットーサイクルで求めた，温度と体積の関係式を用いる。

```
> T__A/T__B=V__B^(kappa-1)*V__A^(-kappa+1);
```

断熱圧縮の式

$$\frac{T_A}{T_B}=V_B^{\kappa-1}\,V_A^{-\kappa+1} \tag{97}$$

```
> gamma__Brayton=p__B/p__A;
```

圧力比の定義式

$$\gamma_{Brayton}=\frac{p_B}{p_A} \tag{98}$$

```
> V__A^kappa*p__A = V__B^kappa*p__B;
```

断熱圧縮での圧力と体積の等式

$$V_A^{\kappa}p_A=V_B^{\kappa}p_B \tag{99}$$

```
> isolate((99),V__A);
```

$$V_A=\left(\frac{V_B^{\kappa}p_B}{p_A}\right)^{\frac{1}{\kappa}} \tag{100}$$

圧力比の式を変形する

```
> isolate((98),p__B);
```

$$p_B=\gamma_{Brayton}p_A \tag{101}$$

```
> subs((101),(100));
```

断熱圧縮前後の圧力が消去される

$$V_A=\left(V_B^{\kappa}\gamma_{Brayton}\right)^{\frac{1}{\kappa}} \tag{102}$$

```
> simplify((102)) assuming kappa>1,V__B>0;
```

簡単化の妥当な仮定として，マイヤーの関係から比熱比＞1であり，体積は当然正値である

$$V_A=V_B\,\gamma_{Brayton}^{\frac{1}{\kappa}} \tag{103}$$

```
> subs((103),(97));
```

$$\frac{T_A}{T_B}=V_B^{\kappa-1}\left(V_B\,\gamma_{Brayton}^{\frac{1}{\kappa}}\right)^{-\kappa+1} \tag{104}$$

```
> simplify((104)) assuming kappa>1,V__B>0;
```

簡単化の妥当な仮定として，マイヤーの関係から比熱比＞1であり，体積は当然正値である

断熱圧縮前後の温度の関係式が得られる

$$\frac{T_A}{T_B}=\gamma_{Brayton}^{-\frac{\kappa-1}{\kappa}} \tag{105}$$

```
> isolate((105),T__A);
```

$$T_A=\gamma_{Brayton}^{-\frac{\kappa-1}{\kappa}}\,T_B \tag{106}$$

等圧加熱（$B\rightarrow C$）と等圧冷却（$D\rightarrow A$）について，圧力に関する式を立てる。

```
> p__B=p__C;
```

等圧の定義から，（$B\rightarrow C$）で圧力は等しい

$$p_B=p_C \tag{107}$$

```
> p__D=p__A;
```

等圧の定義から，（$D\rightarrow A$）で圧力は等しい

$$p_{\mathrm{D}}=p_A \tag{108}$$

```
> subs({(107),rhs((108))=lhs((108))},(98));
```

上述の圧力比の定義式に代入する。

$$\gamma_{Brayton}=\frac{p_C}{p_{\mathrm{D}}} \tag{109}$$

断熱膨張（$C \to D$）について，オットーサイクルで求めた，温度と体積の関係式を用いる。

```
> T__C/T__D=V__D^(kappa-1)*V__C^(-kappa+1);
```
断熱膨張の式

$$\frac{T_C}{T_D} = V_D^{\kappa-1} V_C^{-\kappa+1} \tag{110}$$

```
> V__C^kappa*p__C = V__D^kappa*p__D;
```
断熱膨張での圧力と体積の等式

$$V_C^{\kappa} p_C = V_D^{\kappa} p_D \tag{111}$$

```
> isolate((111),V__D);
```

$$V_D = \left(\frac{V_C^{\kappa} p_C}{p_D}\right)^{\frac{1}{\kappa}} \tag{112}$$

```
> isolate((109),p__C);
```
圧力比の式を変形する

$$p_C = \gamma_{Brayton} p_D \tag{113}$$

```
> subs((113),(112));
```
断熱膨張前後の圧力が消去される

$$V_D = \left(V_C^{\kappa} \gamma_{Brayton}\right)^{\frac{1}{\kappa}} \tag{114}$$

```
> simplify((114)) assuming kappa>1,V__C>0;
```
簡単化の妥当な仮定として，マイヤーの関係から比熱比＞1であり，体積は当然正値である

$$V_D = V_C \gamma_{Brayton}^{\frac{1}{\kappa}} \tag{115}$$

```
> subs((115),(110));
```

$$\frac{T_C}{T_D} = \left(V_C \gamma_{Brayton}^{\frac{1}{\kappa}}\right)^{\kappa-1} V_C^{-\kappa+1} \tag{116}$$

```
> simplify((116)) assuming kappa>1,V__C>0;
```
簡単化の妥当な仮定として，マイヤーの関係から比熱比＞1であり，体積は当然正値である

断熱膨張前後の温度の関係式が得られる

$$\frac{T_C}{T_D} = \gamma_{Brayton}^{\frac{\kappa-1}{\kappa}} \tag{117}$$

```
> simplify(isolate((117),T__D));
```

$$T_D = T_C \gamma_{Brayton}^{\frac{-\kappa+1}{\kappa}} \tag{118}$$

以上の結果を使って，熱効率の式を簡単化する。

```
> subs({(106),(118)},(96));
```
代入して，等圧冷却前後の温度を消去する

$$\eta_{Brayton} = -\frac{\gamma_{Brayton}^{-\frac{\kappa-1}{\kappa}} T_B - T_B + T_C - T_C \gamma_{Brayton}^{\frac{-\kappa+1}{\kappa}}}{-T_C + T_B} \tag{119}$$

```
> simplify((119));
```
熱効率は圧力比に依存し，比の値が大きいほど高効率である

$$\eta_{Brayton} = -\gamma_{Brayton}^{\frac{-\kappa+1}{\kappa}} + 1 \tag{120}$$

振り返ってみる

オットーサイクルの熱効率として，次式が得られた。

```
> (39);
```

$$\eta_{Otto} = -\epsilon_{Otto}^{-\kappa+1} + 1 \qquad (121)$$

ブレイトンサイクルの熱効率は，次式になった。

```
> (120);
```

$$\eta_{Brayton} = -\gamma_{Brayton}^{\frac{-\kappa+1}{\kappa}} + 1 \qquad (122)$$

ブレイトンサイクルを理論モデルとするガスタービンエンジンに，レシプロエンジンのような体積に関する圧縮比を適用するのはふさわしくない。しかしあくまで形式的に，ブレイトンサイクルの圧縮比を定義する。

```
> epsilon__Brayton=V__A/V__B;
```

$$\epsilon_{Brayton} = \frac{V_A}{V_B} \qquad (123)$$

```
> (99);
```

上述の，断熱圧縮での圧力と体積の関係式

$$V_A^{\kappa} p_A = V_B^{\kappa} p_B \qquad (124)$$

```
> isolate((123),V__A);
```

$$V_A = \epsilon_{Brayton} V_B \qquad (125)$$

```
> subs((125),(124));
```

$$(\epsilon_{Brayton} V_B)^{\kappa} p_A = V_B^{\kappa} p_B \qquad (126)$$

簡単化の妥当な仮定として，マイヤーの関係から比熱比 > 1 であり，体積は当然正値である

```
> simplify((126)) assuming kappa>1,V__B>0;
```

$$V_B^{\kappa} \epsilon_{Brayton}^{\kappa} p_A = V_B^{\kappa} p_B \qquad (127)$$

```
> subs((101),(127));
```

圧力比に関する上述の式を代入する

$$V_B^{\kappa} \epsilon_{Brayton}^{\kappa} p_A = V_B^{\kappa} \gamma_{Brayton} p_A \qquad (128)$$

```
> (128)/V__B^kappa/p__A;
```

$$\epsilon_{Brayton}^{\kappa} = \gamma_{Brayton} \qquad (129)$$

```
> isolate((129),gamma__Brayton);
```

$$\gamma_{Brayton} = \epsilon_{Brayton}^{\kappa} \qquad (130)$$

簡単化の妥当な仮定として，マイヤーの関係から比熱比 > 1 であり，圧縮比は定義から正値である

```
> simplify(subs((130),(122))) assuming kappa>1,epsilon__Brayton>0;
```

$$\eta_{Brayton} = -\epsilon_{Brayton}^{-\kappa+1} + 1 \qquad (131)$$

以上により，仮にブレイトンサイクルの圧縮比を導入すると，オットーサイクルの熱効率と同形式になることが導かれた。

5.4 熱　伝　導

設問

3次元の直交座標系での微小体積要素の熱の流入・流出を，**図5.1**のように表す。熱伝導のフーリエの法則をもとに，直交座標系と円筒座標系での熱伝導方程式を立てよ。ここで，物質の密度をρ〔kg/m^3〕，比熱をc〔J/(kg·K)〕，熱伝導率をk〔W/(m·K)〕として，これらは一定値とする。また，ある時刻t，直交座標(x, y, z)での物質の温度を$T(t, x, y, z)$とする。さらに，微小体積要素内での単位時間，単位体積当りの内部発熱量を$H(t, x, y, z)$〔W/m^3〕とする。

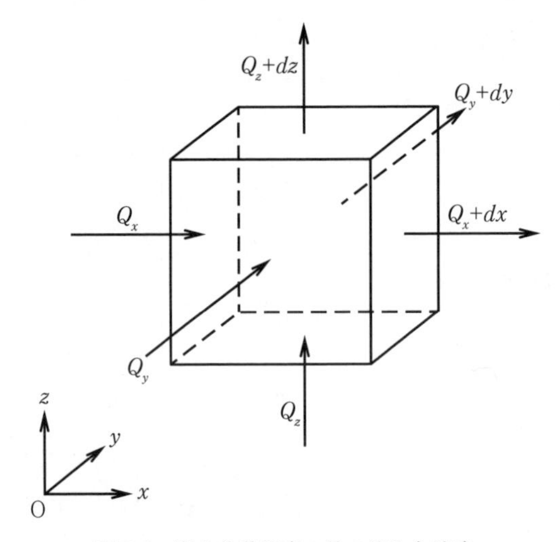

図5.1　微小体積要素の熱の流入と流出

解法のプロセス

1. **問題を理解する。**

与えられたデータや条件：熱伝導のフーリエの法則。物質のパラメータ。内部発熱量。

未知のもの：3次元の直交座標系と円筒座標系での熱伝導方程式。

2. **解の計画を立てる。**

A）熱伝導のフーリエの法則を定式化する。

B）3次元の直交座標系内の微小体積要素について，熱伝導方程式を立てる。

C）直交座標系から円筒座標系に変換するため，微分規則を定式化する。

D）微分規則を上記の熱伝導方程式に代入し，円筒座標系での熱伝導方程式を導く。

3. **計画を実行する。**

解の計画の実行

A）熱伝導のフーリエの法則を定式化する。

熱量（dQ）が流入する微小断面積（dA），その法線方向の座標（n），法線方向の温度勾配（dT/dn）の関係を定式化する。

```
> restart:
> dQ=-k*diff(T(t,n),n)*dA;
```

フーリエの法則

$$dQ = -k\left(\frac{\partial}{\partial n} T(t,n)\right) dA \tag{1}$$

B）3 次元の直交座標系内の微小体積要素について，熱伝導方程式を立てる。

微小体積要素の x 方向に流入する熱（Q_x）と流出する熱（Q_{x+dx}）について，定式化する。

```
> eval((1),[dQ=Q[x],T(t,n)=T(t,x,y,z),n=x,dA=dy*dz]);
```

$$Q_x = -k\left(\frac{\partial}{\partial x} T(t,x,y,z)\right) dy\,dz \tag{2}$$

```
> Q[x+dx]=Q[x]+Diff(Q[x],x)*dx;
```

$$Q_{x+dx} = Q_x + \left(\frac{\partial}{\partial x} Q_x\right) dx \tag{3}$$

```
> value(subs((2),(3)));
```

$$Q_{x+dx} = -k\left(\frac{\partial}{\partial x} T(t,x,y,z)\right) dy\,dz - k\left(\frac{\partial^2}{\partial x^2} T(t,x,y,z)\right) dy\,dz\,dx \tag{4}$$

```
> (2)-(4);
```

$$Q_x - Q_{x+dx} = k\left(\frac{\partial^2}{\partial x^2} T(t,x,y,z)\right) dy\,dz\,dx \tag{5}$$

```
> isolate((5),Q[x+dx]);
```

$$Q_{x+dx} = -k\left(\frac{\partial^2}{\partial x^2} T(t,x,y,z)\right) dy\,dz\,dx + Q_x \tag{6}$$

同様に，y 方向に流入する熱（Q_y）と流出する熱（Q_{y+dy}）について，定式化する。

```
> eval((1),[dQ=Q[y],T(t,n)=T(t,x,y,z),n=y,dA=dz*dx]);
```

$$Q_y = -k\left(\frac{\partial}{\partial y} T(t,x,y,z)\right) dz\,dx \tag{7}$$

```
> Q[y+dy]=Q[y]+Diff(Q[y],y)*dy;
```

$$Q_{y+dy} = Q_y + \left(\frac{\partial}{\partial y} Q_y\right) dy \tag{8}$$

```
> value(subs((7),(8)));
```

$$Q_{y+dy} = -k\left(\frac{\partial}{\partial y} T(t,x,y,z)\right) dz\,dx - k\left(\frac{\partial^2}{\partial y^2} T(t,x,y,z)\right) dz\,dx\,dy \tag{9}$$

```
> (7)-(9);
```

$$Q_y - Q_{y+dy} = k\left(\frac{\partial^2}{\partial y^2} T(t,x,y,z)\right) dz\,dx\,dy \tag{10}$$

```
> isolate((10),Q[y+dy]);
```

$$Q_{y+dy} = -k\left(\frac{\partial^2}{\partial y^2} T(t,x,y,z)\right) dz\,dx\,dy + Q_y \tag{11}$$

同様に，z 方向に流入する熱（Q_z）と流出する熱（Q_{z+dz}）について，定式化する。

```
> eval((1),[dQ=Q[z],T(t,n)=T(t,x,y,z),n=z,dA=dx*dy]);
```

$$Q_z = -k\left(\frac{\partial}{\partial z} T(t,x,y,z)\right) dx\, dy \tag{12}$$

```
> Q[z+dz]=Q[z]+Diff(Q[z],z)*dz;
```

$$Q_{z+dz} = Q_z + \left(\frac{\partial}{\partial z} Q_z\right) dz \tag{13}$$

```
> value(subs((12),(13)));
```

$$Q_{z+dz} = -k\left(\frac{\partial}{\partial z} T(t,x,y,z)\right) dx\, dy - k\left(\frac{\partial^2}{\partial z^2} T(t,x,y,z)\right) dx\, dy\, dz \tag{14}$$

```
> (12)-(14);
```

$$Q_z - Q_{z+dz} = k\left(\frac{\partial^2}{\partial z^2} T(t,x,y,z)\right) dx\, dy\, dz \tag{15}$$

```
> isolate((15),Q[z+dz]);
```

$$Q_{z+dz} = -k\left(\frac{\partial^2}{\partial z^2} T(t,x,y,z)\right) dx\, dy\, dz + Q_z \tag{16}$$

さらに，微小体積要素内での単位時間，単位体積当りの内部発熱量のH〔W/m^3〕を考慮して，単位時間当りに蓄積される熱量Qは次式である。

```
> Q=(Q[x]-Q[x+dx])+(Q[y]-Q[y+dy])+(Q[z]-Q[z+dz])+H(t,x,y,z)*
  dx*dy*dz;
```

$$Q = Q_x - Q_{x+dx} + Q_y - Q_{y+dy} + Q_z - Q_{z+dz} + H(t,x,y,z)\, dx\, dy\, dz \tag{17}$$

```
> subs({(6),(11),(16)},(17));
```

$$Q = k\left(\frac{\partial^2}{\partial x^2} T(t,x,y,z)\right) dy\, dz\, dx + k\left(\frac{\partial^2}{\partial y^2} T(t,x,y,z)\right) dz\, dx\, dy + k\left(\frac{\partial^2}{\partial z^2} T(t,x,y,z)\right) dx\, dy\, dz + H(t,x,y,z)\, dx\, dy\, dz \tag{18}$$

```
> factor((18));
```

$$Q = dx\, dy\, dz\left(\left(\frac{\partial^2}{\partial x^2} T(t,x,y,z)\right) k + \left(\frac{\partial^2}{\partial y^2} T(t,x,y,z)\right) k + \left(\frac{\partial^2}{\partial z^2} T(t,x,y,z)\right) k + H(t,x,y,z)\right) \tag{19}$$

```
>
```

他方，この微小体積要素の温度上昇は，次式で表される。

```
> Q=c*(rho*dx*dy*dz)*diff(T(t,x,y,z),t);
```

$$Q = c\,\rho\, dx\, dy\, dz\left(\frac{\partial}{\partial t} T(t,x,y,z)\right) \tag{20}$$

以上により，つぎの熱伝導方程式が得られる。

```
> subs((20),(19));
```

$$c\,\rho\, dx\, dy\, dz\left(\frac{\partial}{\partial t} T(t,x,y,z)\right) = dx\, dy\, dz\left(\left(\frac{\partial^2}{\partial x^2} T(t,x,y,z)\right) k + \left(\frac{\partial^2}{\partial y^2} T(t,x,y,z)\right) k + \left(\frac{\partial^2}{\partial z^2} T(t,x,y,z)\right) k + H(t,x,y,z)\right) \tag{21}$$

```
> (21)/dx/dy/dz;
```

$$c\,\rho\left(\frac{\partial}{\partial t}T(t,x,y,z)\right)=\left(\frac{\partial^2}{\partial x^2}T(t,x,y,z)\right)k+\left(\frac{\partial^2}{\partial y^2}T(t,x,y,z)\right)k+\left(\frac{\partial^2}{\partial z^2}T(t,x,y,z)\right)k+H(t,x,y,z) \quad (22)$$

```
> collect((22),k);
```

直交座標系での熱伝導方程式

$$c\,\rho\left(\frac{\partial}{\partial t}T(t,x,y,z)\right)=\left(\frac{\partial^2}{\partial x^2}T(t,x,y,z)+\frac{\partial^2}{\partial y^2}T(t,x,y,z)+\frac{\partial^2}{\partial z^2}T(t,x,y,z)\right)k+H(t,x,y,z) \quad (23)$$

C）直交座標系から円筒座標系に変換するため，微分規則を定式化する。

z 軸を除いて，直交座標 (x, y) と円筒座標 (r, θ) の関係を定式化する。

```
> r(x,y)^2=x^2+y^2;
```

$$r(x,y)^2=x^2+y^2 \quad (24)$$

```
> x=r(x,y)*cos(theta(x,y));
```

$$x=r(x,y)\cos(\theta(x,y)) \quad (25)$$

```
> y=r(x,y)*sin(theta(x,y));
```

$$y=r(x,y)\sin(\theta(x,y)) \quad (26)$$

```
> tan(theta(x,y))=y/x;
```

$$\tan(\theta(x,y))=\frac{y}{x} \quad (27)$$

半径 r に関する微分規則を導く。

```
> diff((24),x);
```

$$2\,r(x,y)\left(\frac{\partial}{\partial x}r(x,y)\right)=2\,x \quad (28)$$

```
> lhs((28))=subs((25),rhs((28)));
```

$$2\,r(x,y)\left(\frac{\partial}{\partial x}r(x,y)\right)=2\,r(x,y)\cos(\theta(x,y)) \quad (29)$$

```
> isolate((29),diff(r(x,y),x));
```

$$\frac{\partial}{\partial x}r(x,y)=\cos(\theta(x,y)) \quad (30)$$

```
> eval((30),theta(x,y)=theta);
```

求める微分規則の一方である

$$\frac{\partial}{\partial x}r(x,y)=\cos(\theta) \quad (31)$$

```
> diff((24),y);
```

$$2\,r(x,y)\left(\frac{\partial}{\partial y}r(x,y)\right)=2\,y \quad (32)$$

```
> lhs((32))=subs((26),rhs((32)));
```

$$2\,r(x,y)\left(\frac{\partial}{\partial y}r(x,y)\right)=2\,r(x,y)\sin(\theta(x,y)) \quad (33)$$

```
> isolate((33),diff(r(x,y),y));
```

$$\frac{\partial}{\partial y}r(x,y)=\sin(\theta(x,y)) \quad (34)$$

```
> eval((34),theta(x,y)=theta);
```

求める微分規則の他方である

$$\frac{\partial}{\partial y}r(x,y)=\sin(\theta) \quad (35)$$

つぎに，角度θに関する微分規則を導く。

```
> diff((27),x);
```

$$\left(\frac{\partial}{\partial x}\theta(x,y)\right)\left(1+\tan(\theta(x,y))^2\right)=-\frac{y}{x^2} \tag{36}$$

```
> convert((36),sincos);
```

$$\left(\frac{\partial}{\partial x}\theta(x,y)\right)\left(1+\frac{\sin(\theta(x,y))^2}{\cos(\theta(x,y))^2}\right)=-\frac{y}{x^2} \tag{37}$$

```
> simplify((37),trig);
```

$$\frac{\frac{\partial}{\partial x}\theta(x,y)}{\cos(\theta(x,y))^2}=-\frac{y}{x^2} \tag{38}$$

```
> lhs((38))=subs({(25),(26)},rhs((38)));
```

$$\frac{\frac{\partial}{\partial x}\theta(x,y)}{\cos(\theta(x,y))^2}=-\frac{\sin(\theta(x,y))}{r(x,y)\cos(\theta(x,y))^2} \tag{39}$$

```
> isolate((39),diff(theta(x,y),x));
```

$$\frac{\partial}{\partial x}\theta(x,y)=-\frac{\sin(\theta(x,y))}{r(x,y)} \tag{40}$$

```
> lhs((40))=eval(rhs((40)),{r(x,y)=r,theta(x,y)=theta});
```

$$\frac{\partial}{\partial x}\theta(x,y)=-\frac{\sin(\theta)}{r} \tag{41}$$

求める微分規則の一方である

```
> diff((27),y);
```

$$\left(\frac{\partial}{\partial y}\theta(x,y)\right)\left(1+\tan(\theta(x,y))^2\right)=\frac{1}{x} \tag{42}$$

```
> convert((42),sincos);
```

$$\left(\frac{\partial}{\partial y}\theta(x,y)\right)\left(1+\frac{\sin(\theta(x,y))^2}{\cos(\theta(x,y))^2}\right)=\frac{1}{x} \tag{43}$$

```
> simplify((43),trig);
```

$$\frac{\frac{\partial}{\partial y}\theta(x,y)}{\cos(\theta(x,y))^2}=\frac{1}{x} \tag{44}$$

```
> lhs((44))=subs((25),rhs((44)));
```

$$\frac{\frac{\partial}{\partial y}\theta(x,y)}{\cos(\theta(x,y))^2}=\frac{1}{r(x,y)\cos(\theta(x,y))} \tag{45}$$

```
> isolate((45),diff(theta(x,y),y));
```

$$\frac{\partial}{\partial y}\theta(x,y)=\frac{\cos(\theta(x,y))}{r(x,y)} \tag{46}$$

求める微分規則の他方である

```
> lhs((46))=eval(rhs((46)),{r(x,y)=r,theta(x,y)=theta});
```

$$\frac{\partial}{\partial y}\theta(x,y)=\frac{\cos(\theta)}{r} \tag{47}$$

以上を用いて，ある関数 $f(x, y, z)$ について，1階の偏導関数に関する規則を導く。

```
> diff(f(x,y,z),x)=diff(r(x,y),x)*diff(f(r,theta,z),r)+diff
  (theta(x,y),x)*diff(f(r,theta,z),theta);
```

$$\frac{\partial}{\partial x} f(x,y,z) = \left(\frac{\partial}{\partial x} r(x,y)\right)\left(\frac{\partial}{\partial r} f(r,\theta,z)\right) + \left(\frac{\partial}{\partial x}\theta(x,y)\right)\left(\frac{\partial}{\partial \theta} f(r,\theta,z)\right) \qquad \textbf{(48)}$$

```
> subs({(31),(41)},(48));
```


$$\frac{\partial}{\partial x} f(x,y,z) = \cos(\theta)\left(\frac{\partial}{\partial r} f(r,\theta,z)\right) - \frac{\sin(\theta)\left(\frac{\partial}{\partial \theta} f(r,\theta,z)\right)}{r} \qquad \textbf{(49)}$$

```
> diff(f(x,y,z),y)=diff(r(x,y),y)*diff(f(r,theta,z),r)+diff
  (theta(x,y),y)*diff(f(r,theta,z),theta);
```

$$\frac{\partial}{\partial y} f(x,y,z) = \left(\frac{\partial}{\partial y} r(x,y)\right)\left(\frac{\partial}{\partial r} f(r,\theta,z)\right) + \left(\frac{\partial}{\partial y}\theta(x,y)\right)\left(\frac{\partial}{\partial \theta} f(r,\theta,z)\right) \qquad \textbf{(50)}$$

```
> subs({(35),(47)},(50));
```


$$\frac{\partial}{\partial y} f(x,y,z) = \sin(\theta)\left(\frac{\partial}{\partial r} f(r,\theta,z)\right) + \frac{\cos(\theta)\left(\frac{\partial}{\partial \theta} f(r,\theta,z)\right)}{r} \qquad \textbf{(51)}$$

さらに2階の偏導関数に関する規則を導く。

```
> diff(f(x,y,z),x$2)=diff(r(x,y),x)*Diff(rhs((49)),r)+diff
  (theta(x,y),x)*Diff(rhs((49)),theta);
```

$$\frac{\partial^2}{\partial x^2} f(x,y,z) = \left(\frac{\partial}{\partial x} r(x,y)\right)\left(\frac{\partial}{\partial r}\left(\cos(\theta)\left(\frac{\partial}{\partial r} f(r,\theta,z)\right) - \frac{\sin(\theta)\left(\frac{\partial}{\partial \theta} f(r,\theta,z)\right)}{r}\right)\right) + \left(\frac{\partial}{\partial x}\theta(x,y)\right)\left(\frac{\partial}{\partial \theta}\left(\cos(\theta)\left(\frac{\partial}{\partial r} f(r,\theta,z)\right) - \frac{\sin(\theta)\left(\frac{\partial}{\partial \theta} f(r,\theta,z)\right)}{r}\right)\right) \qquad \textbf{(52)}$$

```
> value((52));
```

$$\frac{\partial^2}{\partial x^2} f(x,y,z) = \left(\frac{\partial}{\partial x} r(x,y)\right)\left(\cos(\theta)\left(\frac{\partial^2}{\partial r^2} f(r,\theta,z)\right) + \frac{\sin(\theta)\left(\frac{\partial}{\partial \theta} f(r,\theta,z)\right)}{r^2} - \frac{\sin(\theta)\left(\frac{\partial^2}{\partial \theta\,\partial r} f(r,\theta,z)\right)}{r}\right) + \left(\frac{\partial}{\partial x}\theta(x,y)\right)\left(-\sin(\theta)\left(\frac{\partial}{\partial r} f(r,\theta,z)\right) + \cos(\theta)\left(\frac{\partial^2}{\partial \theta\,\partial r} f(r,\theta,z)\right) - \frac{\cos(\theta)\left(\frac{\partial}{\partial \theta} f(r,\theta,z)\right)}{r} - \frac{\sin(\theta)\left(\frac{\partial^2}{\partial \theta^2} f(r,\theta,z)\right)}{r}\right) \qquad \textbf{(53)}$$

```
> subs({(31),(41)},(53));
```

$$\frac{\partial^2}{\partial x^2} f(x,y,z) = \cos(\theta)\left(\cos(\theta)\left(\frac{\partial^2}{\partial r^2} f(r,\theta,z)\right) + \frac{\sin(\theta)\left(\frac{\partial}{\partial \theta} f(r,\theta,z)\right)}{r^2} - \frac{\sin(\theta)\left(\frac{\partial^2}{\partial \theta\,\partial r} f(r,\theta,z)\right)}{r}\right) - \frac{1}{r}\left(\sin(\theta)\left(-\sin(\theta)\left(\frac{\partial}{\partial r} f(r,\theta,z)\right) + \cos(\theta)\left(\frac{\partial^2}{\partial \theta\,\partial r} f(r,\theta,z)\right) - \frac{\cos(\theta)\left(\frac{\partial}{\partial \theta} f(r,\theta,z)\right)}{r} - \frac{\sin(\theta)\left(\frac{\partial^2}{\partial \theta^2} f(r,\theta,z)\right)}{r}\right)\right) \quad \textbf{(54)}$$

```
> expand((54));
```

xでの２階偏導関数の規則である

$$\frac{\partial^2}{\partial x^2} f(x,y,z) = \cos(\theta)^2\left(\frac{\partial^2}{\partial r^2} f(r,\theta,z)\right) + \frac{2\cos(\theta)\sin(\theta)\left(\frac{\partial}{\partial \theta} f(r,\theta,z)\right)}{r^2} - \frac{2\cos(\theta)\sin(\theta)\left(\frac{\partial^2}{\partial \theta\,\partial r} f(r,\theta,z)\right)}{r} + \frac{\sin(\theta)^2\left(\frac{\partial}{\partial r} f(r,\theta,z)\right)}{r} + \frac{\sin(\theta)^2\left(\frac{\partial^2}{\partial \theta^2} f(r,\theta,z)\right)}{r^2} \quad \textbf{(55)}$$

```
> diff(f(x,y,z),y$2)=diff(r(x,y),y)*Diff(rhs((51)),r)+diff
  (theta(x,y),y)*Diff(rhs((51)),theta);
```

$$\frac{\partial^2}{\partial y^2} f(x,y,z) = \left(\frac{\partial}{\partial y} r(x,y)\right)\left(\frac{\partial}{\partial r}\left(\sin(\theta)\left(\frac{\partial}{\partial r} f(r,\theta,z)\right) + \frac{\cos(\theta)\left(\frac{\partial}{\partial \theta} f(r,\theta,z)\right)}{r}\right)\right) + \left(\frac{\partial}{\partial y}\theta(x,y)\right)\left(\frac{\partial}{\partial \theta}\left(\sin(\theta)\left(\frac{\partial}{\partial r} f(r,\theta,z)\right) + \frac{\cos(\theta)\left(\frac{\partial}{\partial \theta} f(r,\theta,z)\right)}{r}\right)\right) \quad \textbf{(56)}$$

```
> value((56));
```

$$\frac{\partial^2}{\partial y^2} f(x,y,z) = \left(\frac{\partial}{\partial y} r(x,y)\right)\left(\sin(\theta)\left(\frac{\partial^2}{\partial r^2} f(r,\theta,z)\right) - \frac{\cos(\theta)\left(\frac{\partial}{\partial \theta} f(r,\theta,z)\right)}{r^2} + \frac{\cos(\theta)\left(\frac{\partial^2}{\partial \theta\,\partial r} f(r,\theta,z)\right)}{r}\right) + \left(\frac{\partial}{\partial y}\theta(x,y)\right)\left(\cos(\theta)\left(\frac{\partial}{\partial r} f(r,\theta,z)\right) + \sin(\theta)\left(\frac{\partial^2}{\partial \theta\,\partial r} f(r,\theta,z)\right) - \frac{\sin(\theta)\left(\frac{\partial}{\partial \theta} f(r,\theta,z)\right)}{r} + \frac{\cos(\theta)\left(\frac{\partial^2}{\partial \theta^2} f(r,\theta,z)\right)}{r}\right) \quad \textbf{(57)}$$

```
> subs({(35),(47)},(57));
```

$$\frac{\partial^2}{\partial y^2} f(x,y,z) = \sin(\theta)\left(\sin(\theta)\left(\frac{\partial^2}{\partial r^2} f(r,\theta,z)\right) - \frac{\cos(\theta)\left(\frac{\partial}{\partial \theta} f(r,\theta,z)\right)}{r^2} + \frac{\cos(\theta)\left(\frac{\partial^2}{\partial \theta\,\partial r} f(r,\theta,z)\right)}{r}\right) + \frac{1}{r}\left(\cos(\theta)\left(\cos(\theta)\left(\frac{\partial}{\partial r} f(r,\theta,z)\right) + \sin(\theta)\left(\frac{\partial^2}{\partial \theta\,\partial r} f(r,\theta,z)\right) - \frac{\sin(\theta)\left(\frac{\partial}{\partial \theta} f(r,\theta,z)\right)}{r} + \frac{\cos(\theta)\left(\frac{\partial^2}{\partial \theta^2} f(r,\theta,z)\right)}{r}\right)\right) \quad (58)$$

```
> expand((58));
```


$$\frac{\partial^2}{\partial y^2} f(x,y,z) = \sin(\theta)^2\left(\frac{\partial^2}{\partial r^2} f(r,\theta,z)\right) - \frac{2\cos(\theta)\sin(\theta)\left(\frac{\partial}{\partial \theta} f(r,\theta,z)\right)}{r^2} + \frac{2\cos(\theta)\sin(\theta)\left(\frac{\partial^2}{\partial \theta\,\partial r} f(r,\theta,z)\right)}{r} + \frac{\cos(\theta)^2\left(\frac{\partial}{\partial r} f(r,\theta,z)\right)}{r} + \frac{\cos(\theta)^2\left(\frac{\partial^2}{\partial \theta^2} f(r,\theta,z)\right)}{r^2} \quad (59)$$

D）微分規則を上記の熱伝導方程式に代入し，円筒座標系での熱伝導方程式を導く。

以上で導いた２階の偏導関数の式に，熱伝導方程式で用いる温度場の関数を代入する。

```
> eval((55),{f(x,y,z)=T(t,x,y,z),f(r,theta,z)=T(t,r,theta,z)})
  ;
```

$$\frac{\partial^2}{\partial x^2} T(t,x,y,z) = \cos(\theta)^2\left(\frac{\partial^2}{\partial r^2} T(t,r,\theta,z)\right) + \frac{2\cos(\theta)\sin(\theta)\left(\frac{\partial}{\partial \theta} T(t,r,\theta,z)\right)}{r^2} - \frac{2\cos(\theta)\sin(\theta)\left(\frac{\partial^2}{\partial \theta\,\partial r} T(t,r,\theta,z)\right)}{r} + \frac{\sin(\theta)^2\left(\frac{\partial}{\partial r} T(t,r,\theta,z)\right)}{r} + \frac{\sin(\theta)^2\left(\frac{\partial^2}{\partial \theta^2} T(t,r,\theta,z)\right)}{r^2} \quad (60)$$

```
> eval((59),{f(x,y,z)=T(t,x,y,z),f(r,theta,z)=T(t,r,theta,z)})
;
```

$$\frac{\partial^2}{\partial y^2} T(t,x,y,z) = \sin(\theta)^2 \left(\frac{\partial^2}{\partial r^2} T(t,r,\theta,z)\right) - \frac{2\cos(\theta)\sin(\theta)\left(\frac{\partial}{\partial \theta} T(t,r,\theta,z)\right)}{r^2} + \frac{2\cos(\theta)\sin(\theta)\left(\frac{\partial^2}{\partial \theta\,\partial r} T(t,r,\theta,z)\right)}{r} + \frac{\cos(\theta)^2\left(\frac{\partial}{\partial r} T(t,r,\theta,z)\right)}{r} + \frac{\cos(\theta)^2\left(\frac{\partial^2}{\partial \theta^2} T(t,r,\theta,z)\right)}{r^2} \tag{61}$$

```
> (60)+(61);
```

$$\frac{\partial^2}{\partial x^2} T(t,x,y,z) + \frac{\partial^2}{\partial y^2} T(t,x,y,z) = \cos(\theta)^2 \left(\frac{\partial^2}{\partial r^2} T(t,r,\theta,z)\right) + \frac{\sin(\theta)^2\left(\frac{\partial}{\partial r} T(t,r,\theta,z)\right)}{r} + \frac{\sin(\theta)^2\left(\frac{\partial^2}{\partial \theta^2} T(t,r,\theta,z)\right)}{r^2} + \sin(\theta)^2\left(\frac{\partial^2}{\partial r^2} T(t,r,\theta,z)\right) + \frac{\cos(\theta)^2\left(\frac{\partial}{\partial r} T(t,r,\theta,z)\right)}{r} + \frac{\cos(\theta)^2\left(\frac{\partial^2}{\partial \theta^2} T(t,r,\theta,z)\right)}{r^2} \tag{62}$$

```
> simplify((62),trig);
```

$$\frac{\partial^2}{\partial x^2} T(t,x,y,z) + \frac{\partial^2}{\partial y^2} T(t,x,y,z) = \frac{\left(\frac{\partial^2}{\partial r^2} T(t,r,\theta,z)\right) r^2 + \left(\frac{\partial}{\partial r} T(t,r,\theta,z)\right) r + \frac{\partial^2}{\partial \theta^2} T(t,r,\theta,z)}{r^2} \tag{63}$$

```
> expand((63));
```

$$\frac{\partial^2}{\partial x^2} T(t,x,y,z) + \frac{\partial^2}{\partial y^2} T(t,x,y,z) = \frac{\partial^2}{\partial r^2} T(t,r,\theta,z) + \frac{\frac{\partial}{\partial r} T(t,r,\theta,z)}{r} + \frac{\frac{\partial^2}{\partial \theta^2} T(t,r,\theta,z)}{r^2} \tag{64}$$

```
> isolate((64),diff(T(t,x,y,z),x$2));
```

$$\frac{\partial^2}{\partial x^2} T(t,x,y,z) = \frac{\partial^2}{\partial r^2} T(t,r,\theta,z) + \frac{\frac{\partial}{\partial r} T(t,r,\theta,z)}{r} + \frac{\frac{\partial^2}{\partial \theta^2} T(t,r,\theta,z)}{r^2} - \left(\frac{\partial^2}{\partial y^2} T(t,x,y,z)\right) \tag{65}$$

```
> eval(lhs((23)),T(t,x,y,z)=T(t,r,theta,z))=subs({(65),H(t,x,y,
  z)=H(t,r,theta,z)},rhs((23)));
```

$$c\,\rho\left(\frac{\partial}{\partial t}\,T(t,r,\theta,z)\right)=\left(\frac{\partial^2}{\partial r^2}\,T(t,r,\theta,z)+\frac{\frac{\partial}{\partial r}\,T(t,r,\theta,z)}{r}+\frac{\frac{\partial^2}{\partial \theta^2}\,T(t,r,\theta,z)}{r^2}+\frac{\partial^2}{\partial z^2}\,T(t,x,y,z)\right)k+H(t,r,\theta,z) \qquad \textbf{(66)}$$

以上により，円筒座標系による熱伝導方程式が導かれた。

6　「流体力学」演習（複素関数論）

本章では，流体力学の基礎として，非圧縮性の完全流体（粘性を無視できる流体）を対象とする。特に，2次元の渦なし流れを仮定すると，複素関数論でモデル化できることが知られている。そこでまず，複素関数論のSTEMコンピューティングを演習する。6.1節では，複素数での四則演算等の算術を練習する。6.2節では，複素数を定義域とする複素関数について，コーシー・リーマン関係式による正則性の解析，コーシーの積分定理，各種の初等関数の扱い方などを練習する。6.3節では，留数定理を用いた定積分の計算法を練習する。6.4，6.5節では，非圧縮性完全流体の2次元渦なし流れについてグラフを描くことで，「渦なしの流れは正則関数のグラフである」（今井 功 著，文献2）の言葉）ことを確認する。

6.1　複素数の算術と公式

練習課題

次節以降で複素関数を扱う準備として，この節では，STEMコンピューティングによる，複素数の算術（四則演算など）と公式の導出を練習する。

算術の練習と公式の導出

```
> restart:
```

複素数の実数部と虚数部，共役複素数について練習する。

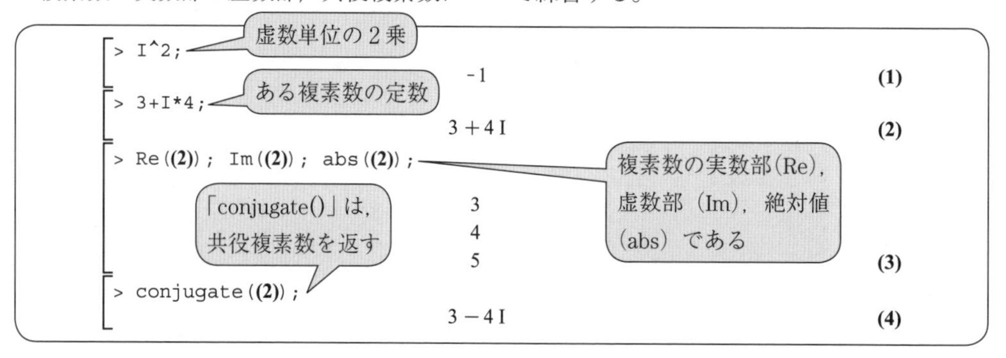

四則演算を練習する。

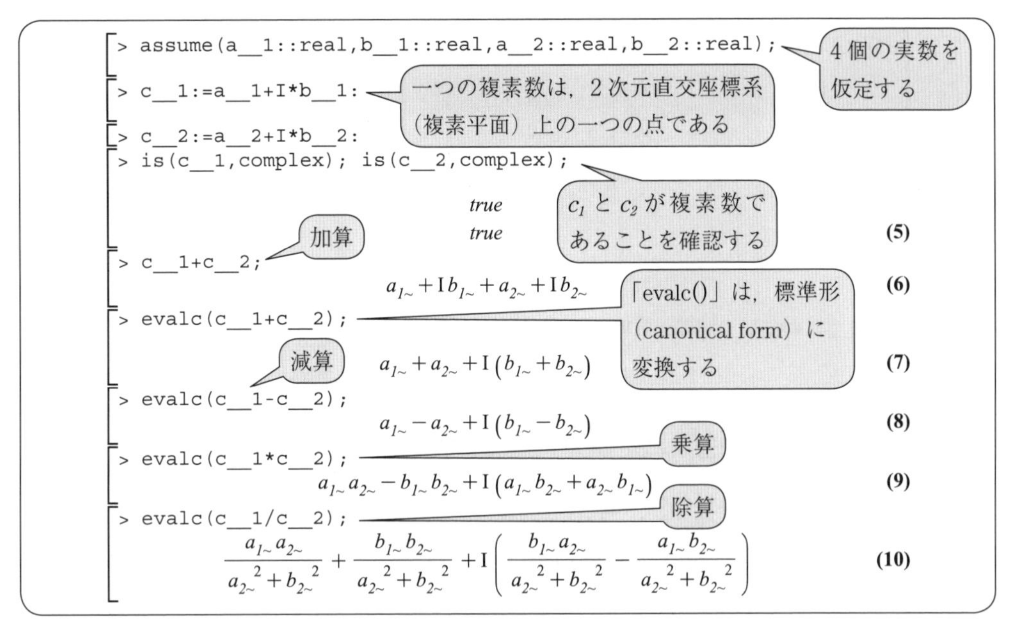

```
> assume(a__1::real,b__1::real,a__2::real,b__2::real);
> c__1:=a__1+I*b__1:
> c__2:=a__2+I*b__2:
> is(c__1,complex); is(c__2,complex);
```

$$true$$
$$true \tag{5}$$

```
> c__1+c__2;
```

$$a_{1\sim}+\mathrm{I}\,b_{1\sim}+a_{2\sim}+\mathrm{I}\,b_{2\sim} \tag{6}$$

```
> evalc(c__1+c__2);
```

$$a_{1\sim}+a_{2\sim}+\mathrm{I}\left(b_{1\sim}+b_{2\sim}\right) \tag{7}$$

```
> evalc(c__1-c__2);
```

$$a_{1\sim}-a_{2\sim}+\mathrm{I}\left(b_{1\sim}-b_{2\sim}\right) \tag{8}$$

```
> evalc(c__1*c__2);
```

$$a_{1\sim}a_{2\sim}-b_{1\sim}b_{2\sim}+\mathrm{I}\left(a_{1\sim}b_{2\sim}+a_{2\sim}b_{1\sim}\right) \tag{9}$$

```
> evalc(c__1/c__2);
```

$$\frac{a_{1\sim}a_{2\sim}}{a_{2\sim}^{2}+b_{2\sim}^{2}}+\frac{b_{1\sim}b_{2\sim}}{a_{2\sim}^{2}+b_{2\sim}^{2}}+\mathrm{I}\left(\frac{b_{1\sim}a_{2\sim}}{a_{2\sim}^{2}+b_{2\sim}^{2}}-\frac{a_{1\sim}b_{2\sim}}{a_{2\sim}^{2}+b_{2\sim}^{2}}\right) \tag{10}$$

複素数の積と，ベクトルの積との関係を確認する。

```
> V__1:=<a__1,b__1,0>; V__2:=<a__2,b__2,0>;
```

$$V_1 := \begin{bmatrix} a_{1\sim} \\ b_{1\sim} \\ 0 \end{bmatrix}$$

$$V_2 := \begin{bmatrix} a_{2\sim} \\ b_{2\sim} \\ 0 \end{bmatrix} \tag{11}$$

3次元直交座標系で，xy 平面内のベクトルを二つ定義する

```
> V__1+V__2; V__1-V__2;
```

$$\begin{bmatrix} a_{1\sim}+a_{2\sim} \\ b_{1\sim}+b_{2\sim} \\ 0 \end{bmatrix}$$

$$\begin{bmatrix} a_{1\sim}-a_{2\sim} \\ b_{1\sim}-b_{2\sim} \\ 0 \end{bmatrix} \tag{12}$$

二つのベクトルの和と差は，前述の複素数の加算と減算に対応する

```
> V__1.V__2; V__2.V__1;
```

$$a_{1\sim}a_{2\sim}+b_{1\sim}b_{2\sim}$$
$$a_{1\sim}a_{2\sim}+b_{1\sim}b_{2\sim} \tag{13}$$

ベクトルの内積（ドット積，スカラー積）は交換則が成り立つ

線形代数パッケージを準備する

```
> with(LinearAlgebra):
```

```
> V__1 &x V__2; V__2 &x V__1;
```

外積（クロス積，ベクトル積）の z 成分は，順序を換えると符号が反転する

$$\begin{bmatrix} 0 \\ 0 \\ a_{1\sim} b_{2\sim} - a_{2\sim} b_{1\sim} \end{bmatrix}$$

$$\begin{bmatrix} 0 \\ 0 \\ -a_{1\sim} b_{2\sim} + a_{2\sim} b_{1\sim} \end{bmatrix} \tag{14}$$

```
> (V__1 &x V__2)[3]; (V__2 &x V__1)[3];
```

z 成分だけを取り出すには，3 をカギかっこで括って添える

$$a_{1\sim} b_{2\sim} - a_{2\sim} b_{1\sim}$$
$$-a_{1\sim} b_{2\sim} + a_{2\sim} b_{1\sim} \tag{15}$$

```
> 'c__1*conjugate(c__2)'=evalc(c__1*conjugate(c__2));
```

$$c_1 \overline{c_2} = a_{1\sim} a_{2\sim} + b_{1\sim} b_{2\sim} + \mathrm{I}\left(-a_{1\sim} b_{2\sim} + a_{2\sim} b_{1\sim}\right) \tag{16}$$

```
> ('Re(c__1*conjugate(c__2))'=Re(c__1*conjugate(c__2)))=
  ('V__1.V__2'='V__2.V__1');
```

複素数の積の実数部と，ベクトルの内積との等式

$$\left(\Re\left(c_1 \overline{c_2}\right) = a_{1\sim} a_{2\sim} + b_{1\sim} b_{2\sim}\right) = \left(V_1 \;.\; V_2 = V_2 \;.\; V_1\right) \tag{17}$$

```
> ('Im(c__1*conjugate(c__2))'=Im(c__1*conjugate(c__2)))='(V__2
  &x V__1)'[3];
```

$$\left(\Im\left(c_1 \overline{c_2}\right) = -a_{1\sim} b_{2\sim} + a_{2\sim} b_{1\sim}\right) = \mathit{LinearAlgebra{:}\text{-}\&x}\left(V_2, V_1\right)_3 \tag{18}$$

複素数の積の虚数部と，ベクトルのクロス積との等式

極形式での算術を練習する。

```
> assume(r__1>=0,-Pi<theta__1,theta__1<=Pi,r__2>=0,-
  Pi<theta__2,theta__2<=Pi);
> z__1:=r__1*exp(I*theta__1):
> z__2:=r__2*exp(I*theta__2):
> z__1; z__2;
```

一つの複素数を，複素平面原点からの距離（半径）と偏角で表す

極形式による複素数である

$$r_{1\sim} \mathrm{e}^{\mathrm{I}\theta_{1\sim}}$$
$$r_{2\sim} \mathrm{e}^{\mathrm{I}\theta_{2\sim}} \tag{19}$$

```
> evalc(z__1); evalc(z__2);
```

極形式から，「evalc()」で標準形に変換できる

両者の積を整理する

$$r_{1\sim} \cos\left(\theta_{1\sim}\right) + \mathrm{I}\, r_{1\sim} \sin\left(\theta_{1\sim}\right)$$
$$r_{2\sim} \cos\left(\theta_{2\sim}\right) + \mathrm{I}\, r_{2\sim} \sin\left(\theta_{2\sim}\right) \tag{20}$$

```
> collect(evalc(evalc(z__1)*evalc(z__2)),{r__1,r__2});
```

$$\left(\cos\left(\theta_{1\sim}\right)\cos\left(\theta_{2\sim}\right) - \sin\left(\theta_{1\sim}\right)\sin\left(\theta_{2\sim}\right) + \mathrm{I}\left(\cos\left(\theta_{1\sim}\right)\sin\left(\theta_{2\sim}\right) + \cos\left(\theta_{2\sim}\right)\sin\left(\theta_{1\sim}\right)\right)\right) r_{2\sim} r_{1\sim} \tag{21}$$

```
> combine((21),trig);
```

さらに加法定理で整理する

$$\mathrm{I}\sin\left(\theta_{1\sim} + \theta_{2\sim}\right) r_{1\sim} r_{2\sim} + \cos\left(\theta_{1\sim} + \theta_{2\sim}\right) r_{1\sim} r_{2\sim} \tag{22}$$

```
> simplify(z__1*z__2);
```

二つの複素数の積の極形式である

$$r_{2\sim} r_{1\sim} \mathrm{e}^{\mathrm{I}\left(\theta_{1\sim} + \theta_{2\sim}\right)} \tag{23}$$

```
> evalc((23));
```

当然ながら，標準形の積と極形式の積は等しい

$$\mathrm{I}\sin\left(\theta_{1\sim} + \theta_{2\sim}\right) r_{1\sim} r_{2\sim} + \cos\left(\theta_{1\sim} + \theta_{2\sim}\right) r_{1\sim} r_{2\sim} \tag{24}$$

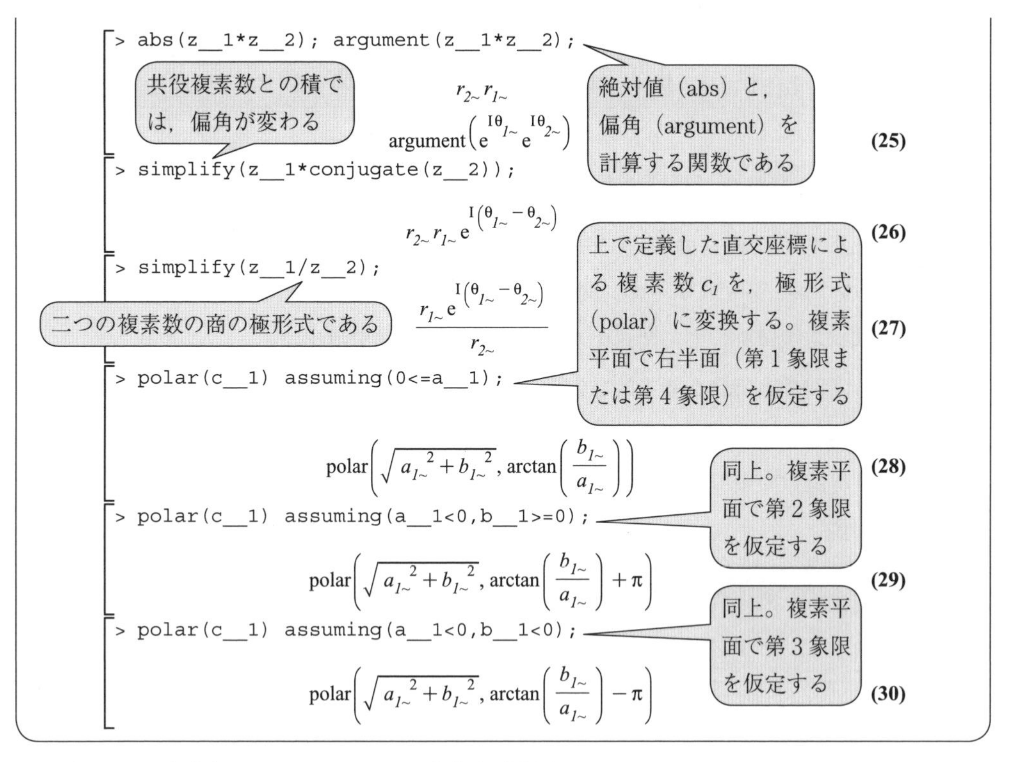

オイラーの公式と，ド・モアブルの公式を確認する。

```
> eval(z__1=evalc(z__1),r__1=1);
```

極形式で，特に半径が 1 の場合がオイラーの公式である

$$e^{I\theta_{1\sim}} = \cos(\theta_{1\sim}) + I\sin(\theta_{1\sim}) \quad (31)$$

```
> rhs((31))^n=lhs((31))^n assuming n::integer;
```

両辺を整数で n 乗する

$$\left(\cos(\theta_{1\sim}) + I\sin(\theta_{1\sim})\right)^n = \left(e^{I\theta_{1\sim}}\right)^n \quad (32)$$

```
> simplify((32),power) assuming n::integer;
```

オイラーの公式の偏角を変える

$$\left(\cos(\theta_{1\sim}) + I\sin(\theta_{1\sim})\right)^n = e^{In\theta_{1\sim}} \quad (33)$$

```
> subs(theta__1=n*theta__1,(31)) assuming n::integer;
```

$$e^{In\theta_{1\sim}} = \cos(n\,\theta_{1\sim}) + I\sin(n\,\theta_{1\sim}) \quad (34)$$

```
> subs((34),(33)) assuming n::integer;
```

ド・モアブルの公式が導かれる

$$\left(\cos(\theta_{1\sim}) + I\sin(\theta_{1\sim})\right)^n = \cos(n\,\theta_{1\sim}) + I\sin(n\,\theta_{1\sim}) \quad (35)$$

6.2　正則関数，初等関数

練習課題

複素平面上のある領域Dの各点で微分可能な関数を，正則関数という。正則関数は，領域Dの各点で，コーシー・リーマン関係式を満たす。まず，この関係式を用いて複素関数の正則性を調べる練習をして，関連するラプラスの方程式を導出する。

つぎに，複素関数論で最も基本的な定理であるコーシーの積分定理について，複素関数の積分を計算する。

さらに，初等関数の中で，指数関数と三角関数を定義し，それらが正則関数であることを確認する。

コーシー・リーマン関係式とコーシーの積分定理に関する練習

1）コーシー・リーマンの関係式で，いくつかの複素関数の正則性を調べる。

```
> restart:
> assume(x::real,y::real);
> z:=x+I*y:
```

直交座標形式のため，二つの実数変数（x, y）を仮定する

複素変数 z を定義する

つぎの複素関数 $f_1(z)$ の正則性を調べる。

```
> f__1:=(x,y)->z: f__1(x,y);
```

$$x\sim + \mathrm{I}\, y\sim \quad (1)$$

複素関数を定義する

```
> u__1:=(x,y)->Re(f__1(z)):
> v__1:=(x,y)->Im(f__1(z)):
> u__1(x,y); v__1(x,y);
```

関数の実数部である

関数の虚数部である

$$x\sim$$

$$y\sim \quad (2)$$

```
> Diff('u__1(x,y)',x)=diff(u__1(x,y),x); Diff('v__1(x,y)',y)=
  diff(v__1(x,y),y);
```

$$\frac{\partial}{\partial x\sim}\, u[1](x, y) = 1$$

$$\frac{\partial}{\partial y\sim}\, v[1](x, y) = 1 \quad (3)$$

コーシー・リーマン関係式の第一式について確認する

```
> Diff('u__1(x,y)',y)=diff(u__1(x,y),y); Diff('v__1(x,y)',x)=
  diff(v__1(x,y),x);
```

$$\frac{\partial}{\partial y\sim}\, u[1](x, y) = 0$$

$$\frac{\partial}{\partial x\sim}\, v[1](x, y) = 0 \quad (4)$$

コーシー・リーマン関係式の第二式について確認する

ゆえに，$f_1(z)$ は複素平面全体でコーシー・リーマン関係式が成り立ち，正則である。

つぎの複素関数 $f_2(z)$ の正則性を調べる。

```
> f__2:=(x,y)->conjugate(z): f__2(x,y);
```
複素関数を定義する

$$x\sim - \mathrm{I}\,y\sim \quad (5)$$

```
> u__2:=(x,y)->Re(f__2(z)):
> v__2:=(x,y)->Im(f__2(z)):
> u__2(x,y); v__2(x,y);
```
関数の実数部である

関数の虚数部である

$$x\sim$$
$$-y\sim \quad (6)$$

```
> Diff('u__2(x,y)',x)=diff(u__2(x,y),x); Diff('v__2(x,y)',y)=
  diff(v__2(x,y),y);
```
コーシー・リーマン関係式の第一式について確認する

$$\frac{\partial}{\partial x\sim} u[2](x,y) = 1$$
$$\frac{\partial}{\partial y\sim} v[2](x,y) = -1 \quad (7)$$

```
> Diff('u__2(x,y)',y)=diff(u__2(x,y),y); Diff('v__2(x,y)',x)=
  diff(v__2(x,y),x);
```
コーシー・リーマン関係式の第二式について確認する

$$\frac{\partial}{\partial y\sim} u[2](x,y) = 0$$
$$\frac{\partial}{\partial x\sim} v[2](x,y) = 0 \quad (8)$$

ゆえに，$f_2(z)$ は複素平面全体でコーシー・リーマン関係式が満たされず，正則ではない。

つぎの複素関数 $f_3(z)$ の正則性を調べる。

```
> f__3:=(x,y)->z^3: f__3(x,y);
```
複素関数を定義する

$$(x\sim + \mathrm{I}\,y\sim)^3 \quad (9)$$

```
> u__3:=(x,y)->Re(f__3(z)):
> v__3:=(x,y)->Im(f__3(z)):
> u__3(x,y); v__3(x,y);
```
関数の実数部である

関数の虚数部である

$$x\sim^3 - 3\,x\sim y\sim^2$$
$$3\,x\sim^2 y\sim - y\sim^3 \quad (10)$$

```
> Diff('u__3(x,y)',x)=diff(u__3(x,y),x); Diff('v__3(x,y)',y)=
  diff(v__3(x,y),y);
```
コーシー・リーマン関係式の第一式について確認する

$$\frac{\partial}{\partial x\sim} u_3(x,y) = 3\,x\sim^2 - 3\,y\sim^2$$
$$\frac{\partial}{\partial y\sim} v_3(x,y) = 3\,x\sim^2 - 3\,y\sim^2 \quad (11)$$

```
> Diff('u__3(x,y)',y)=diff(u__3(x,y),y); Diff('v__3(x,y)',x)=
  diff(v__3(x,y),x);
```
コーシー・リーマン関係式の第二式について確認する

$$\frac{\partial}{\partial y\sim} u_3(x,y) = -6\,x\sim y\sim$$
$$\frac{\partial}{\partial x\sim} v_3(x,y) = 6\,x\sim y\sim \quad (12)$$

ゆえに，$f_3(z)$ は複素平面全体でコーシー・リーマン関係式が成り立ち，正則である。

つぎの複素関数 $f_4(z)$ の正則性を調べる。

```
> f__4:=(x,y)->evalc(z*conjugate(z)): f__4(x,y);
```

複素関数を定義する

$$x\sim^2 + y\sim^2 \tag{13}$$

```
> u__4:=(x,y)->Re(f__4(z)):
```

関数の実数部である

```
> v__4:=(x,y)->Im(f__4(z)):
```

関数の虚数部である

```
> u__4(x,y); v__4(x,y);
```

$$x\sim^2 + y\sim^2$$
$$0 \tag{14}$$

```
> Diff('u__4(x,y)',x)=diff(u__4(x,y),x); Diff('v__4(x,y)',y)=
  diff(v__4(x,y),y);
```

コーシー・リーマン関係式の第一式について確認する

$$\frac{\partial}{\partial x\sim} u_4(x, y) = 2\, x\sim$$
$$\frac{\partial}{\partial y\sim} v[4](x, y) = 0 \tag{15}$$

```
> Diff('u__4(x,y)',y)=diff(u__4(x,y),y); Diff('v__4(x,y)',x)=
  diff(v__4(x,y),x);
```

コーシー・リーマン関係式の第二式について確認する

$$\frac{\partial}{\partial y\sim} u_4(x, y) = 2\, y\sim$$
$$\frac{\partial}{\partial x\sim} v[4](x, y) = 0 \tag{16}$$

ゆえに，$f_4(z)$ は複素平面の原点だけでコーシー・リーマン関係式が成り立ち微分可能だが，正則ではない。

2）ラプラスの方程式

正則関数の実数部と虚数部は，それぞれ調和関数である。

```
> restart:
> assume(x::real,y::real); z:=x+I*y:
```

複素変数 z を直交座標形式で定義する

```
> diff(u(x,y),x)=diff(v(x,y),y);
```

ある正則関数のコーシー・リーマン関係式（第一式）

$$\frac{\partial}{\partial x\sim} u(x\sim, y\sim) = \frac{\partial}{\partial y\sim} v(x\sim, y\sim) \tag{17}$$

```
> diff(u(x,y),y)=-diff(v(x,y),x);
```

他方のコーシー・リーマン関係式（第二式）

$$\frac{\partial}{\partial y\sim} u(x\sim, y\sim) = -\left(\frac{\partial}{\partial x\sim} v(x\sim, y\sim)\right) \tag{18}$$

```
> diff((17),x)+diff((18),y);
```

正則関数の実数部は，ラプラスの方程式を満たす（調和関数）

$$\frac{\partial^2}{\partial x\sim^2} u(x\sim, y\sim) + \frac{\partial^2}{\partial y\sim^2} u(x\sim, y\sim) = 0 \tag{19}$$

```
> diff((17),y)-diff((18),x);
```

$$0 = \frac{\partial^2}{\partial y\sim^2} v(x\sim, y\sim) + \frac{\partial^2}{\partial x\sim^2} v(x\sim, y\sim) \tag{20}$$

```
> rhs((20))=lhs((20));
```

正則関数の虚数部も，ラプラスの方程式を満たす（調和関数）

$$\frac{\partial^2}{\partial y\sim^2} v(x\sim, y\sim) + \frac{\partial^2}{\partial x\sim^2} v(x\sim, y\sim) = 0 \tag{21}$$

この場合，実数部の関数 $u(x, y)$ と虚数部の関数 $v(x, y)$ は，「互いに共役」「共役調和関数」と呼ばれる。

3）コーシーの積分定理

上述した複素平面全体で正則な関数：$f_1(z)=z$ を定積分する。3 通りの積分経路について，結果を比較する。

経路 C_1：複素平面の原点 → 実数軸に沿って $(x_2, 0)$ → 直角に曲がって虚数軸に平行に (x_2, y_2) に達する。

経路 C_2：複素平面の原点 → 虚数軸に沿って $(0, y_2)$ → 直角に曲がって実数軸に平行に (x_2, y_2) に達する。

経路 C_3：複素平面の原点 → 1 次関数の直線に沿って (x_2, y_2) に達する。

```
> restart:
> assume(x::real,y::real,x__2::real,y__2::real); z:=x+I*y:
```

複素変数 z を直交座標形式で定義する

```
> dz=diff(z,x)*dx;
```

$$dz=dx \tag{22}$$

```
> dz=diff(z,y)*dy;
```

$$dz=\mathrm{I}\,dy \tag{23}$$

```
> I__C1=Int(eval(z,y=0)*coeff(rhs((22)),dx),x=0..x__2)+Int(eval
(z,x=x__2)*coeff(rhs((23)),dy),y=0..y__2);
```

経路 C_1 の定積分を定式化する

$$I_{C1}=\int_0^{x_{2\sim}} x\sim\,\mathrm{d}x\sim+\int_0^{y_{2\sim}} \mathrm{I}\left(x_{2\sim}+\mathrm{I}\,y\sim\right)\mathrm{d}y\sim \tag{24}$$

```
> evalc(value((24)));
```

定積分を実行する

$$I_{C1}=\frac{1}{2}\,x_{2\sim}^{\ 2}-\frac{1}{2}\,y_{2\sim}^{\ 2}+\mathrm{I}\,x_{2\sim}\,y_{2\sim} \tag{25}$$

```
> I__C2=Int(eval(z,x=0)*coeff(rhs((23)),dy),y=0..y__2)+Int(eval
(z,y=y__2)*coeff(rhs((22)),dx),x=0..x__2);
```

経路 C_2 の定積分を定式化する

$$I_{C2}=\int_0^{y_{2\sim}} (-y\sim)\,\mathrm{d}y\sim+\int_0^{x_{2\sim}} \left(x\sim+\mathrm{I}\,y_{2\sim}\right)\mathrm{d}x\sim \tag{26}$$

```
> evalc(value((26)));
```

定積分を実行する

$$I_{C2}=\frac{1}{2}\,x_{2\sim}^{\ 2}-\frac{1}{2}\,y_{2\sim}^{\ 2}+\mathrm{I}\,x_{2\sim}\,y_{2\sim} \tag{27}$$

```
> eval(z,y=x*y__2/x__2);
```

経路 C_3 の 1 次関数を定式化する

$$x\sim+\frac{\mathrm{I}\,x\sim y_{2\sim}}{x_{2\sim}} \tag{28}$$

```
> dz=diff((28),x)*dx;
```

置換積分のため，準備する

$$dz=\left(1+\frac{\mathrm{I}\,y_{2\sim}}{x_{2\sim}}\right)dx \tag{29}$$

```
> I__C3=Int((28)*coeff(rhs((29)),dx),x=0..x__2);
```

経路 C_3 の定積分を定式化する

$$I_{C3}=\int_0^{x_{2\sim}} \left(x\sim+\frac{\mathrm{I}\,x\sim y_{2\sim}}{x_{2\sim}}\right)\left(1+\frac{\mathrm{I}\,y_{2\sim}}{x_{2\sim}}\right)\mathrm{d}x\sim \tag{30}$$

```
> evalc(expand(value((30))));
```

定積分を実行する

$$I_{C3}=\frac{1}{2}\,x_{2\sim}^{\ 2}-\frac{1}{2}\,y_{2\sim}^{\ 2}+\mathrm{I}\,x_{2\sim}\,y_{2\sim} \tag{31}$$

以上のように，この関数$f_1(z)$の定積分は経路（C_1，C_2，C_3）によらず一定であり，コーシーの積分定理が成り立っている。

同じ関数$f_1(z)=z$を，複素平面の原点まわりに閉路積分する。

```
> restart:
> assume(r>0,theta>=0); z:=r*exp(I*theta);
```

閉路積分のため，極形式を用いる

$$z := r\sim \mathrm{e}^{\mathrm{I}\,\theta\sim} \quad (32)$$

```
> dz=diff(z,theta)*`d&theta;`;
```

置換積分のため，準備する

$$dz = \mathrm{I}\, r\sim \mathrm{e}^{\mathrm{I}\,\theta\sim}\, d\theta \quad (33)$$

```
> I__C0=Int(z*coeff(rhs((33)),`d&theta;`),theta=0..2*Pi);
```

閉路積分を定式化する

$$I_{C0} = \int_0^{2\pi} \mathrm{I}\, r\sim^2 \left(\mathrm{e}^{\mathrm{I}\,\theta\sim}\right)^2 \mathrm{d}\theta\sim \quad (34)$$

定積分を実行する

```
> value((34));
```

$$I[C0] = 0 \quad (35)$$

閉路積分がゼロになることでも，コーシーの積分定理が成り立つことが確認できる。

$g_1(z)=1/z$の正則性を調べ，複素平面の原点まわりに閉路積分する。

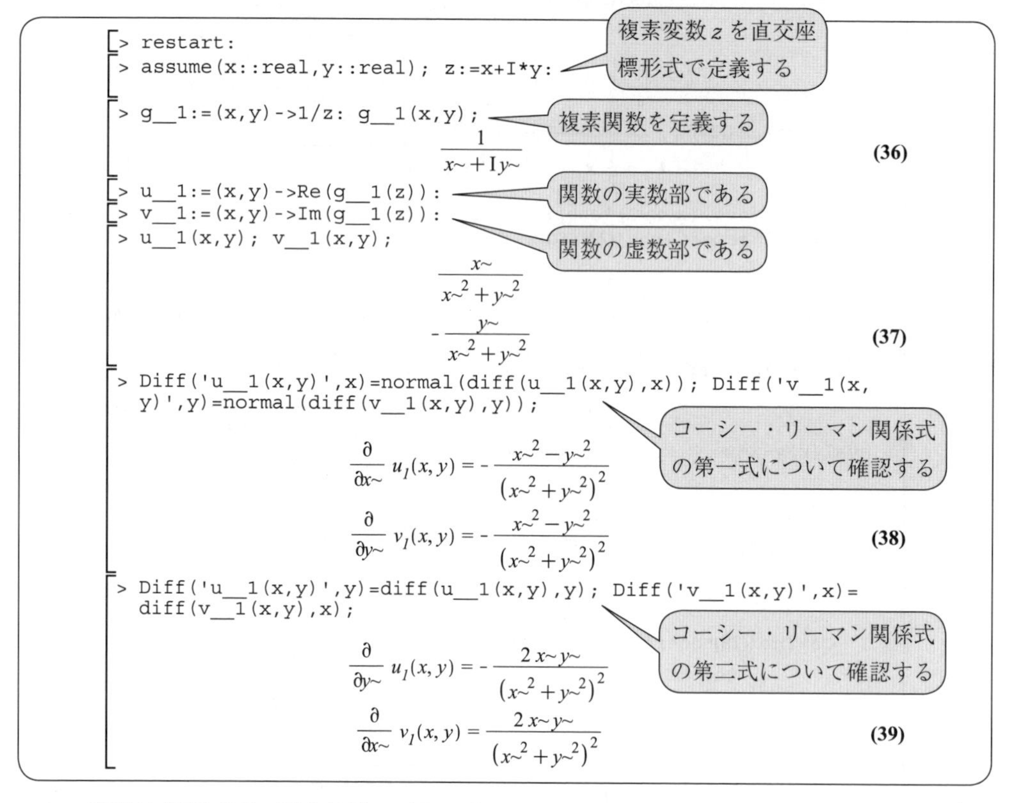

この関数は複素平面の原点以外で正則である。この関数を原点まわりに閉路積分する。

```
> assume(r>0,theta>=0); z:=r*exp(I*theta);
```

閉路積分のため，極形式を用いる

$$z := r\sim \mathrm{e}^{\mathrm{I}\,\theta\sim} \quad (40)$$

```
> dz=diff(z,theta)*`d&theta;`;
```

置換積分のため，準備する

$$dz = \mathrm{I}\, r\sim \mathrm{e}^{\mathrm{I}\,\theta\sim}\, d\theta \quad (41)$$

```
> '1/z'=1/z;
```

複素関数の極形式である

$$\frac{1}{z} = \frac{1}{r\sim \mathrm{e}^{\mathrm{I}\,\theta\sim}} \quad (42)$$

```
> '1/z'*lhs((41))=(1/z)*rhs((41));
```

置換積分のため，準備する

$$\frac{dz}{z} = \mathrm{I}\, d\theta \quad (43)$$

```
> I__C0=Int(coeff(rhs((43)),`d&theta;`),theta=0..2*Pi);
```

定積分を実行する

閉路積分を定式化する

$$I_{C0} = \int_0^{2\pi} \mathrm{I}\, \mathrm{d}\theta\sim \quad (44)$$

```
> value((44));
```

$$I_{C0} = 2\,\mathrm{I}\,\pi \quad (45)$$

コーシーの積分定理が成り立たないのは，この被積分関数の特異点（＝複素平面の原点）のまわりで閉路積分したためである。

4）指数関数

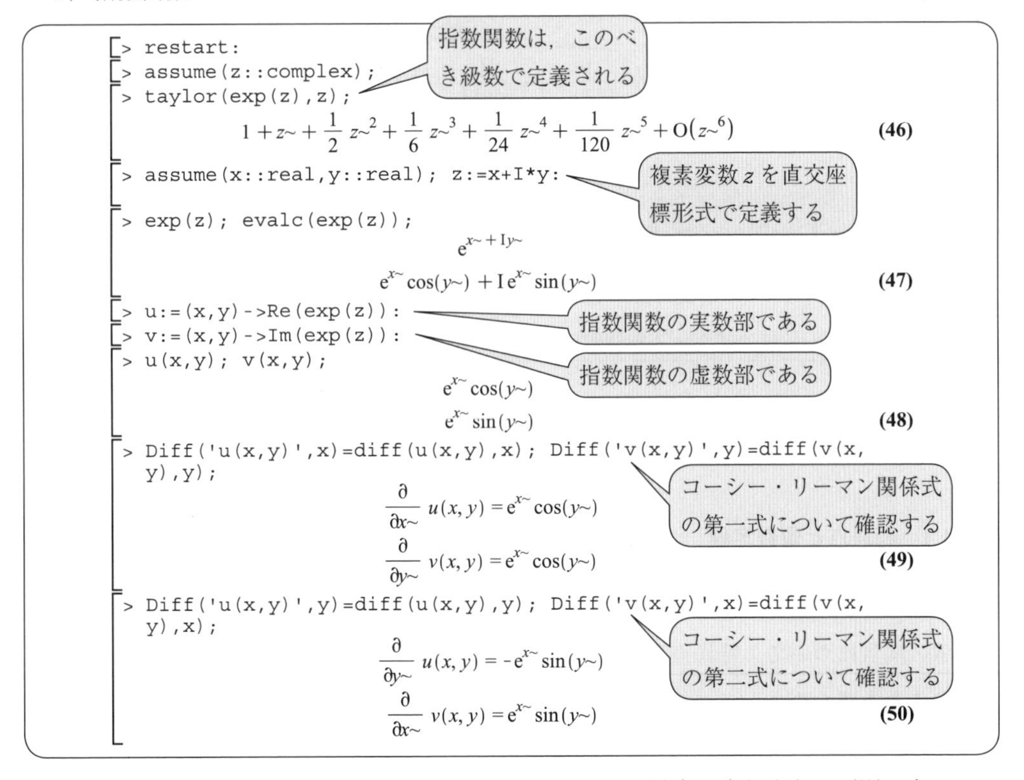

この指数関数は，複素平面全体でコーシー・リーマン関係式が成り立ち，正則である。

5）三角関数

コサイン関数は，指数関数で定義される。

```
> unassign('z'); assume(z::complex);
> cos(z)=(exp(I*z)+exp(-I*z))/2;
```

コサイン関数の定義式である

$$\cos(z\sim) = \frac{1}{2}\,\mathrm{e}^{\mathrm{I}z\sim} + \frac{1}{2}\,\mathrm{e}^{-\mathrm{I}z\sim} \tag{51}$$

```
> taylor(lhs((51)),z,8);
```

上記定義式の左辺をテイラー展開する

$$1 - \frac{1}{2}\,z\sim^2 + \frac{1}{24}\,z\sim^4 - \frac{1}{720}\,z\sim^6 + \mathrm{O}(z\sim^8) \tag{52}$$

```
> taylor(rhs((51)),z,8);
```

上記定義式の右辺をテイラー展開すると，左辺の展開と一致する

$$1 - \frac{1}{2}\,z\sim^2 + \frac{1}{24}\,z\sim^4 - \frac{1}{720}\,z\sim^6 + \mathrm{O}(z\sim^8) \tag{53}$$

```
> taylor(cos(x),x=0,8);
```

形式的には，コサイン実関数のマクローリン展開と同じである

$$1 - \frac{1}{2}\,x\sim^2 + \frac{1}{24}\,x\sim^4 - \frac{1}{720}\,x\sim^6 + \mathrm{O}(x\sim^8) \tag{54}$$

サイン関数も，指数関数で定義される。

```
> assume(z::complex);
> sin(z)=(exp(I*z)-exp(-I*z))/2/I;
```

サイン関数の定義式である

$$\sin(z\sim) = -\frac{1}{2}\,\mathrm{I}\,(\mathrm{e}^{\mathrm{I}z\sim} - \mathrm{e}^{-\mathrm{I}z\sim}) \tag{55}$$

```
> taylor(lhs((55)),z,8);
```

上記定義式の左辺をテイラー展開する

$$z\sim - \frac{1}{6}\,z\sim^3 + \frac{1}{120}\,z\sim^5 - \frac{1}{5040}\,z\sim^7 + \mathrm{O}(z\sim^9) \tag{56}$$

```
> taylor(rhs((55)),z,8);
```

上記定義式の右辺をテイラー展開すると，左辺の展開と一致する

$$z\sim - \frac{1}{6}\,z\sim^3 + \frac{1}{120}\,z\sim^5 - \frac{1}{5040}\,z\sim^7 + \mathrm{O}(z\sim^8) \tag{57}$$

```
> taylor(sin(x),x=0,8);
```

$$x\sim - \frac{1}{6}\,x\sim^3 + \frac{1}{120}\,x\sim^5 - \frac{1}{5040}\,x\sim^7 + \mathrm{O}(x\sim^9) \tag{58}$$

形式的には，サイン実関数のマクローリン展開と同じである

6.3　特異点と留数定理，定積分の計算

6.3.1　特異点と留数定理

設問

つぎの関数について，特異点を分類し，各特異点まわりでローラン展開し，留数定理が成り立つことを確かめよ。

1）$\dfrac{1}{z^2(1-2z)}$　　2）$\dfrac{e^z}{z-\mathrm{I}\pi}$

解法のプロセス

1. 問題を理解する。

与えられたデータや条件：各複素関数の式。

未知のもの：各複素関数の特異点，ローラン展開，留数。

2. 解の計画を立てる。

A）複素関数（1）について，特異点を分類する。

B）複素関数（1）について，各特異点まわりでローラン展開し，そこで留数定理が成り立つことを確かめる。

C）複素関数（2）について，特異点を分類する。

D）複素関数（2）について，各特異点まわりでローラン展開し，そこで留数定理が成り立つことを確かめる。

3. 計画を実行する。

解の計画の実行

A）複素関数（1）について，特異点を分類する。

関数 $f_1(z)$ を定義する。

```
> restart:
> assume(z::complex);
> f__1:=z->1/z^2/(1-2*z): f__1(z);
```

$$\frac{1}{z\sim^2\,(1-2\,z\sim)} \quad (1)$$

複素変数を仮定する

複素関数 $f_1(z)$ を定義する

関数 $f_1(z)$ の分母式に着目して，特異点を分類する。

```
> denom(f__1(z));
```

$$z\sim^2\,(-1+2\,z\sim) \quad (2)$$

```
> solve(denom(f__1(z))=0,z);
Warning, solve may be ignoring assumptions on the input variables.
```

$$\frac{1}{2},\,0,\,0 \quad (3)$$

```
> convert(f__1(z),parfrac);
```

$$-\frac{4}{-1+2\,z\sim}+\frac{1}{z\sim^2}+\frac{2}{z\sim} \quad (4)$$

$z=0$ に2位の極と，$z=1/2$ に1位の極がある

部分分数分解（「parfrac」）でも，同じことを確認できる

B）複素関数（1）について，各特異点まわりでローラン展開し，そこで留数定理が成り立つことを確かめる。

まず，2位の極：$z=0$ のまわりでローラン展開する。

```
> series(f__1(z),z=0);
```

負のべきの部分（主要部）は $1/z^2$ 項までであり，$z=0$ が2位の極であると確認できる

$$z\sim^{-2}+2z\sim^{-1}+4+8z\sim+16z\sim^2+32z\sim^3+64z\sim^4+128z\sim^5+O(z\sim^6) \quad (5)$$

```
> type((5),laurent);
```

ローラン展開であることを確認する

true **(6)**

```
> f__1L1:=z->convert(series(f__1(z),z=0),polynom): f__1L1(z)
;
```

このローラン展開の主要部以外（定数項と正のべきの部分）を多項式に変換する

$$\frac{1}{z\sim^2}+\frac{2}{z\sim}+4+8z\sim+16z\sim^2+32z\sim^3+64z\sim^4+128z\sim^5 \quad (7)$$

この極で，留数定理が成り立つことを確かめる。

```
> Limit(Diff(z^2*'f__1(z)',z),z=0);
```

2位の極：$z=0$ の留数を求める

$$\lim_{z\sim\to 0}\left(\frac{d}{dz\sim}\left(z\sim^2 f_1(z)\right)\right) \quad (8)$$

留数は，上のローラン級数の $1/z$ 項の係数である

```
> value((8));
```

2 **(9)**

極形式の複素変数のために，実数変数：半径（r）と偏角（θ）を仮定する

```
> assume(r>0,theta>=0,theta<=2*Pi);
> eval(f__1L1(z),z=r*exp(I*theta));
```

ローラン展開に，この極まわりの極形式を代入する

$$\frac{1}{r\sim^2\left(e^{I\theta\sim}\right)^2}+\frac{2}{r\sim e^{I\theta\sim}}+4+8r\sim e^{I\theta\sim}+16r\sim^2\left(e^{I\theta\sim}\right)^2+32r\sim^3\left(e^{I\theta\sim}\right)^3+64r\sim^4\left(e^{I\theta\sim}\right)^4+128r\sim^5\left(e^{I\theta\sim}\right)^5 \quad (10)$$

```
> z:=r*exp(I*theta):
```

この極まわりの極形式である

```
> dz:=diff(z,theta)*`d&theta;`: dz;
```

置換積分の準備

$$I\,r\sim e^{I\theta\sim}\,d\theta \quad (11)$$

```
> Int((10)*coeff(dz,`d&theta;`),theta=0..2*Pi);
```

この極まわりの半径 r の閉路に沿って定積分する

$$\int_0^{2\pi} I\left(\frac{1}{r\sim^2\left(e^{I\theta\sim}\right)^2}+\frac{2}{r\sim e^{I\theta\sim}}+4+8r\sim e^{I\theta\sim}+16r\sim^2\left(e^{I\theta\sim}\right)^2+32r\sim^3\left(e^{I\theta\sim}\right)^3+64r\sim^4\left(e^{I\theta\sim}\right)^4+128r\sim^5\left(e^{I\theta\sim}\right)^5\right)r\sim e^{I\theta\sim}\,d\theta\sim \quad (12)$$

```
> expand((12));
```

$$\frac{1}{r\sim}\left(I\left(\int_0^{2\pi}\left(128\left(e^{I\theta\sim}\right)^6 r\sim^7+64\left(e^{I\theta\sim}\right)^5 r\sim^6+32\left(e^{I\theta\sim}\right)^4 r\sim^5+16\left(e^{I\theta\sim}\right)^3 r\sim^4+8\left(e^{I\theta\sim}\right)^2 r\sim^3+4e^{I\theta\sim}r\sim^2+2r\sim+\frac{1}{e^{I\theta\sim}}\right)d\theta\sim\right)\right) \quad (13)$$

```
> value((13));
```

$$4I\pi \quad (14)$$

この閉路積分の結果は，上で求めた留数に $2\pi I$ を掛けた値であり，留数定理が成り立っている。

つぎに，1位の極：$z=1/2$ のまわりでローラン展開する。

```
> unassign('z'): assume(z::complex);
```
複素変数を仮定する

```
> series(f__1(z),z=1/2);
```
主要部は $1/(z-1/2)$ 項だけであり，$z=1/2$ が1位の極であると確認できる

$$-2\left(z\sim-\frac{1}{2}\right)^{-1}+8-24\left(z\sim-\frac{1}{2}\right)+64\left(z\sim-\frac{1}{2}\right)^{2}-160\left(z\sim-\frac{1}{2}\right)^{3}+384\left(z\sim-\frac{1}{2}\right)^{4}+O\left(\left(z\sim-\frac{1}{2}\right)^{5}\right) \quad \textbf{(15)}$$

```
> type((15),laurent);
```
ローラン展開であることを確認する

$$true \quad \textbf{(16)}$$

このローラン展開の主要部以外を多項式に変換する

```
> f__1L2:=z->convert(series(f__1(z),z=1/2),polynom): f__1L2(z);
```

$$-\frac{2}{z\sim-\frac{1}{2}}+20-24z\sim+64\left(z\sim-\frac{1}{2}\right)^{2}-160\left(z\sim-\frac{1}{2}\right)^{3}+384\left(z\sim-\frac{1}{2}\right)^{4} \quad \textbf{(17)}$$

この極で，留数定理が成り立つことを確かめる。

```
> Limit((z-1/2)*'f__1(z)',z=1/2);
```
1位の極：$z=1/2$ の留数を求める

$$\lim_{z\sim\to\frac{1}{2}}\left(z\sim-\frac{1}{2}\right)f_1(z) \quad \textbf{(18)}$$

```
> value((18));
```
留数は，上のローラン級数の $1/(z-1/2)$ 項の係数である

$$-2 \quad \textbf{(19)}$$

極形式の複素変数のために，実数変数：半径（r）と偏角（θ）を仮定する

```
> assume(r>0,theta>=0,theta<=2*Pi);
> eval(f__1L2(z),z=1/2+r*exp(I*theta));
```
ローラン展開に，この極まわりの極形式を代入する

$$-\frac{2}{r\sim e^{I\theta\sim}}+8-24r\sim e^{I\theta\sim}+64r\sim^{2}\left(e^{I\theta\sim}\right)^{2}-160r\sim^{3}\left(e^{I\theta\sim}\right)^{3}+384r\sim^{4}\left(e^{I\theta\sim}\right)^{4} \quad \textbf{(20)}$$

```
> z:=1/2+r*exp(I*theta):
```
この極まわりの極形式である

```
> dz:=diff(z,theta)*`d&theta;`: dz;
```
置換積分の準備

$$I\,r\sim e^{I\theta\sim}\,d\theta \quad \textbf{(21)}$$

```
> Int((20)*coeff(dz,`d&theta;`),theta=0..2*Pi);
```
この極まわりの半径 r の閉路に沿って定積分する

$$\int_{0}^{2\pi} I\left(-\frac{2}{r\sim e^{I\theta\sim}}+8-24r\sim e^{I\theta\sim}+64r\sim^{2}\left(e^{I\theta\sim}\right)^{2}-160r\sim^{3}\left(e^{I\theta\sim}\right)^{3}+384r\sim^{4}\left(e^{I\theta\sim}\right)^{4}\right)r\sim e^{I\theta\sim}\,d\theta\sim \quad \textbf{(22)}$$

```
> expand((22));
```

$$2I\left(\int_{0}^{2\pi}\left(192r\sim^{5}\left(e^{I\theta\sim}\right)^{5}-80r\sim^{4}\left(e^{I\theta\sim}\right)^{4}+32r\sim^{3}\left(e^{I\theta\sim}\right)^{3}-12r\sim^{2}\left(e^{I\theta\sim}\right)^{2}+4r\sim e^{I\theta\sim}-1\right)d\theta\sim\right) \quad \textbf{(23)}$$

```
> value((23));
```

$$-4I\pi \quad \textbf{(24)}$$

この閉路積分の結果も，上で求めた留数に $2\pi I$ を掛けた値であり，留数定理が成り立っている。

C）複素関数（2）について，特異点を分類する。

関数 $f_2(z)$ を定義する。

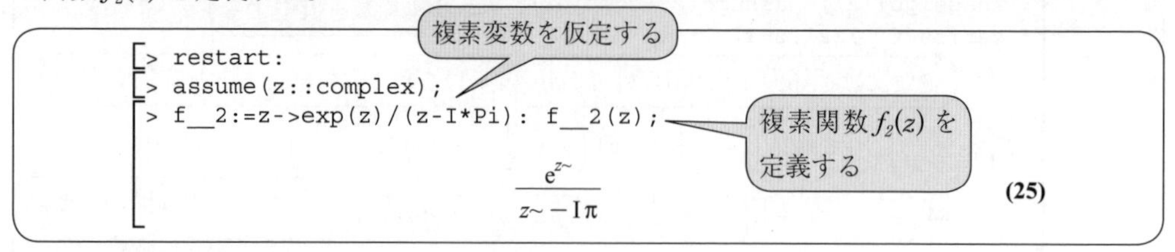

```
> restart:
> assume(z::complex);
> f__2:=z->exp(z)/(z-I*Pi): f__2(z);
```

$$\frac{e^{z\sim}}{z\sim - \mathrm{I}\pi} \qquad (25)$$

関数 $f_2(z)$ の分子式（指数関数）は複素平面全体で正則なので，分母式だけに着目して，特異点を分類する。

```
> denom(f__2(z));
```

$$\mathrm{I}\pi - z\sim \qquad (26)$$

```
> solve(denom(f__2(z))=0,z);
Warning, solve may be ignoring assumptions on the input variables.
```

$$\mathrm{I}\pi \qquad (27)$$

$z=\mathrm{I}\pi$ に1位の極がある。

D）複素関数（2）について，各特異点まわりでローラン展開し，そこで留数定数が成り立つことを確かめる。

この極：$z=\mathrm{I}\pi$ のまわりでローラン展開する。

```
> series(f__2(z),z=I*Pi);
```

主要部は $1/(z-\mathrm{I}*\pi)$ 項だけであり，$z=\mathrm{I}*\pi$ が1位の極であると確認できる

$$-(z\sim - \mathrm{I}\pi)^{-1} - 1 - \frac{1}{2}(z\sim - \mathrm{I}\pi) - \frac{1}{6}(z\sim - \mathrm{I}\pi)^2 - \frac{1}{24}(z\sim - \mathrm{I}\pi)^3 - \frac{1}{120}(z\sim - \mathrm{I}\pi)^4 + \mathrm{O}\left((z\sim - \mathrm{I}\pi)^5\right) \qquad (28)$$

```
> type((28),laurent);
```

ローラン展開であることを確認する

$$true \qquad (29)$$

```
> f__2L:=z->convert(series(f__2(z),z=I*Pi),polynom): f__2L(z);
```

このローラン展開の主要部以外を多項式に変換する

$$-\frac{1}{z\sim - \mathrm{I}\pi} - 1 - \frac{1}{2}z\sim + \frac{1}{2}\mathrm{I}\pi - \frac{1}{6}(z\sim - \mathrm{I}\pi)^2 - \frac{1}{24}(z\sim - \mathrm{I}\pi)^3 - \frac{1}{120}(z\sim - \mathrm{I}\pi)^4 \qquad (30)$$

この極で，留数定理が成り立つことを確かめる。

```
> Limit((z-I*Pi)*'f__2(z)',z=I*Pi);
```

1位の極：$z=\mathrm{I}*\pi$ の留数を求める

$$\lim_{z\sim \to \mathrm{I}\pi} (z\sim - \mathrm{I}\pi) f_2(z) \tag{31}$$

```
> value((31));
```

留数は，上のローラン級数の $1/(z-\mathrm{I}*\pi)$ 項の係数である

$$-1 \tag{32}$$

極形式の複素変数のために，実数変数：半径（r）と偏角（θ）を仮定する

```
> assume(r>0,theta>=0,theta<=2*Pi);
> eval(f__2L(z),z=I*Pi+r*exp(I*theta));
```

ローラン展開に，この極まわりの極形式を代入する

$$-\frac{1}{r\sim e^{\mathrm{I}\theta\sim}} - 1 - \frac{1}{2} r\sim e^{\mathrm{I}\theta\sim} - \frac{1}{6} r\sim^2 (e^{\mathrm{I}\theta\sim})^2 - \frac{1}{24} r\sim^3 (e^{\mathrm{I}\theta\sim})^3 - \frac{1}{120} r\sim^4 (e^{\mathrm{I}\theta\sim})^4 \tag{33}$$

```
> z:=I*Pi+r*exp(I*theta):
```

この極まわりの極形式である

```
> dz:=diff(z,theta)*`d&theta;`: dz;
```

置換積分の準備

$$\mathrm{I}\, r\sim e^{\mathrm{I}\theta\sim} d\theta \tag{34}$$

```
> Int((33)*coeff(dz,`d&theta;`),theta=0..2*Pi);
```

この極まわりの半径 r の閉路に沿って定積分する

$$\int_0^{2\pi} \mathrm{I}\left(-\frac{1}{r\sim e^{\mathrm{I}\theta\sim}} - 1 - \frac{1}{2} r\sim e^{\mathrm{I}\theta\sim} - \frac{1}{6} r\sim^2 (e^{\mathrm{I}\theta\sim})^2 - \frac{1}{24} r\sim^3 (e^{\mathrm{I}\theta\sim})^3 - \frac{1}{120} r\sim^4 (e^{\mathrm{I}\theta\sim})^4\right) r\sim e^{\mathrm{I}\theta\sim} \mathrm{d}\theta\sim \tag{35}$$

```
> expand((35));
```

$$-\frac{1}{120} \mathrm{I}\left(\int_0^{2\pi} \left(r\sim^5 (e^{\mathrm{I}\theta\sim})^5 + 5 r\sim^4 (e^{\mathrm{I}\theta\sim})^4 + 20 r\sim^3 (e^{\mathrm{I}\theta\sim})^3 + 60 r\sim^2 (e^{\mathrm{I}\theta\sim})^2 + 120 r\sim e^{\mathrm{I}\theta\sim} + 120\right) \mathrm{d}\theta\sim\right) \tag{36}$$

```
> value((36));
```

$$-2\,\mathrm{I}\,\pi \tag{37}$$

この閉路積分の結果も，上で求めた留数に $2\pi\mathrm{I}$ を掛けた値であり，留数定理が成り立っている。

6.3.2 留数定理を用いる定積分：その1

設問

留数定理を用いて，つぎの関数を定積分せよ。ただし，定数 $a>1$ とする。

$$\int_0^{2\pi} \frac{1}{a+\cos(\theta)}\, d\theta$$

解法のプロセス

1. 問題を理解する。

与えられたデータや条件：被積分関数と積分範囲。

未知のもの：留数定理を用いた定積分のプロセスとその結果。

2. 解の計画を立てる。

A）被積分関数を定義し，その中のコサイン関数を指数関数に変換する。

B）積分変数 θ の積分範囲が $0\sim 2\pi$ であることに着目して，複素変数 z の閉路積分に置換する。

C）積分閉路の内側にある極について留数定理を適用し，定積分を求める。

3. 計画を実行する。

4. 振り返ってみる。

解の計画の実行

A）被積分関数を定義し，その中のコサイン関数を指数関数に変換する。

被積分関数を定義する。

被積分関数 $f_1(\theta)$ を定義する

```
> restart:
> assume(theta::real,a>1);
> f__1:=theta->1/(a+cos(theta)): f__1(theta);
```

$$\frac{1}{a\sim + \cos(\theta\sim)} \quad (38)$$

```
> I__f1=Int(f__1(theta),theta=0..2*Pi);
```

この設問の定積分である

$$I_{f1} = \int_0^{2\pi} \frac{1}{a\sim + \cos(\theta\sim)}\, d\theta\sim \quad (39)$$

被積分関数の中で，コサイン関数を指数関数に変換する。

```
> convert(f__1(theta),exp);
```

$$\frac{1}{a\sim + \frac{1}{2}e^{I\theta\sim} + \frac{1}{2}e^{-I\theta\sim}} \quad (40)$$

B）積分変数 θ の積分範囲が $0\sim 2\pi$ であることに着目して，複素変数 z の閉路積分に置換する。

置換積分の準備をする。

```
> exp(I*theta)=z;
```

$$e^{I\theta\sim}=z \tag{41}$$

（積分変数を置換する定義式）

```
> simplify(lhs(1/(41))=rhs(1/(41)));
```

$$e^{-I\theta\sim}=\frac{1}{z} \tag{42}$$

```
> eval((40), [(41),(42)]);
```

$$\frac{1}{a\sim+\frac{1}{2}z+\frac{1}{2z}} \tag{43}$$

```
> diff(lhs((41)),theta)*`d&theta;`=dz;
```

$$I\,e^{I\theta\sim}\,d\theta=dz \tag{44}$$

```
> isolate((44), `d&theta;`);
```

$$d\theta=-\frac{I\,dz}{e^{I\theta\sim}} \tag{45}$$

```
> eval((45),(41));
```

$$d\theta=-\frac{I\,dz}{z} \tag{46}$$

（置換積分での被積分関数 $f_{1z}(z)$）

```
> f__1z:=z->simplify((43)*coeff(rhs((46)),dz)): f__1z(z);
```

$$-\frac{2I}{2a\sim z+z^2+1} \tag{47}$$

```
> I__f1z:=(Int(f__1z(z),z))[C];
```

（もとの積分変数 θ の積分範囲が $0\sim 2\pi$ なので，積分変数 z の閉路積分の経路Cは，$z=0$ を中心とする単位円を反時計回りする）

$$I_{f1z}:=\left(\oint\left(-\frac{2I}{2a\sim z+z^2+1}\right)dz\right)_C \tag{48}$$

C）積分閉路の内側にある極について留数定理を適用し，定積分を求める。

経路Cの内側にある極と，その留数を求める。

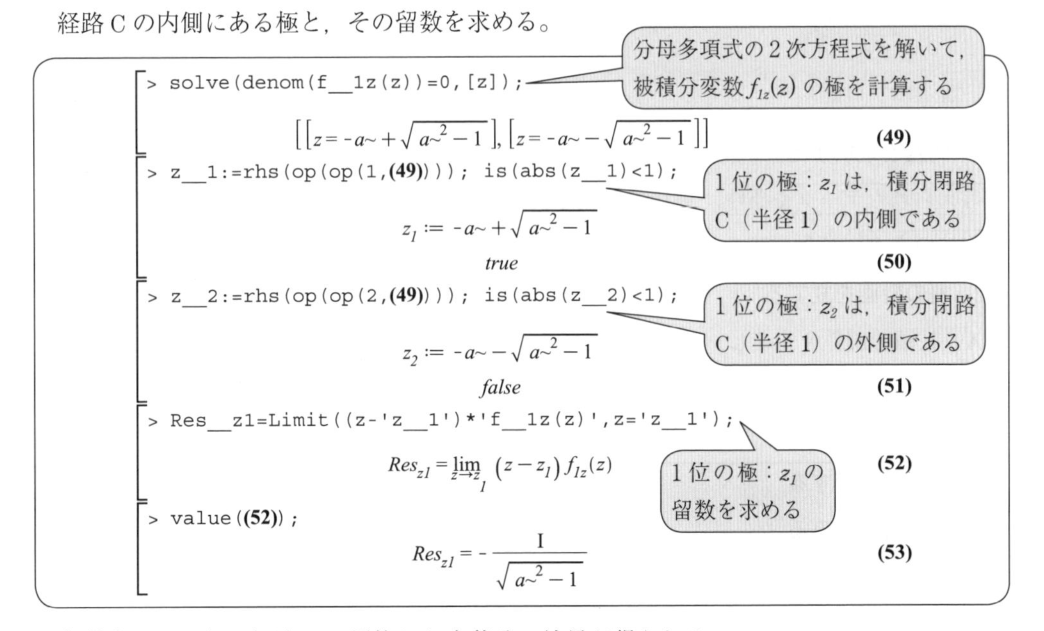

留数定理により，経路Cの置換した定積分の結果が得られる。

```
> ((39)) = (I__f1z=2*Pi*I*Res__z1);
```

閉路積分は，1位の極：z_1 に関する留数定理で計算できる

$$\left(I_{f1} = \int_0^{2\pi} \frac{1}{a\sim + \cos(\theta\sim)}\, d\theta\sim\right) = \left(\left(\int\left(-\frac{2\,I}{2\,a\sim z + z^2 + 1}\right) dz\right)_C = 2\,I\,\pi\,Res_{z1}\right) \quad (54)$$

```
> eval((54), (53));
```

$$\left(I_{f1} = \int_0^{2\pi} \frac{1}{a\sim + \cos(\theta\sim)}\, d\theta\sim\right) = \left(\left(\int\left(-\frac{2\,I}{2\,a\sim z + z^2 + 1}\right) dz\right)_C = \frac{2\,\pi}{\sqrt{a\sim^2 - 1}}\right) \quad (55)$$

振り返ってみる

設問の定積分は，数式処理の定積分で自動的に計算できる。

```
> (39);
```

設問の定積分

$$I_{f1} = \int_0^{2\pi} \frac{1}{a\sim + \cos(\theta\sim)}\, d\theta\sim \quad (56)$$

```
> value((56));
```

数式処理で自動計算すると，上記の留数定理の結果に一致する

$$I_{f1} = \frac{2\,\pi}{\sqrt{a\sim^2 - 1}} \quad (57)$$

6.3.3　留数定理を用いる定積分：その2

設問

留数定理を用いて，つぎの関数を定積分せよ。ただし，定数 $a > 0$ とする。

$$\int_{-\infty}^{\infty} \frac{x^2}{a^4 + x^4}\, dx$$

解法のプロセス

1. 問題を理解する。

与えられたデータや条件：被積分関数と積分範囲。

未知のもの：留数定理を用いた定積分のプロセスとその結果。

2. 解の計画を立てる。

A）被積分関数を定義し，それを複素変数に置換して再定義する。

B）置換積分を，留数定理を適用するための閉路積分と，それ以外の二つの項に分ける。

C）閉路積分と，それ以外の項の積分をおのおの計算し，それらの結果をまとめる。

3. 計画を実行する。

4. 振り返ってみる。

解の計画の実行

A）被積分関数を定義し，それを複素変数に置換して再定義する。

被積分関数を定義する。

```
> restart:
> assume(x::real,0<a,a<R,theta::real);
> f__2:=x->x^2/(x^4+a^4): f__2(x);
```

被積分関数 $f_2(x)$ を定義する

$$\frac{x\sim^2}{a\sim^4+x\sim^4} \tag{58}$$

```
> I__f2=Int(f__2(x),x=-infinity..+infinity);
```

この設問の定積分である

$$I_{f2}=\int_{-\infty}^{\infty}\frac{x\sim^2}{a\sim^4+x\sim^4}\,dx\sim \tag{59}$$

複素変数で再定義する。

```
> z=R*exp(I*theta);
```

複素変数を極形式で表す

$$z=R\sim e^{I\theta\sim} \tag{60}$$

```
> f__2z:=z->z^2/(z^4+a^4): f__2z(z);
```

$$\frac{z^2}{a\sim^4+z^4} \tag{61}$$

B）置換積分を，留数定理を適用するための閉路積分と，それ以外の二つの項に分ける。

設問の定積分について，置換積分を考える。

```
> Int(f__2(x),x=-R..+R)=Int(f__2z(z),z)[C]-Int(f__2z(z),z)
[UHC];
```

$$\int_{-R\sim}^{R\sim}\frac{x\sim^2}{a\sim^4+x\sim^4}\,dx\sim=\left(\int\frac{z^2}{a\sim^4+z^4}\,dz\right)_C-\left(\int\frac{z^2}{a\sim^4+z^4}\,dz\right)_{UHC} \tag{62}$$

右辺第 1 項の閉路積分について，経路 C は，複素平面の実軸上を $z=-R\sim+R$ までたどり，その後に上半面で半径 R の半円の円弧をたどる。

また，右辺第 2 項の経路 UHC は，上記の経路 C の後半：上半面で半径 R の半円の円弧に沿って，反時計回りする。

C）閉路積分と，それ以外の項の積分をおのおの計算し，それらの結果をまとめる。

右辺第 1 項の閉路積分を，留数定理を用いて計算する。

```
> solve(denom(f__2z(z))=0,[z]);
```


$$\left[\left[z=\left(\frac{1}{2}\sqrt{2}+\frac{1}{2}\mathrm{I}\sqrt{2}\right)a\sim\right],\left[z=\left(-\frac{1}{2}\sqrt{2}+\frac{1}{2}\mathrm{I}\sqrt{2}\right)a\sim\right],\left[z=\left(-\frac{1}{2}\sqrt{2}-\frac{1}{2}\mathrm{I}\sqrt{2}\right)a\sim\right],\left[z=\left(\frac{1}{2}\sqrt{2}-\frac{1}{2}\mathrm{I}\sqrt{2}\right)a\sim\right]\right] \quad \textbf{(63)}$$

```
> z__1:=rhs(op(op(1,(63)))); is(Im(z__1)>0);
```


$$z_1 := \left(\frac{1}{2}\sqrt{2}+\frac{1}{2}\mathrm{I}\sqrt{2}\right)a\sim$$

$$\mathit{true} \quad \textbf{(64)}$$

```
> z__2:=rhs(op(op(2,(63)))); is(Im(z__2)>0);
```


$$z_2 := \left(-\frac{1}{2}\sqrt{2}+\frac{1}{2}\mathrm{I}\sqrt{2}\right)a\sim$$

$$\mathit{true} \quad \textbf{(65)}$$

```
> z__3:=rhs(op(op(3,(63)))); is(Im(z__3)>0);
```


$$z_3 := \left(-\frac{1}{2}\sqrt{2}-\frac{1}{2}\mathrm{I}\sqrt{2}\right)a\sim$$

$$\mathit{false} \quad \textbf{(66)}$$

```
> z__4:=rhs(op(op(4,(63)))); is(Im(z__4)>0);
```


$$z_4 := \left(\frac{1}{2}\sqrt{2}-\frac{1}{2}\mathrm{I}\sqrt{2}\right)a\sim$$

$$\mathit{false} \quad \textbf{(67)}$$

```
> Res__z1=Limit((z-'z__1')*'f__2z(z)',z='z__1');
```

$$Res_{z1}=\lim_{z\to z_1}\left(z-z_1\right)f_{2z}(z) \quad \textbf{(68)}$$


```
> value((68));
```

$$Res_{z1}=\frac{1}{8}\,\frac{\sqrt{2}-\mathrm{I}\sqrt{2}}{a\sim} \quad \textbf{(69)}$$

```
> Res__z2=Limit((z-'z__2')*'f__2z(z)',z='z__2');
```

$$Res_{z2}=\lim_{z\to z_2}\left(z-z_2\right)f_{2z}(z) \quad \textbf{(70)}$$


```
> value((70));
```

$$Res_{z2}=\frac{1}{8}\,\frac{-\sqrt{2}-\mathrm{I}\sqrt{2}}{a\sim} \quad \textbf{(71)}$$

```
> op(1,rhs((62)))=2*Pi*I*(Res__z1+Res__z2);
```


$$\left(\int\frac{z^2}{a\sim^4+z^4}\,\mathrm{d}z\right)_C=2\,\mathrm{I}\,\pi\left(Res_{z1}+Res_{z2}\right) \quad \textbf{(72)}$$

```
> normal(eval((72), [(69),(71)]));
```


$$\left(\int\frac{z^2}{a\sim^4+z^4}\,\mathrm{d}z\right)_C=\frac{1}{2}\,\frac{\pi\sqrt{2}}{a\sim} \quad \textbf{(73)}$$

前述の右辺第 2 項には，極形式への置換積分を用いる。

```
> dz=diff(rhs((60)),theta)*`d&theta;`;
```

$$dz = \mathrm{I}\,R\sim \mathrm{e}^{\mathrm{I}\,\theta\sim}\, d\theta \qquad (74)$$

```
> f__2UHC:=theta->eval(f__2z(z),(60))*coeff(rhs((74)),`d&theta;
`): f__2UHC(theta);
```

$$\frac{\mathrm{I}\,R\sim^3 \left(\mathrm{e}^{\mathrm{I}\,\theta\sim}\right)^3}{a\sim^4 + R\sim^4 \left(\mathrm{e}^{\mathrm{I}\,\theta\sim}\right)^4} \qquad (75)$$

被積分関数の積分変数を z から偏角 θ に置換する

```
> Limit(f__2UHC(theta),R=+infinity);
```

被積分変数で，上半面の半円弧の半径 R を無限大にする

$$\lim_{R\sim \to \infty} \frac{\mathrm{I}\,R\sim^3 \left(\mathrm{e}^{\mathrm{I}\,\theta\sim}\right)^3}{a\sim^4 + R\sim^4 \left(\mathrm{e}^{\mathrm{I}\,\theta\sim}\right)^4} \qquad (76)$$

その極限値はゼロである

```
> value((76));
```

$$0 \qquad (77)$$

```
> -op(2,rhs((62)))=Int((77),theta=0..Pi);
```

置換積分を計算する

$$\left(\int \frac{z^2}{a\sim^4 + z^4}\, \mathrm{d}z\right)_{UHC} = \int_0^{\pi} 0\, \mathrm{d}\theta\sim \qquad (78)$$

```
> -op(2,rhs((62)))=value(rhs((78)));
```

置換積分の結果はゼロである

$$\left(\int \frac{z^2}{a\sim^4 + z^4}\, \mathrm{d}z\right)_{UHC} = 0 \qquad (79)$$

以上により，設問の定積分は以下のように計算される。

```
> (((59))=Limit(lhs((62)),R=+infinity))=eval(rhs((62)),[(73),(79)])
;
```

$$\left(\left(I_{f2} = \int_{-\infty}^{\infty} \frac{x\sim^2}{a\sim^4 + x\sim^4}\, \mathrm{d}x\sim\right) = \lim_{R\sim \to \infty} \left(\int_{-R\sim}^{R\sim} \frac{x\sim^2}{a\sim^4 + x\sim^4}\, \mathrm{d}x\sim\right)\right) = \frac{1}{2}\, \frac{\pi\sqrt{2}}{a\sim} \qquad (80)$$

振り返ってみる

設問の定積分は，数式処理の定積分で自動的に計算できる。

```
> (59);
```

設問の定積分

$$I_{f2} = \int_{-\infty}^{\infty} \frac{x\sim^2}{a\sim^4 + x\sim^4}\, \mathrm{d}x\sim \qquad (81)$$

```
> value((81));
```

数式処理で自動計算すると，上で導出した定積分プロセスの結果に一致する

$$I_{f2} = \frac{1}{2}\, \frac{\pi\sqrt{2}}{a\sim} \qquad (82)$$

6.4　非圧縮性完全流体の 2 次元渦なし流れ

6.4.1　非圧縮性完全流体の 2 次元渦なし流れの基礎式

設問

初めに，用語の意味を確認する。

完全流体：粘性のない仮想的な流体。

非圧縮性流体：運動中に密度が一定に保たれる流体。

2 次元の流れ：流体の運動が一つの平面（x–y 平面）で完全に代表される。

渦なし流れ：流体内の個々の微小要素が，回転運動を行っていない流れ。

以上の用語について，基礎式を立てる。

非圧縮性完全流体の 2 次元渦なし流れの基礎式

1）「オイラーの方法」による 2 次元渦なし流れの記述

```
> restart:
```

「オイラーの方法」とは，空間内の各点における流体の速度，圧力，密度などを，座標と時刻の関数として表す方法である。

```
> u(x,y,t);
```

$$u(x, y, t) \tag{1}$$

2 次元流れの速度の x 成分

```
> v(x,y,t);
```

$$v(x, y, t) \tag{2}$$

2 次元流れの速度の y 成分

```
> p(x,y,t);
```

$$p(x, y, t) \tag{3}$$

圧力

```
> rho(x,y,t);
```

$$\rho(x, y, t) \tag{4}$$

密度

微小要素の変化（膨張・収縮，せん断変形，伸縮変形，回転）を表すため，下記の「速度ひずみ」を導入する。

```
> diff(u(x,y,t),x);
```

$$\frac{\partial}{\partial x} u(x, y, t) \tag{5}$$

```
> diff(u(x,y,t),y);
```

$$\frac{\partial}{\partial y} u(x, y, t) \tag{6}$$

```
> diff(v(x,y,t),x);
```

$$\frac{\partial}{\partial x} v(x, y, t) \tag{7}$$

```
> diff(v(x,y,t),y);
```

$$\frac{\partial}{\partial y} v(x, y, t) \tag{8}$$

速度ひずみを用いて，微小要素の4種類の変化を表す。これらの式の導出は，適宜，流体力学の教科書を参照されたい。

一様な膨張。Pは微小な時間・空間の範囲内で，定数とみなし得る

```
> 2*P = diff(u(x,y,t),x)+diff(v(x,y,t),y);
```

$$2P = \frac{\partial}{\partial x} u(x,y,t) + \frac{\partial}{\partial y} v(x,y,t) \quad (9)$$

せん断変形。Qは微小な時間・空間の範囲内で，定数とみなし得る

```
> 2*Q = diff(u(x,y,t),y)+diff(v(x,y,t),x);
```

$$2Q = \frac{\partial}{\partial y} u(x,y,t) + \frac{\partial}{\partial x} v(x,y,t) \quad (10)$$

伸縮変形。Rは微小な時間・空間の範囲内で,定数とみなし得る

```
> 2*R = diff(u(x,y,t),x)-(diff(v(x,y,t),y));
```

$$2R = \frac{\partial}{\partial x} u(x,y,t) - \left(\frac{\partial}{\partial y} v(x,y,t)\right) \quad (11)$$

回転。Sは微小な時間・空間の範囲内で，定数とみなし得る

```
> 2*S = -(diff(u(x,y,t),y))+diff(v(x,y,t),x);
```

$$2S = -\left(\frac{\partial}{\partial y} u(x,y,t)\right) + \frac{\partial}{\partial x} v(x,y,t) \quad (12)$$

ここでは完全流体，つまり粘性のない流体を仮定しているので，以下では，「せん断変形」と「伸縮変形」はないものとし，「一様な膨張」と「回転」に関する式を導出する。

2）「非圧縮性流体」と「渦なし流れ」の定式化

2次元流れの連続の式（質量保存則）を立てる。式の導出は，適宜，流体力学の教科書を参照されたい。

```
> Diff(rho(x,y,t),t)+Diff(rho(x,y,t)*u(x,y,t),x)+Diff(rho(x,
  y,t)*v(x,y,t),y)=0;
```

$$\frac{\partial}{\partial t}\rho(x,y,t) + \frac{\partial}{\partial x}\left(\rho(x,y,t)\,u(x,y,t)\right) + \frac{\partial}{\partial y}\left(\rho(x,y,t)\,v(x,y,t)\right) = 0 \quad (13)$$

この連続の式に，非圧縮性，つまり運動中に密度が一定に保たれる仮定を反映する。

偏微分を実行する

```
> value((13));
```

$$\frac{\partial}{\partial t}\rho(x,y,t) + \left(\frac{\partial}{\partial x}\rho(x,y,t)\right) u(x,y,t) + \rho(x,y,t)\left(\frac{\partial}{\partial x} u(x,y,t)\right) + \left(\frac{\partial}{\partial y}\rho(x,y,t)\right) v(x,y,t) + \rho(x,y,t)\left(\frac{\partial}{\partial y} v(x,y,t)\right) = 0 \quad (14)$$

密度に関する偏微分係数をすべてゼロにする

```
> eval((14),{diff(rho(x,y,t),t)=0,diff(rho(x,y,t),x)=0,diff
  (rho(x,y,t),y)=0});
```

る。

$$\rho(x,y,t)\left(\frac{\partial}{\partial x} u(x,y,t)\right) + \rho(x,y,t)\left(\frac{\partial}{\partial y} v(x,y,t)\right) = 0 \quad (15)$$

```
> factor((15));
```

密度についてくくる

$$\rho(x,y,t)\left(\frac{\partial}{\partial x} u(x,y,t) + \frac{\partial}{\partial y} v(x,y,t)\right) = 0 \quad (16)$$

```
> (16)/rho(x,y,t) assuming rho(x,y,t)<>0;
```

密度はゼロではないから，両辺を割り算する

$$\frac{\partial}{\partial x} u(x,y,t) + \frac{\partial}{\partial y} v(x,y,t) = 0 \quad (17)$$

この式は,「非圧縮性流体の連続の式」であり, 上述の「一様な膨張」がゼロの場合である。密度が一定なので, 当然である。

速度成分が以下のように, スカラー・ポテンシャルの勾配（gradient）で表されるとする。このポテンシャル関数を「速度ポテンシャル」という。その記号を $\Phi_f(x, y, t)$ とする。

```
> u(x,y,t)=diff(Phi__f(x,y,t),x);
```

$$u(x, y, t) = \frac{\partial}{\partial x}\Phi_f(x, y, t) \quad (18)$$

x 方向の速度成分は, 速度ポテンシャルの x 方向の偏微分係数である

```
> v(x,y,t)=diff(Phi__f(x,y,t),y);
```

$$v(x, y, t) = \frac{\partial}{\partial y}\Phi_f(x, y, t) \quad (19)$$

y 方向の速度成分は, 速度ポテンシャルの y 方向の偏微分係数である

```
> Eval((12), {(18), (19)});
```

$$\left(2\,S = -\left(\frac{\partial}{\partial y}u(x, y, t)\right) + \frac{\partial}{\partial x}v(x, y, t)\right) \quad (20)$$

$$u(x, y, t) = \frac{\partial}{\partial x}\Phi_f(x, y, t), v(x, y, t) = \frac{\partial}{\partial y}\Phi_f(x, y, t)$$

上述の「回転」の式に代入する

```
> value((20));
```

$$2\,S = 0 \quad (21)$$

速度ポテンシャルを持つ流れは,「回転」が恒等的にゼロである

```
> subs((21), (12));
```

$$0 = -\left(\frac{\partial}{\partial y}u(x, y, t)\right) + \frac{\partial}{\partial x}v(x, y, t) \quad (22)$$

この恒等式から,「渦なし流れ」と「ポテンシャル流れ」とは同義である。

さらに, 上述の速度成分の式を, 先に述べた「非圧縮性流体の連続の式」に代入する。

```
> Eval((17), {(18), (19)});
```

$$\left(\frac{\partial}{\partial x}u(x, y, t) + \frac{\partial}{\partial y}v(x, y, t) = 0\right) \quad (23)$$

$$u(x, y, t) = \frac{\partial}{\partial x}\Phi_f(x, y, t), v(x, y, t) = \frac{\partial}{\partial y}\Phi_f(x, y, t)$$

```
> value((23));
```

$$\frac{\partial^2}{\partial x^2}\Phi_f(x, y, t) + \frac{\partial^2}{\partial y^2}\Phi_f(x, y, t) = 0 \quad (24)$$

ラプラスの方程式が導かれた

速度ポテンシャルはラプラスの方程式を満たすので, 調和関数である。

2次元流れの速度成分が, 次式で表されるとする。ここで, 関数 $\Psi_f(x, y, t)$ を「流れの関数」という。

```
> u(x,y,t)=diff(Psi__f(x,y,t),y);
```

$$u(x, y, t) = \frac{\partial}{\partial y}\Psi_f(x, y, t) \quad (25)$$

```
> v(x,y,t)=-diff(Psi__f(x,y,t),x);
```

$$v(x, y, t) = -\left(\frac{\partial}{\partial x}\Psi_f(x, y, t)\right) \quad (26)$$

```
> Eval((9), {(25),(26)});
```

$$\left(2P = \frac{\partial}{\partial x}u(x, y, t) + \frac{\partial}{\partial y}v(x, y, t)\right)\Bigg|_{u(x, y, t) = \frac{\partial}{\partial y}\Psi_f(x, y, t),\ v(x, y, t) = -\left(\frac{\partial}{\partial x}\Psi_f(x, y, t)\right)} \quad (27)$$

```
> value((27));
```

$$2P = 0 \quad (28)$$

```
> subs((28),(9));
```

$$0 = \frac{\partial}{\partial x}u(x, y, t) + \frac{\partial}{\partial y}v(x, y, t) \quad (29)$$

x方向の速度成分は，流れの関数のy方向の偏微分係数である

y方向の速度成分は，流れの関数のx方向の偏微分係数である

上述の「一様な膨張」の式に代入する

流れの関数が存在する流れは，「一様な膨張」が恒等的にゼロである

この恒等式から，「流れの関数が存在する」ことは，「非圧縮性流体の流れ」と同義である。

さらに，上述の速度成分の式を，先に述べた「回転」の式に代入する。

```
> Eval((12), {(25),(26)});
```

$$\left(2S = -\left(\frac{\partial}{\partial y}u(x, y, t)\right) + \frac{\partial}{\partial x}v(x, y, t)\right)\Bigg|_{u(x, y, t) = \frac{\partial}{\partial y}\Psi_f(x, y, t),\ v(x, y, t) = -\left(\frac{\partial}{\partial x}\Psi_f(x, y, t)\right)} \quad (30)$$

```
> value((30));
```

$$2S = -\left(\frac{\partial^2}{\partial y^2}\Psi_f(x, y, t)\right) - \left(\frac{\partial^2}{\partial x^2}\Psi_f(x, y, t)\right) \quad (31)$$

```
> S=0;
```

$$S = 0 \quad (32)$$

```
> eval((31),(32));
```

$$0 = -\left(\frac{\partial^2}{\partial y^2}\Psi_f(x, y, t)\right) - \left(\frac{\partial^2}{\partial x^2}\Psi_f(x, y, t)\right) \quad (33)$$

```
> (33)-rhs((33));
```

$$\frac{\partial^2}{\partial y^2}\Psi_f(x, y, t) + \frac{\partial^2}{\partial x^2}\Psi_f(x, y, t) = 0 \quad (34)$$

特に「渦なし流れ」=「ポテンシャル流れ」の場合を考える

ラプラスの方程式が導かれた

以上により，「非圧縮性流体」の「2次元渦なし流れ」において，流れの関数もラプラスの方程式を満たし，調和関数である。

ここで，関数 $\Psi_f(x, y, t)$ の名称「流れの関数」の由来を説明する。2次元流れの流線の微小な切片を (dx, dy) と表すと，次式が成り立つ。

```
> dy/dx=v(x,y,t)/u(x,y,t);
```

$$\frac{dy}{dx} = \frac{v(x, y, t)}{u(x, y, t)} \quad (35)$$

流線の接線の傾きが速度成分の比の値に等しいことから，2次元流れの流線の方程式が導かれる

```
> normal((35)-rhs((35)));
```

$$-\frac{v(x, y, t)\,dx - dy\,u(x, y, t)}{dx\,u(x, y, t)} = 0 \quad (36)$$

```
> (36)*denom(lhs((36)));
```

$$-v(x, y, t)\,dx + dy\,u(x, y, t) = 0 \quad (37)$$

```
> subs({(25),(26)},(37));
```

流れの関数による速度成分の式を代入する

$$\left(\frac{\partial}{\partial x}\Psi_f(x, y, t)\right)dx + dy\left(\frac{\partial}{\partial y}\Psi_f(x, y, t)\right) = 0 \quad (38)$$

```
> `d&Psi;__f`(x,y,t)=((38));
```

上式の左辺は，流れの関数の全微分である

$$d\Psi_f(x, y, t) = \left(\left(\frac{\partial}{\partial x}\Psi_f(x, y, t)\right)dx + dy\left(\frac{\partial}{\partial y}\Psi_f(x, y, t)\right) = 0\right) \quad (39)$$

この全微分がゼロ，つまり関数 $\Psi_f(x, y, t)$ が一定値の曲線は流線を与える。このため，関数 $\Psi_f(x, y, t)$ は「流れの関数」と呼ばれる。

速度ポテンシャルと流れの関数の関係を，「非圧縮性流体」の「2次元の渦なし流れ」の速度成分に着目して，整理する。

```
> subs((18),(25));
```

$$\frac{\partial}{\partial x}\Phi_f(x, y, t) = \frac{\partial}{\partial y}\Psi_f(x, y, t) \quad (40)$$

```
> subs((19),(26));
```

$$\frac{\partial}{\partial y}\Phi_f(x, y, t) = -\left(\frac{\partial}{\partial x}\Psi_f(x, y, t)\right) \quad (41)$$

この二つの式は，コーシー・リーマン関係式にほかならない。これら一対の速度ポテンシャルと流れの関数から，ある正則関数を定義できる。

```
> f:=(x,y,t)->Phi__f(x,y,t)+I*Psi__f(x,y,t): f(x,y,t);
```

$$\Phi_f(x, y, t) + \mathrm{I}\,\Psi_f(x, y, t) \quad (42)$$

複素速度ポテンシャル

さらに，速度ポテンシャルと流れの関数との幾何学的な関係を調べる。

```
> <diff(Phi__f(x,y,t),x),diff(Phi__f(x,y,t),y)>;
```

$$\begin{bmatrix} \frac{\partial}{\partial x}\Phi_f(x,y,t) \\ \frac{\partial}{\partial y}\Phi_f(x,y,t) \end{bmatrix} \quad (43)$$

速度ポテンシャルの法線ベクトル

```
> <diff(Psi__f(x,y,t),x),diff(Psi__f(x,y,t),y)>;
```

$$\begin{bmatrix} \frac{\partial}{\partial x}\Psi_f(x,y,t) \\ \frac{\partial}{\partial y}\Psi_f(x,y,t) \end{bmatrix} \quad (44)$$

流れの関数の法線ベクトル

上記二つの法線ベクトルの内積

```
> (43).(44);
```

$$\overline{\frac{\partial}{\partial x}\Phi_f(x,y,t)}\left(\frac{\partial}{\partial x}\Psi_f(x,y,t)\right)+\overline{\frac{\partial}{\partial y}\Phi_f(x,y,t)}\left(\frac{\partial}{\partial y}\Psi_f(x,y,t)\right) \quad (45)$$

```
> isolate((40),diff(Psi__f(x,y,t),y));
```

上述のコーシー・リーマン関係式を左辺右辺入れ替える

$$\frac{\partial}{\partial y}\Psi_f(x,y,t)=\frac{\partial}{\partial x}\Phi_f(x,y,t) \quad (46)$$

```
> isolate((41),diff(Psi__f(x,y,t),x));
```

上述のコーシー・リーマン関係式を左辺右辺入れ替える

$$\frac{\partial}{\partial x}\Psi_f(x,y,t)=-\left(\frac{\partial}{\partial y}\Phi_f(x,y,t)\right) \quad (47)$$

```
> subs({(46),(47)},(45));
```

コーシー・リーマン関係式を，内積の計算式に代入する

$$-\overline{\frac{\partial}{\partial x}\Phi_f(x,y,t)}\left(\frac{\partial}{\partial y}\Phi_f(x,y,t)\right)+\overline{\frac{\partial}{\partial y}\Phi_f(x,y,t)}\left(\frac{\partial}{\partial x}\Phi_f(x,y,t)\right) \quad (48)$$

```
> eval((48),{conjugate(diff(Phi__f(x,y,t),x))=diff(Phi__f(x,y,
  t),x),conjugate(diff(Phi__f(x,y,t),y))=diff(Phi__f(x,y,t),
  y)});
```

$$0 \quad (49)$$

数式処理で速度ポテンシャルの偏導関数が複素数として扱われているため，共役（conjugate）が現れる。しかし，物理的意味（速度成分）は当然実数なので，それを使って評価すると，法線ベクトルの内積はゼロになる。ゆえに，速度ポテンシャルと流れの関数の曲線は，たがいに直交する。

前述のように，流れの関数が一定値になる曲線は流線だから，速度ポテンシャルが一定の曲線（等高線）は，つねに流線と直交する。

6.4.2　一　様　流

設問

一様流の複素速度ポテンシャルは，次式である。

$$f(z)=U\mathrm{e}^{-\mathrm{I}\alpha}z$$

定常流を仮定して，この場合の速度ポテンシャルと，流れ関数を，2次元直交座標 (x, y) の関数で表せ。さらに，流線を描け。ここで，Uは流れの速さ，α は x–y 平面の x 軸に対する流線となす角度である。

解法のプロセス

1. **問題を理解する。**

与えられたデータや条件：一様流の複素速度ポテンシャル。

未知のもの：定常流の速度ポテンシャルと流れの関数。流線のグラフ。

2. **解の計画を立てる。**

A）一様流の複素速度ポテンシャルを，2次元直交座標 (x, y) の関数で表す。

B）複素速度ポテンシャルの実数部と虚数部に分けて，速度ポテンシャルと流れの関数を導く。

C）流れの関数を用いて，流線のグラフを描く。

3. **計画を実行する。**

解の計画の実行

A）一様流の複素速度ポテンシャルを，2次元直交座標 (x, y) の関数で表す。

```
> restart:
> assume(x::real,y::real,alpha::real,U>0);
> z:=x+I*y:
```

設問の複素速度ポテンシャルを定義する。

```
> f:=(x,y)->U*exp(-I*alpha)*z: f(x,y);
```

$$U\sim e^{-I\alpha\sim}(x\sim+I\,y\sim) \tag{50}$$

B）複素速度ポテンシャルの実数部と虚数部に分けて，速度ポテンシャルと流れの関数を導く。

上述の複素速度ポテンシャルの式について，指数関数を三角関数に変換する。

```
> convert((50),trig);
```

$$U\sim(\cos(\alpha\sim)-I\sin(\alpha\sim))(x\sim+I\,y\sim) \tag{51}$$

```
> evalc((51));
```

$$U\sim\cos(\alpha\sim)\,x\sim+U\sim\sin(\alpha\sim)\,y\sim+I(-U\sim\sin(\alpha\sim)\,x\sim+U\sim\cos(\alpha\sim)\,y\sim) \tag{52}$$

複素速度ポテンシャルの実数部が，速度ポテンシャルである。

```
> Phi__f:=(x,y)->factor(Re((52))): Phi__f(x,y);
```

$$U\sim(\cos(\alpha\sim)\,x\sim+\sin(\alpha\sim)\,y\sim) \tag{53}$$

複素速度ポテンシャルの虚数部が，流れの関数である。

```
> Psi__f:=(x,y)->factor(Im((52))): Psi__f(x,y);
```

$$U\sim\left(\cos(\alpha\sim)\,y\sim-\sin(\alpha\sim)\,x\sim\right) \quad (54)$$

C）流れの関数を用いて，流線のグラフを描く。

数値例を設定する。

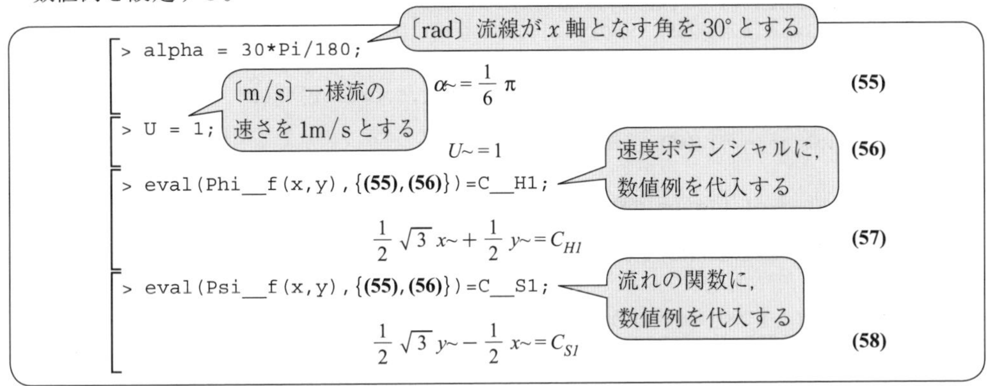

```
> alpha = 30*Pi/180;
```

$$\alpha\sim=\frac{1}{6}\pi \quad (55)$$

```
> U = 1;
```

$$U\sim=1 \quad (56)$$

```
> eval(Phi__f(x,y),{(55),(56)})=C__H1;
```

$$\frac{1}{2}\sqrt{3}\,x\sim+\frac{1}{2}\,y\sim=C_{H1} \quad (57)$$

```
> eval(Psi__f(x,y),{(55),(56)})=C__S1;
```

$$\frac{1}{2}\sqrt{3}\,y\sim-\frac{1}{2}\,x\sim=C_{S1} \quad (58)$$

流線のグラフと，速度ポテンシャルの等高線グラフを重ね描く。

```
> isolate((58),y);
```

$$y\sim=\frac{2}{3}\left(C_{S1}+\frac{1}{2}\,x\sim\right)\sqrt{3} \quad (59)$$

```
> GrSL1:=plot(subs(C__S1=0,rhs((59))),x=-1..5, axes=boxed,
  gridlines,labels=["x","y"],  labeldirections=
  ["horizontal","vertical"],color="Blue",thickness=3, title=
  "一様流の流線（実線）と速度ポテンシャルの等高線（破線）",
  titlefont=["メイリオ"], labelfont=["メイリオ"], axesfont=["メ
  イリオ"]):
> isolate(eval((59),{x=0,y=-1}),C__S1);
```

$$C_{S1}=-\frac{1}{2}\sqrt{3} \quad (60)$$

```
> GrSL2:=plot(subs((60),rhs((59))),x=-1..5, color="Blue",
  thickness=3):
> isolate(eval((59),{x=0,y=1}),C__S1);
```

$$C_{S1}=\frac{1}{2}\sqrt{3} \quad (61)$$

```
> GrSL3:=plot(subs((61),rhs((59))),x=-1..5, color="Blue",
  thickness=3):
> isolate(eval((59),{x=0,y=2}),C__S1);
```

$$C_{S1}=\sqrt{3} \quad (62)$$

```
> GrSL4:=plot(subs((62),rhs((59))),x=-1..5, color="Blue",
  thickness=3):
> isolate(eval((59),{x=0,y=3}),C__S1);
```

$$C_{S1}=\frac{3}{2}\sqrt{3} \quad (63)$$

```
> GrSL5:=plot(subs((63),rhs((59))),x=-1..5, color="Blue",
  thickness=3):
> isolate(eval((59),{x=0,y=-2}),C__S1);
```

$$C_{S1}=-\sqrt{3} \quad (64)$$

```
> GrSL6:=plot(subs((64),rhs((59))),x=-1..5, color="Blue",
  thickness=3):
```

```
> isolate((57),y);
```

$$y\sim = 2\,C_{H1} - \sqrt{3}\,x\sim \tag{65}$$

```
> isolate(eval((65),{x=0,y=0}),C__H1);
```

$$C_{H1} = 0 \tag{66}$$

```
> GrVP1:=plot(subs((66),rhs((65))),x=-1..5, color="Red",
  thickness=1, linestyle=dash):
> isolate(eval((65),{x=0,y=2}),C__H1);
```

$$C_{H1} = 1 \tag{67}$$

```
> GrVP2:=plot(subs((67),rhs((65))),x=-1..5, color="Red",
  thickness=1, linestyle=dash):
> isolate(eval((65),{x=0,y=4}),C__H1);
```

$$C_{H1} = 2 \tag{68}$$

```
> GrVP3:=plot(subs((68),rhs((65))),x=-1..5, color="Red",
  thickness=1, linestyle=dash):
> isolate(eval((65),{x=0,y=6}),C__H1);
```

$$C_{H1} = 3 \tag{69}$$

```
> GrVP4:=plot(subs((69),rhs((65))),x=-1..5, color="Red",
  thickness=1, linestyle=dash):
> isolate(eval((65),{x=0,y=8}),C__H1);
```

$$C_{H1} = 4 \tag{70}$$

```
> GrVP5:=plot(subs((70),rhs((65))),x=-1..5, color="Red",
  thickness=1, linestyle=dash):
> isolate(eval((65),{x=0,y=-2}),C__H1);
```

$$C_{H1} = -1 \tag{71}$$

```
> GrVP6:=plot(subs((71),rhs((65))),x=-1..5, color="Red",
  thickness=1, linestyle=dash):

> plots[display]([GrSL1,GrSL2,GrSL3,GrSL4,GrSL5,GrSL6,GrVP1,
  GrVP2,GrVP3,GrVP4,GrVP5,GrVP6], scaling=constrained, view=
  [-1..3,-1..3]);
```

一様流の流線（実線）と速度ポテンシャルの等高線（破線）

6.5　2次元渦なし流れと等角写像

6.5.1　円柱まわりの流れ

設問

円柱まわりの流れの複素速度ポテンシャルは，次式である。

$$f(z) = U\left(z + \frac{a^2}{z}\right)$$

定常流を仮定して，この場合の速度ポテンシャルと，流れ関数を，2次元極座標の関数で表せ。さらに，流線を描け。ここで，$U(>0)$ は流れの速さ，$a(>0)$ は円柱の半径である。

解法のプロセス

1. **問題を理解する。**

与えられたデータや条件：円柱まわりの流れの複素速度ポテンシャル。

すでに解いたことのあるやさしい問題：6.2節の「コーシー・リーマン関係式」の項で，$f_1(z) = z$ が正則関数であると確認した。さらに，正則関数の和・差・積・商も正則関数になることが定理として知られている（ただし，商は分母＝0になる点を除く）。ゆえに，上述の複素速度ポテンシャル関数 $f(z)$ も正則関数である。

未知のもの：定常流の速度ポテンシャルと流れの関数。流線のグラフ。

2. **解の計画を立てる。**

A）円柱まわりの流れの複素速度ポテンシャルを，2次元極座標の関数で表す。

B）複素速度ポテンシャルの実数部と虚数部に分けて，速度ポテンシャルと流れの関数を導く。

C）流れの関数を用いて，流線の方程式を導く。

D）流線のグラフを描く。

3. **計画を実行する。**

解の計画の実行

A）円柱まわりの流れの複素速度ポテンシャルを，2次元極座標の関数で表す。

```
> restart:
> assume(r>0,-Pi<theta,theta<=Pi,U>0,a>0,r__0>0,-
  Pi<theta__0,theta__0<=Pi,x__0::real,y__0::real,x::real,
  y::real);
> z:=r*exp(I*theta):
```

設問の複素速度ポテンシャルを定義する。

```
> f:=(r,theta)->U*(z+a^2/z): f(r,theta);
```

$$U\sim\left(r\sim \mathrm{e}^{\mathrm{I}\,\theta\sim}+\frac{a\sim^2}{r\sim \mathrm{e}^{\mathrm{I}\,\theta\sim}}\right) \tag{1}$$

```
> simplify((1),power);
```

$$\frac{U\sim\left(r\sim^2 \mathrm{e}^{\mathrm{I}\,\theta\sim}+a\sim^2 \mathrm{e}^{-\mathrm{I}\,\theta\sim}\right)}{r\sim} \tag{2}$$

```
> convert((2),trig);
```

$$\frac{U\sim\left(r\sim^2\left(\cos(\theta\sim)+\mathrm{I}\sin(\theta\sim)\right)+a\sim^2\left(\cos(\theta\sim)-\mathrm{I}\sin(\theta\sim)\right)\right)}{r\sim} \tag{3}$$

```
> evalc((3));
```

$$\frac{U\sim\left(r\sim^2\cos(\theta\sim)+a\sim^2\cos(\theta\sim)\right)}{r\sim}+\frac{\mathrm{I}\,U\sim\left(r\sim^2\sin(\theta\sim)-a\sim^2\sin(\theta\sim)\right)}{r\sim} \tag{4}$$

```
> Re((4)); Im((4));
```

$$\frac{U\sim\left(r\sim^2\cos(\theta\sim)+a\sim^2\cos(\theta\sim)\right)}{r\sim}$$

$$\frac{U\sim\left(r\sim^2\sin(\theta\sim)-a\sim^2\sin(\theta\sim)\right)}{r\sim} \tag{5}$$

```
> op(1,(4));
```

$$\frac{U\sim\left(r\sim^2\cos(\theta\sim)+a\sim^2\cos(\theta\sim)\right)}{r\sim} \tag{6}$$

```
> collect((6),cos);
```

$$\frac{U\sim\left(a\sim^2+r\sim^2\right)\cos(\theta\sim)}{r\sim} \tag{7}$$

```
> op(2,(4));
```

$$\frac{\mathrm{I}\,U\sim\left(r\sim^2\sin(\theta\sim)-a\sim^2\sin(\theta\sim)\right)}{r\sim} \tag{8}$$

```
> (-I)*collect((8),sin);
```

$$\frac{U\sim\left(-a\sim^2+r\sim^2\right)\sin(\theta\sim)}{r\sim} \tag{9}$$

B）複素速度ポテンシャルの実数部と虚数部に分けて，速度ポテンシャルと流れの関数を導く。

複素速度ポテンシャルの実数部が，速度ポテンシャルである。

```
> Phi__f:=(r,theta)->(7): Phi__f(r,theta);
```

$$\frac{U\sim\left(a\sim^2+r\sim^2\right)\cos(\theta\sim)}{r\sim} \tag{10}$$

複素速度ポテンシャルの虚数部が，流れの関数である。

```
> Psi__f:=(r,theta)->(9): Psi__f(r,theta);
```

$$\frac{U\sim\left(-a\sim^2+r\sim^2\right)\sin(\theta\sim)}{r\sim} \tag{11}$$

C）流れの関数を用いて，流線の方程式を導く。

流線は，上述の流れの関数 Ψ_f = 一定 の曲線である。ある流線上の1点の極座標を (r_0, θ_0)，その点の直交座標を (x_0, y_0) とする。

```
> r__0=sqrt(x__0^2+y__0^2);
```

$$r_{0\sim} = \sqrt{x_{0\sim}^2 + y_{0\sim}^2} \qquad (12)$$

```
> sin(theta__0)=y__0/r__0;
```

$$\sin(\theta_{0\sim}) = \frac{y_{0\sim}}{r_{0\sim}} \qquad (13)$$

```
> Psi__f0=U*(r__0-a^2/r__0)*sin(theta__0);
```

$$\Psi_{f0} = U\sim \left(r_{0\sim} - \frac{a\sim^2}{r_{0\sim}} \right) \sin(\theta_{0\sim}) \qquad (14)$$

```
> algsubs((13),(14));
```

$$\Psi_{f0} = -\frac{U\sim \left(a\sim^2 - r_{0\sim}^2\right) y_{0\sim}}{r_{0\sim}^2} \qquad (15)$$

```
> subs((12),(15));
```

$$\Psi_{f0} = -\frac{U\sim \left(a\sim^2 - x_{0\sim}^2 - y_{0\sim}^2\right) y_{0\sim}}{x_{0\sim}^2 + y_{0\sim}^2} \qquad (16)$$

```
> (11)=lhs((14));
```

$$\frac{U\sim \left(-a\sim^2 + r\sim^2\right) \sin(\theta\sim)}{r\sim} = \Psi_{f0} \qquad (17)$$

```
> expand((17)*r);
```

$$-U\sim \sin(\theta\sim)\, a\sim^2 + U\sim \sin(\theta\sim)\, r\sim^2 = r\sim \Psi_{f0} \qquad (18)$$

```
> (18)-rhs((18));
```

$$-U\sim \sin(\theta\sim)\, a\sim^2 + U\sim \sin(\theta\sim)\, r\sim^2 - r\sim \Psi_{f0} = 0 \qquad (19)$$

```
> solve((19),[r]);
Warning, solve may be ignoring assumptions on the input variables.
```

$$\left[\left[r\sim = \frac{1}{2}\,\frac{\Psi_{f0} + \sqrt{\Psi_{f0}^2 + 4\,U\sim^2 \sin(\theta\sim)^2 a\sim^2}}{U\sim \sin(\theta\sim)}\right], \left[r\sim = -\frac{1}{2}\,\frac{-\Psi_{f0} + \sqrt{\Psi_{f0}^2 + 4\,U\sim^2 \sin(\theta\sim)^2 a\sim^2}}{\sin(\theta\sim)\, U\sim}\right]\right] \qquad (20)$$

グラフの上半分：$0 \leqq \theta \leqq \pi$ の場合，流線の方程式は次式で得られる。このとき，$y_0 \geqq 0$，かつ $\sin(\theta) \geqq 0$ である。

```
> (16);
```

$$\Psi_{f0} = -\frac{U\sim \left(a\sim^2 - x_{0\sim}^2 - y_{0\sim}^2\right) y_{0\sim}}{x_{0\sim}^2 + y_{0\sim}^2} \qquad (21)$$

```
> op(op(1,(20)));
```

当然，半径 $r > 0$ である

$$r\sim = \frac{1}{2}\,\frac{\Psi_{f0} + \sqrt{\Psi_{f0}^2 + 4\,U\sim^2 \sin(\theta\sim)^2 a\sim^2}}{U\sim \sin(\theta\sim)} \qquad (22)$$

```
> x=r*cos(theta);
```

$$x\sim = r\sim \cos(\theta\sim) \qquad (23)$$

```
> y=r*sin(theta);
```

$$y\sim = r\sim \sin(\theta\sim) \qquad (24)$$

```
> subs((21),(22));
```

$$r\sim=\frac{1}{2}\frac{1}{U\sim\sin(\theta\sim)}\left(-\frac{U\sim\left(a\sim^2-x_{0\sim}{}^2-y_{0\sim}{}^2\right)y_{0\sim}}{x_{0\sim}{}^2+y_{0\sim}{}^2}+\sqrt{\frac{U\sim^2\left(a\sim^2-x_{0\sim}{}^2-y_{0\sim}{}^2\right)^2y_{0\sim}{}^2}{\left(x_{0\sim}{}^2+y_{0\sim}{}^2\right)^2}+4\,U\sim^2\sin(\theta\sim)^2a\sim^2}\right) \quad \textbf{(25)}$$

```
> x__UHP=subs((25),rhs((23)));
```

$$x_{UHP}=\frac{1}{2}\frac{1}{U\sim\sin(\theta\sim)}\left(\left(-\frac{U\sim\left(a\sim^2-x_{0\sim}{}^2-y_{0\sim}{}^2\right)y_{0\sim}}{x_{0\sim}{}^2+y_{0\sim}{}^2}+\sqrt{\frac{U\sim^2\left(a\sim^2-x_{0\sim}{}^2-y_{0\sim}{}^2\right)^2y_{0\sim}{}^2}{\left(x_{0\sim}{}^2+y_{0\sim}{}^2\right)^2}+4\,U\sim^2\sin(\theta\sim)^2a\sim^2}\right)\cos(\theta\sim)\right) \quad \textbf{(26)}$$

```
> y__UHP=subs((25),rhs((24)));
```

$$y_{UHP}=\frac{1}{2}\frac{1}{U\sim}\left(-\frac{U\sim\left(a\sim^2-x_{0\sim}{}^2-y_{0\sim}{}^2\right)y_{0\sim}}{x_{0\sim}{}^2+y_{0\sim}{}^2}+\sqrt{\frac{U\sim^2\left(a\sim^2-x_{0\sim}{}^2-y_{0\sim}{}^2\right)^2y_{0\sim}{}^2}{\left(x_{0\sim}{}^2+y_{0\sim}{}^2\right)^2}+4\,U\sim^2\sin(\theta\sim)^2a\sim^2}\right) \quad \textbf{(27)}$$

グラフの下半分：$-\pi<\theta<0$ の場合，流線の方程式は次式で得られる。このとき，$y_0<0$，かつ $\sin(\theta)<0$ である。

```
> op(op(2,(20)));
```

当然，半径 $r>0$ である

$$r\sim=-\frac{1}{2}\frac{-\Psi_{f0}+\sqrt{\Psi_{f0}{}^2+4\,U\sim^2\sin(\theta\sim)^2a\sim^2}}{\sin(\theta\sim)\,U\sim} \quad \textbf{(28)}$$

```
> subs((21),(28));
```

$$r\sim=-\frac{1}{2}\frac{1}{\sin(\theta\sim)\,U\sim}\left(\frac{U\sim\left(a\sim^2-x_{0\sim}{}^2-y_{0\sim}{}^2\right)y_{0\sim}}{x_{0\sim}{}^2+y_{0\sim}{}^2}+\sqrt{\frac{U\sim^2\left(a\sim^2-x_{0\sim}{}^2-y_{0\sim}{}^2\right)^2y_{0\sim}{}^2}{\left(x_{0\sim}{}^2+y_{0\sim}{}^2\right)^2}+4\,U\sim^2\sin(\theta\sim)^2a\sim^2}\right) \quad \textbf{(29)}$$

```
> x__LHP=subs((29),rhs((23)));
```

$$x_{LHP}=-\frac{1}{2}\frac{1}{\sin(\theta\sim)\,U\sim}\left(\left(\frac{U\sim\left(a\sim^2-x_{0\sim}{}^2-y_{0\sim}{}^2\right)y_{0\sim}}{x_{0\sim}{}^2+y_{0\sim}{}^2}+\sqrt{\frac{U\sim^2\left(a\sim^2-x_{0\sim}{}^2-y_{0\sim}{}^2\right)^2y_{0\sim}{}^2}{\left(x_{0\sim}{}^2+y_{0\sim}{}^2\right)^2}+4\,U\sim^2\sin(\theta\sim)^2a\sim^2}\right)\cos(\theta\sim)\right) \quad \textbf{(30)}$$

```
> y__LHP=subs((29), rhs((24)));
```

$$y_{LHP} = -\frac{1}{2}\frac{1}{U\sim}\left(\frac{U\sim\left(a\sim^2 - x_{0\sim}^2 - y_{0\sim}^2\right)y_{0\sim}}{x_{0\sim}^2 + y_{0\sim}^2} + \sqrt{\frac{U\sim^2\left(a\sim^2 - x_{0\sim}^2 - y_{0\sim}^2\right)^2 y_{0\sim}^2}{\left(x_{0\sim}^2 + y_{0\sim}^2\right)^2} + 4\,U\sim^2 \sin(\theta\sim)^2 a\sim^2}\right) \quad (31)$$

グラフの上半分を描く。

```
> {U=1,a=1.1};
```

$$\{U\sim = 1, a\sim = 1.1\} \quad (32)$$

```
> subs((32),(26));
```

$$x_{UHP} = \frac{1}{2}\frac{1}{\sin(\theta\sim)}\left(\left(-\frac{\left(-x_{0\sim}^2 - y_{0\sim}^2 + 1.21\right)y_{0\sim}}{x_{0\sim}^2 + y_{0\sim}^2} + \sqrt{\frac{\left(-x_{0\sim}^2 - y_{0\sim}^2 + 1.21\right)^2 y_{0\sim}^2}{\left(x_{0\sim}^2 + y_{0\sim}^2\right)^2} + 4.84 \sin(\theta\sim)^2}\right)\cos(\theta\sim)\right) \quad (33)$$

```
> subs((32),(27));
```

$$y_{UHP} = -\frac{1}{2}\frac{\left(-x_{0\sim}^2 - y_{0\sim}^2 + 1.21\right)y_{0\sim}}{x_{0\sim}^2 + y_{0\sim}^2} + \frac{1}{2}\sqrt{\frac{\left(-x_{0\sim}^2 - y_{0\sim}^2 + 1.21\right)^2 y_{0\sim}^2}{\left(x_{0\sim}^2 + y_{0\sim}^2\right)^2} + 4.84 \sin(\theta\sim)^2} \quad (34)$$

```
> {x__0=3,y__0=0.25};
```

$$\{x_{0\sim} = 3, y_{0\sim} = 0.25\} \quad (35)$$

```
> subs((35),(33));
```

$$x_{UHP} = \frac{1}{2}\frac{\left(0.2166206897 + \sqrt{0.04692452319 + 4.84 \sin(\theta\sim)^2}\right)\cos(\theta\sim)}{\sin(\theta\sim)} \quad (36)$$

```
> subs((35),(34));
```

$$y_{UHP} = 0.1083103448 + \frac{1}{2}\sqrt{0.04692452319 + 4.84 \sin(\theta\sim)^2} \quad (37)$$

```
> GrSLU1:=plot([rhs((36)),rhs((37)),theta=Pi/100..Pi*99/100],
  axes=boxed, gridlines,labels=["x","y"],  labeldirections=
  ["horizontal","vertical"],color="Blue",thickness=3,
  titlefont=["メイリオ"], labelfont=["メイリオ"], axesfont=["メ
  イリオ"]):
> {x__0=3,y__0=0.5};
```

$$\{x_{0\sim} = 3, y_{0\sim} = 0.5\} \quad (38)$$

```
> subs((38),(33));
```

$$x_{UHP} = \frac{1}{2}\frac{\left(0.4345945946 + \sqrt{0.1888724616 + 4.84 \sin(\theta\sim)^2}\right)\cos(\theta\sim)}{\sin(\theta\sim)} \quad (39)$$

```
> subs((38),(34));
```

$$y_{UHP} = 0.2172972973 + \frac{1}{2}\sqrt{0.1888724616 + 4.84 \sin(\theta\sim)^2} \quad (40)$$

```
> GrSLU2:=plot([rhs((39)),rhs((40)),theta=Pi/100..Pi*99/100],
  color="Blue", thickness=3):
> {x__0=3,y__0=0.75};
```

$$\{x_{0\sim} = 3, y_{0\sim} = 0.75\} \quad (41)$$

```
> subs((41),(33));
```

$$x_{UHP} = \frac{1}{2}\,\frac{\left(0.6550980392 + \sqrt{0.4291534410 + 4.84\sin(\theta\sim)^2}\right)\cos(\theta\sim)}{\sin(\theta\sim)} \quad (42)$$

```
> subs((41),(34));
```

$$y_{UHP} = 0.3275490196 + \frac{1}{2}\sqrt{0.4291534410 + 4.84\sin(\theta\sim)^2} \quad (43)$$

```
> GrSLU3:=plot([rhs((42)),rhs((43)),theta=Pi/100..Pi*99/100],
  color="Blue", thickness=3):
> {x__0=3,y__0=1};
```

$$\{x_{0\sim} = 3, y_{0\sim} = 1\} \quad (44)$$

```
> subs((44),(33));
```

$$x_{UHP} = \frac{1}{2}\,\frac{\left(0.8790000000 + \sqrt{0.7726410000 + 4.84\sin(\theta\sim)^2}\right)\cos(\theta\sim)}{\sin(\theta\sim)} \quad (45)$$

```
> subs((44),(34));
```

$$y_{UHP} = 0.4395000000 + \frac{1}{2}\sqrt{0.7726410000 + 4.84\sin(\theta\sim)^2} \quad (46)$$

```
> GrSLU4:=plot([rhs((45)),rhs((46)),theta=Pi/100..Pi*99/100],
  color="Blue", thickness=3):
> {x__0=3,y__0=1.25};
```

$$\{x_{0\sim} = 3, y_{0\sim} = 1.25\} \quad (47)$$

```
> subs((47),(33));
```

$$x_{UHP} = \frac{1}{2}\,\frac{\left(1.106804734 + \sqrt{1.225016719 + 4.84\sin(\theta\sim)^2}\right)\cos(\theta\sim)}{\sin(\theta\sim)} \quad (48)$$

```
> subs((47),(34));
```

$$y_{UHP} = 0.5534023670 + \frac{1}{2}\sqrt{1.225016719 + 4.84\sin(\theta\sim)^2} \quad (49)$$

```
> GrSLU5:=plot([rhs((48)),rhs((49)),theta=Pi/100..Pi*99/100],
  color="Blue", thickness=3):
> {x__0=3,y__0=1.5};
```

$$\{x_{0\sim} = 3, y_{0\sim} = 1.5\} \quad (50)$$

```
> subs((50),(33));
```

$$x_{UHP} = \frac{1}{2}\,\frac{\left(1.338666667 + \sqrt{1.792028444 + 4.84\sin(\theta\sim)^2}\right)\cos(\theta\sim)}{\sin(\theta\sim)} \quad (51)$$

```
> subs((50),(34));
```

$$y_{UHP} = 0.6693333335 + \frac{1}{2}\sqrt{1.792028444 + 4.84\sin(\theta\sim)^2} \quad (52)$$

```
> GrSLU6:=plot([rhs((51)),rhs((52)),theta=Pi/100..Pi*99/100],
  color="Blue", thickness=3):
> {x__0=3,y__0=0};
```

$$\{x_{0\sim} = 3, y_{0\sim} = 0\} \quad (53)$$

```
> subs((32),x__Cyl=a*cos(theta));
```

$$x_{Cyl} = 1.1\cos(\theta\sim) \quad (54)$$

```
> subs((32),y__Cyl=a*sin(theta));
```

$$y_{Cyl} = 1.1\sin(\theta\sim) \quad (55)$$

```
> GrCYL:=plot([rhs((54)),rhs((55)),theta=-Pi..Pi], color="Red",
  thickness=3, filled=[color="Red",transparency=0.5]):
```

グラフの下半分を描く。

```
> subs((32),(30));
```

$$x_{LHP} = -\frac{1}{2}\frac{1}{\sin(\theta\sim)}\left(\left(\frac{(-x_{0\sim}^2 - y_{0\sim}^2 + 1.21)\,y_{0\sim}}{x_{0\sim}^2 + y_{0\sim}^2} + \sqrt{\frac{(-x_{0\sim}^2 - y_{0\sim}^2 + 1.21)^2\,y_{0\sim}^2}{(x_{0\sim}^2 + y_{0\sim}^2)^2} + 4.84\sin(\theta\sim)^2}\right)\cos(\theta\sim)\right) \quad (56)$$

```
> subs((32),(31));
```

$$y_{LHP} = -\frac{1}{2}\frac{(-x_{0\sim}^2 - y_{0\sim}^2 + 1.21)\,y_{0\sim}}{x_{0\sim}^2 + y_{0\sim}^2} - \frac{1}{2}\sqrt{\frac{(-x_{0\sim}^2 - y_{0\sim}^2 + 1.21)^2\,y_{0\sim}^2}{(x_{0\sim}^2 + y_{0\sim}^2)^2} + 4.84\sin(\theta\sim)^2} \quad (57)$$

```
> {x__0=3,y__0=-0.25};
```

$$\{x_{0\sim} = 3, y_{0\sim} = -0.25\} \quad (58)$$

```
> subs((58),(56));
```

$$x_{LHP} = -\frac{1}{2}\frac{\left(0.2166206897 + \sqrt{0.04692452319 + 4.84\sin(\theta\sim)^2}\right)\cos(\theta\sim)}{\sin(\theta\sim)} \quad (59)$$

```
> subs((58),(57));
```

$$y_{LHP} = -0.1083103448 - \frac{1}{2}\sqrt{0.04692452319 + 4.84\sin(\theta\sim)^2} \quad (60)$$

```
> GrSLL1:=plot([rhs((59)),rhs((60)),theta=-Pi*99/100..-Pi/100],
color="Green", thickness=3):
> {x__0=3,y__0=-0.5};
```

$$\{x_{0\sim} = 3, y_{0\sim} = -0.5\} \quad (61)$$

```
> subs((61),(56));
```

$$x_{LHP} = -\frac{1}{2}\frac{\left(0.4345945946 + \sqrt{0.1888724616 + 4.84\sin(\theta\sim)^2}\right)\cos(\theta\sim)}{\sin(\theta\sim)} \quad (62)$$

```
> subs((61),(57));
```

$$y_{LHP} = -0.2172972973 - \frac{1}{2}\sqrt{0.1888724616 + 4.84\sin(\theta\sim)^2} \quad (63)$$

```
> GrSLL2:=plot([rhs((62)),rhs((63)),theta=-Pi*99/100..-Pi/100],
color="Green", thickness=3):
> {x__0=3,y__0=-0.75};
```

$$\{x_{0\sim} = 3, y_{0\sim} = -0.75\} \quad (64)$$

```
> subs((64),(56));
```

$$x_{LHP} = -\frac{1}{2}\frac{\left(0.6550980392 + \sqrt{0.4291534410 + 4.84\sin(\theta\sim)^2}\right)\cos(\theta\sim)}{\sin(\theta\sim)} \quad (65)$$

```
> subs((64),(57));
```

$$y_{LHP} = -0.3275490196 - \frac{1}{2}\sqrt{0.4291534410 + 4.84\sin(\theta\sim)^2} \quad (66)$$

```
> GrSLL3:=plot([rhs((65)),rhs((66)),theta=-Pi*99/100..-Pi/100],
color="Green", thickness=3):
> {x__0=3,y__0=-1};
```

$$\{x_{0\sim} = 3, y_{0\sim} = -1\} \quad (67)$$

```
> subs((67),(56));
```

$$x_{LHP} = -\frac{1}{2}\,\frac{\left(0.8790000000 + \sqrt{0.7726410000 + 4.84\sin(\theta\sim)^2}\right)\cos(\theta\sim)}{\sin(\theta\sim)} \tag{68}$$

```
> subs((67),(57));
```

$$y_{LHP} = -0.4395000000 - \frac{1}{2}\sqrt{0.7726410000 + 4.84\sin(\theta\sim)^2} \tag{69}$$

```
> GrSLL4:=plot([rhs((68)),rhs((69)),theta=-Pi*99/100..-Pi/100],
  color="Green", thickness=3):
> {x__0=3,y__0=-1.25};
```

$$\{x_{0\sim} = 3, y_{0\sim} = -1.25\} \tag{70}$$

```
> subs((70),(56));
```

$$x_{LHP} = -\frac{1}{2}\,\frac{\left(1.106804734 + \sqrt{1.225016719 + 4.84\sin(\theta\sim)^2}\right)\cos(\theta\sim)}{\sin(\theta\sim)} \tag{71}$$

```
> subs((70),(57));
```

$$y_{LHP} = -0.5534023670 - \frac{1}{2}\sqrt{1.225016719 + 4.84\sin(\theta\sim)^2} \tag{72}$$

```
> GrSLL5:=plot([rhs((71)),rhs((72)),theta=-Pi*99/100..-Pi/100],
  color="Green", thickness=3):
> {x__0=3,y__0=-1.5};
```

$$\{x_{0\sim} = 3, y_{0\sim} = -1.5\} \tag{73}$$

```
> subs((73),(56));
```

$$x_{LHP} = -\frac{1}{2}\,\frac{\left(1.338666667 + \sqrt{1.792028444 + 4.84\sin(\theta\sim)^2}\right)\cos(\theta\sim)}{\sin(\theta\sim)} \tag{74}$$

```
> subs((73),(57));
```

$$y_{LHP} = -0.6693333335 - \frac{1}{2}\sqrt{1.792028444 + 4.84\sin(\theta\sim)^2} \tag{75}$$

```
> GrSLL6:=plot([rhs((74)),rhs((75)),theta=-Pi*99/100..-Pi/100],
  color="Green", thickness=3):
```

D）流線のグラフを描く。

```
> plots[display]([GrSLU1,GrSLU2,GrSLU3,GrSLU4,GrSLU5,GrSLU6,
  GrSLL1,GrSLL2,GrSLL3,GrSLL4,GrSLL5,GrSLL6,GrCYL], scaling=
  constrained, view=[-3..3,-2..2]);
```

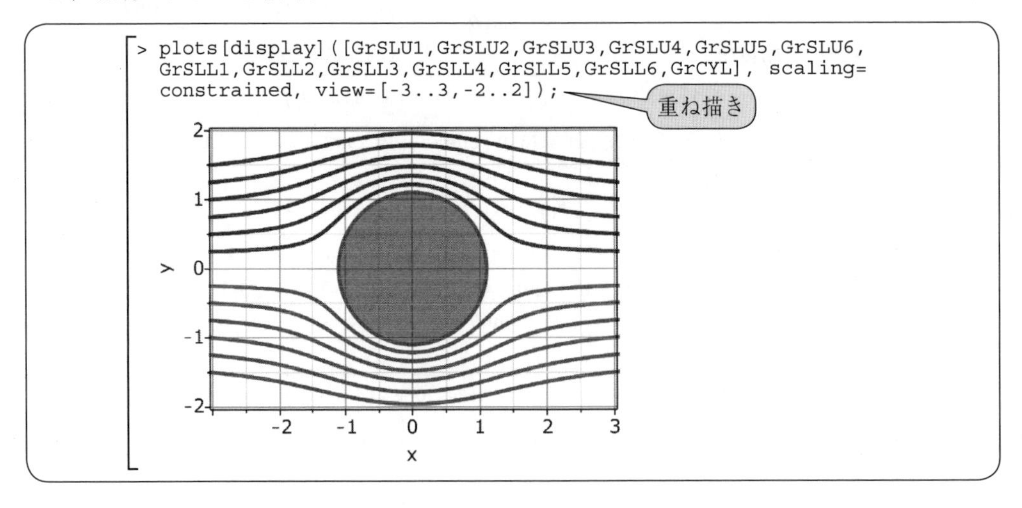

6.5.2　ジューコフスキー変換

設問

次式の写像変換

$$w = z + \frac{1}{z}$$

で，6.5.1項で描いた円柱まわりの流線を変換し，ジューコフスキー翼とそのまわりの流線を描け。

解法のプロセス

1. **問題を理解する。**

与えられたデータや条件：ジューコフスキー変換式，円柱まわりの流線の方程式。

すでに解いたことのあるやさしい問題：上述のジューコフスキー変換式は，正則関数である。また，前の問題のはじめ（「問題を理解する」）に述べたように，円柱まわりの複素速度ポテンシャルも正則関数である。そして正則関数の正則関数もまた，正則関数であることが定理として知られている。ゆえに，円筒まわりの複素速度ポテンシャルのジューコフスキー変換は，やはり正則関数になる。

未知のもの：ジューコフスキー翼とそのまわりの流線の方程式。

2. **解の計画を立てる。**

A）ジューコフスキー変換を使って，円柱を翼形状に変換する。

B）円柱まわりの流線を，翼まわりの流線に変換する。

C）流線のグラフを描く。

3. **計画を実行する。**

解の計画の実行

A）ジューコフスキー変換を使って，円柱を翼形状に変換する。

複素平面の直交座標 (x, y) について，ジューコフスキー変換する式を立てる。

```
> assume(x::real,y::real);
> z__J=x+I*y;
```

$$z_J = x\sim + \mathrm{I}\, y\sim \qquad (76)$$

```
> w=z__J+1/z__J;
```

ジューコフスキー変換の式

$$w = z_J + \frac{1}{z_J} \qquad (77)$$

```
> Eval((77),(76));
```

$$\left(w = z_J + \frac{1}{z_J}\right)\Bigg|_{z_J = x\sim + \mathrm{I}\, y\sim} \qquad (78)$$

```
> value((78));
```

$$w = x\sim + \mathrm{I}\, y\sim + \frac{1}{x\sim + \mathrm{I}\, y\sim} \tag{79}$$

ジューコフスキー変換後の直交座標の成分 (u, v) を導く。

```
> u=Re(rhs((79)));
```

$$u = x\sim + \frac{x\sim}{x\sim^2 + y\sim^2} \tag{80}$$

```
> v=Im(rhs((79)));
```

$$v = y\sim - \frac{y\sim}{x\sim^2 + y\sim^2} \tag{81}$$

円柱形状を，ジューコフスキー翼形状に変換する。

```
> x__p=rhs((54)); # a*cos(theta);
```

$$x_p = 1.1\cos(\theta\sim) \tag{82}$$

```
> y__p=rhs((55)); # a*sin(theta);
```

$$y_p = 1.1\sin(\theta\sim) \tag{83}$$

```
> x__0=-0.1;
```

$$x_{0\sim} = -0.1 \tag{84}$$

```
> y__0=0.1;
```

$$y_{0\sim} = 0.1 \tag{85}$$

```
> eval({x=x__p+x__0,y=y__p+y__0},{(82),(83),(84),(85)});
```

$$\{x\sim = 1.1\cos(\theta\sim) - 0.1,\ y\sim = 1.1\sin(\theta\sim) + 0.1\} \tag{86}$$

```
> eval((80),(86));
```

$$u = 1.1\cos(\theta\sim) - 0.1 + \frac{1.1\cos(\theta\sim) - 0.1}{(1.1\cos(\theta\sim) - 0.1)^2 + (1.1\sin(\theta\sim) + 0.1)^2} \tag{87}$$

```
> eval((81),(86));
```

$$v = 1.1\sin(\theta\sim) + 0.1 - \frac{1.1\sin(\theta\sim) + 0.1}{(1.1\cos(\theta\sim) - 0.1)^2 + (1.1\sin(\theta\sim) + 0.1)^2} \tag{88}$$

```
> GrJW:=plot([rhs((87)),rhs((88)),theta=-Pi..Pi], axes=boxed,
  gridlines,labels=["u","v"],  labeldirections=
  ["horizontal","vertical"], color="Red", thickness=3,
  filled=[color="Red",transparency=0.5],thickness=3,
  titlefont=["メイリオ"], labelfont=["メイリオ"], axesfont=["メ
  イリオ"]):
```

B）円柱まわりの流線を，翼まわりの流線に変換する。

翼自体の形状と同じく，6.5.1 項の練習問題で導いた円柱まわりの流線の方程式を，ジューコフスキー変換すればよい。これをもとに，読者各位が導出されたい。

C）流線のグラフを描く。

```
> plots[display]([GrJW,GrSLWU1,GrSLWU2,GrSLWU3,GrSLWU4,
  GrSLWU5,GrSLWU6,GrSLWL1,GrSLWL2,GrSLWL3,GrSLWL4,GrSLWL5,
  GrSLWL6], scaling=constrained, view=[-3..3,-2..2]);
```

重ね描き

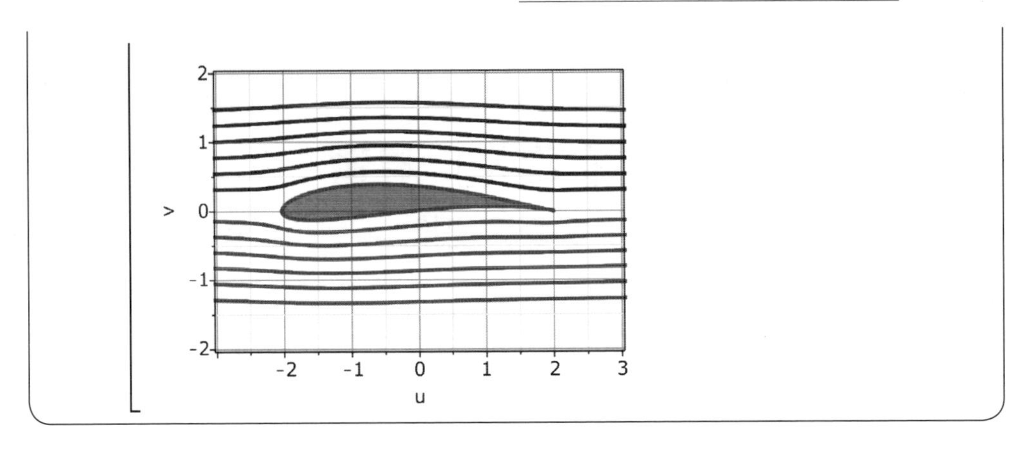

2
1
v 0
-1
-2
-2 -1 0 1 2 3
u

7 「制御工学」演習（ラプラス変換）

本章では，制御工学の基礎として，線形時不変システムの古典制御法について，STEM コンピューティングを演習する。7.1 節では剛体振り子の運動方程式を立て，それを線形化し，そのラプラス変換によって伝達関数を導く。7.2 節では周波数応答により，フィードバック系のゲイン余裕と位相余裕の計算を練習する。7.3 節では伝達関数の時間応答（インデシャル応答）により，過渡応答特性の解析を練習する。7.4 節ではフィードバック制御系に入力する目標値と外乱に対する，定常応答特性の解析を練習する。

7.1 剛体振り子の線形化モデルと伝達関数

7.1.1 線形化モデルの導出

設問

つぎのような剛体振り子の運動方程式を構築せよ。

・質量：M〔kg〕

・密度は一様とする

・長さ：L〔m〕

・振り子の一端はピンジョイントに接合し，回転自由である

・振り子の重心位置：ピンジョイントからの距離 $= L/2$〔m〕

・ピンジョイントまわりの慣性モーメント：J〔kg･m^2〕

・ピンジョイントまわりに振り子に作用する粘性抵抗トルクの係数：D〔N･m･s/rad〕

・ピンジョイントまわりに振り子に作用する入力トルク（時刻 t の関数）：$T_m(t)$〔N･m〕

・重力加速度：g〔m/s^2〕

つぎに，入力トルクがゼロ（同次方程式）の場合，この運動方程式の平衡点を求めよ。さらに，その平衡点近傍で線形化した方程式を求めよ。

解法のプロセス

1. 問題を理解する。

この系の図（ポンチ絵）を描け。そこに，必要な記号を書き加えよ。

与えられたデータや条件：剛体振り子の諸元（質量，寸法，慣性モーメントなど），ジョイントの条件，振り子に作用するトルク。

未知のもの：この振り子の運動方程式，同次方程式の平衡点，平衡点近傍で線形化した方程式。

2. 解の計画を立てる。

A）ピンジョイントまわりの回転の運動方程式を立てる。

B）その運動方程式の同次方程式の平衡点を求める。

C）その平衡点まわりに線形近似した方程式を求める。

3. 計画を実行する。

解の計画の実行

A）ピンジョイントまわりの回転の運動方程式を立てる。

```
> restart:
```

重力方向（鉛直下向き）からの剛体振り子の角度変位を $\theta(t)$ で表し，反時計回りを正にとる。振り子の運動方程式は次式になる。

```
> J*diff(theta(t),t$2)=-D*diff(theta(t),t)-M*g*sin(theta(t))
  *(L/2)+T__m(t);
```

$$J\left(\frac{d^2}{dt^2}\theta(t)\right) = -D\left(\frac{d}{dt}\theta(t)\right) - \frac{1}{2}Mg\sin(\theta(t))L + T_m(t) \quad \textbf{(1)}$$

```
> isolate((1),T__m(t));
```

入力トルク $T_m(t)$ に関する式に変形する

$$T_m(t) = D\left(\frac{d}{dt}\theta(t)\right) + J\left(\frac{d^2}{dt^2}\theta(t)\right) + \frac{1}{2}Mg\sin(\theta(t))L \quad \textbf{(2)}$$

```
> rhs((2))=lhs((2));
```

左辺と右辺を入れ替える

$$D\left(\frac{d}{dt}\theta(t)\right) + J\left(\frac{d^2}{dt^2}\theta(t)\right) + \frac{1}{2}Mg\sin(\theta(t))L = T_m(t) \quad \textbf{(3)}$$

B）運動方程式の同次方程式の平衡点を求める。

同次方程式は，入力トルクが恒等的にゼロの運動方程式なので，次式である。

```
> lhs((3))=0;
```

$$D\left(\frac{d}{dt}\theta(t)\right) + J\left(\frac{d^2}{dt^2}\theta(t)\right) + \frac{1}{2}Mg\sin(\theta(t))L = 0 \quad \textbf{(4)}$$

平衡状態（角速度と角加速度がともにゼロ）を，同次方程式に代入する。

```
> diff(theta(t),t)=0;
```

$$\frac{d}{dt}\theta(t)=0 \tag{5}$$

```
> diff(theta(t),t$2)=0;
```

$$\frac{d^2}{dt^2}\theta(t)=0 \tag{6}$$

```
> eval((4),{(5),(6)});
```

平衡状態の条件式を，同次方程式に設定する

$$\frac{1}{2}Mg\sin(\theta(t))L=0 \tag{7}$$

```
> isolate((7),sin(theta(t)));
```

平衡状態で成り立つ角変位の方程式である

$$\sin(\theta(t))=0 \tag{8}$$

よって，角変位がゼロ（すなわち鉛直下向きの状態），および，角変位がπ（すなわち鉛直上向きの倒立状態）の二つが，同次方程式の平衡点である。

C）平衡点まわりに線形近似した方程式を求める。

まず，角変位がゼロの平衡点（鉛直下向きの状態）まわりの線形近似方程式を導く。

上述の運動方程式で線形化が必要なのは，重力のモーメントのサイン関数だけであるから，サイン関数のテイラー展開を用いる。

2次以上を剰余項として，テイラー級数を求める

```
> taylor(sin(theta),theta=0,2);
```

$$\theta+O(\theta^3) \tag{9}$$

```
> convert((9),polynom);
```

上記のテイラー級数を，近似多項式に変換する

$$\theta \tag{10}$$

```
> eval((10),theta=theta(t));
```

角変位の変数を時間関数に直す

$$\theta(t) \tag{11}$$

```
> eval((3),sin(theta(t))=(11));
```

サイン関数の項を上記の近似多項式に置き換える

$$D\left(\frac{d}{dt}\theta(t)\right)+J\left(\frac{d^2}{dt^2}\theta(t)\right)+\frac{1}{2}Mg\theta(t)L=T_m(t) \tag{12}$$

これが，角変位がゼロの平衡点まわりの線形近似方程式である。

つぎに，角変位がπの平衡点（鉛直上向きの倒立状態）まわりの線形近似方程式を導く。手順は上と同様であり，サイン関数のテイラー展開がπ近傍であることだけが異なる。

```
> taylor(sin(theta),theta=Pi,2);
```
（2次以上を剰余項として，テイラー級数を求める）

$$-(\theta-\pi)+O\left((\theta-\pi)^3\right) \quad \textbf{(13)}$$

```
> convert((13),polynom);
```
（上記のテイラー級数を，近似多項式に変換する）

$$-\theta+\pi \quad \textbf{(14)}$$

```
> eval((14),theta=theta(t));
```
（角変位の変数を時間関数に直す）

$$-\theta(t)+\pi \quad \textbf{(15)}$$

```
> eval((3),sin(theta(t))=(15));
```
（サイン関数の項を上記の近似多項式に置き換える）

$$D\left(\frac{d}{dt}\theta(t)\right)+J\left(\frac{d^2}{dt^2}\theta(t)\right)+\frac{1}{2}Mg\left(-\theta(t)+\pi\right)L=T_m(t) \quad \textbf{(16)}$$

```
> expand((16));
```
（かっこの箇所を展開する）

$$D\left(\frac{d}{dt}\theta(t)\right)+J\left(\frac{d^2}{dt^2}\theta(t)\right)-\frac{1}{2}Mg\theta(t)L+\frac{1}{2}MgL\pi=T_m(t) \quad \textbf{(17)}$$

以上２種類の平衡点まわりの方程式を比較すると，重力のモーメントの項の符号が異なる。前者は，重力のモーメントが平衡点からの微小ずれを復元する作用があり，安定な平衡点である。それに対して，後者は平衡点からの微小ずれを増大するので，不安定な平衡点である。

7.1.2 伝達関数の導出

設問

7.1.1項の問題で導出した，剛体振り子の線形化モデルについて，入力トルク $T_m(t)$ から，角変位 $\theta(t)$ までの伝達関数を導出せよ。

解法のプロセス

1. 問題を理解する。

与えられたデータや条件：２種類の平衡点まわりのそれぞれについて，剛体振り子の線形化モデル。

未知のもの：上記の伝達関数モデル。

2. 解の計画を立てる。

A）鉛直下向きの平衡点まわりの伝達関数モデルを導く。

B）鉛直上向きの平衡点まわりの伝達関数モデルを導く。

3. 計画を実行する。

解の計画の実行

A）鉛直下向きの平衡点まわりの伝達関数モデルを導く。

```
> restart:
> with(inttrans):
```
下記でラプラス変換を行うため，積分変換パッケージを準備する

前の設問で導いた，鉛直下向きの平衡点まわりの線形近似方程式を，再利用する。

```
> (12);
```
当該の方程式

$$\mathrm{D}\left(\frac{\mathrm{d}}{\mathrm{d}t}\theta(t)\right)+J\left(\frac{\mathrm{d}^2}{\mathrm{d}t^2}\theta(t)\right)+\frac{1}{2}Mg\theta(t)L=T_m(t) \quad (18)$$

上記の線形時不変な微分方程式をラプラス変換し，所望の伝達関数を導く。

```
> laplace((18),t,s);
```
t は時刻の変数，s はラプラス変換の複素変数である

$$\mathrm{D}\,laplace(\theta(t),t,s)\,s-\mathrm{D}\theta(0)+J\,laplace(\theta(t),t,s)\,s^2-J\theta(0)\,s-J\mathrm{D}(\theta)(0)+\frac{1}{2}MgL\,laplace(\theta(t),t,s)=laplace(T_m(t),t,s) \quad (19)$$

```
> laplace(theta(t),t,s)=Theta(s);
```
角変位のラプラス変換を，大文字のシータで表す

$$laplace(\theta(t),t,s)=\Theta(s) \quad (20)$$

```
> laplace(T__m(t),t,s)=T__m(s);
```
入力トルクのラプラス変換である

$$laplace(T_m(t),t,s)=T_m(s) \quad (21)$$

```
> VarLaplace:=[(20),(21)];
```
上記のラプラス変換された変数を，リストにまとめる

$$VarLaplace:=\left[laplace(\theta(t),t,s)=\Theta(s),\ laplace(T_m(t),t,s)=T_m(s)\right] \quad (22)$$

```
> theta(0)=0;
```
角変位の初期値をゼロ（＝平衡点）とする

$$\theta(0)=0 \quad (23)$$

```
> (D(theta))(0)=0;
```
角速度の初期値をゼロとする

$$\mathrm{D}(\theta)(0)=0 \quad (24)$$

```
> InitValues:=[(23),(24)];
```
上記の初期値をリストにまとめる

$$InitValues:=\left[\theta(0)=0,\ \mathrm{D}(\theta)(0)=0\right] \quad (25)$$

```
> subs([op(VarLaplace),op(InitValues)],(19));
```
上述の微分方程式のラプラス変換式に，ラプラス変換後の記号と初期値を代入する

$$\mathrm{D}\Theta(s)\,s+J\Theta(s)\,s^2+\frac{1}{2}MgL\Theta(s)=T_m(s) \quad (26)$$

```
> sort((26),s);
```
見やすさのため，左辺を変数 s の降べきの順にする

$$J\Theta(s)\,s^2+\mathrm{D}\Theta(s)\,s+\frac{1}{2}MgL\Theta(s)=T_m(s) \quad (27)$$

```
> isolate((27),Theta(s));
```
角変位を出力とする式に変形する

$$\Theta(s)=\frac{T_m(s)}{Js^2+\mathrm{D}s+\frac{1}{2}MgL} \quad (28)$$

```
> G__1(s):=coeff(rhs((28)),T__m(s));
```
求める伝達関数 $(G_1(s))$ は，上式の右辺で，入力トルクにかかる有理式である

$$G_1(s):=\frac{1}{Js^2+\mathrm{D}s+\frac{1}{2}MgL} \quad (29)$$

```
> G__1(s);
```

$$\frac{1}{Js^2+\mathrm{D}s+\frac{1}{2}MgL} \quad (30)$$

B）鉛直上向きの平衡点まわりの伝達関数モデルを導く。

前の設問で導いた，鉛直上向きの平衡点まわりの線形近似方程式を，再利用する。

```
> (17);
```
当該の方程式

$$\mathrm{D}\left(\frac{\mathrm{d}}{\mathrm{d}t}\theta(t)\right)+J\left(\frac{\mathrm{d}^2}{\mathrm{d}t^2}\theta(t)\right)-\frac{1}{2}Mg\theta(t)L+\frac{1}{2}MgL\pi=T_m(t) \quad \textbf{(31)}$$

上記の線形時不変な微分方程式をラプラス変換し，所望の伝達関数を導く。

```
> laplace((31),t,s);
```
t は時刻の変数，s はラプラス変換の複素変数である

$$\mathrm{D}\,laplace(\theta(t),t,s)\,s-\mathrm{D}\theta(0)+J\,laplace(\theta(t),t,s)\,s^2-J\theta(0)\,s-J\mathrm{D}(\theta)(0)-\frac{1}{2}MgL\,laplace(\theta(t),t,s)+\frac{1}{2}\frac{MgL\pi}{s}=laplace(T_m(t),t,s) \quad \textbf{(32)}$$

```
> theta(0)=Pi;
```
角変位の初期値を π（＝平衡点）とする

$$\theta(0)=\pi \quad \textbf{(33)}$$

```
> (D(theta))(0)=0;
```
角速度の初期値をゼロとする

$$\mathrm{D}(\theta)(0)=0 \quad \textbf{(34)}$$

```
> InitValues2:=[(33),(34)];
```
上記の初期値をリストにまとめる

$$InitValues2:=[\theta(0)=\pi,\mathrm{D}(\theta)(0)=0] \quad \textbf{(35)}$$

```
> subs([op(VarLaplace),op(InitValues2)],(32));
```
上述の微分方程式のラプラス変換式に，ラプラス変換後の記号と初期値を代入する

$$\mathrm{D}\Theta(s)\,s-\mathrm{D}\pi+J\Theta(s)\,s^2-J\pi s-\frac{1}{2}MgL\Theta(s)+\frac{1}{2}\frac{MgL\pi}{s}=T_m(s) \quad \textbf{(36)}$$

```
> isolate((36),Theta(s));
```
角変位を出力とする式に変形する

$$\Theta(s)=\frac{T_m(s)+\mathrm{D}\pi+J\pi s-\frac{1}{2}\frac{MgL\pi}{s}}{\mathrm{D}s+Js^2-\frac{1}{2}MgL} \quad \textbf{(37)}$$

```
> lhs((37))=collect(rhs((37)),T__m(s));
```
右辺を入力トルクに関する項と，それ以外に分ける

$$\Theta(s)=\frac{T_m(s)}{\mathrm{D}s+Js^2-\frac{1}{2}MgL}+\frac{\mathrm{D}\pi+J\pi s-\frac{1}{2}\frac{MgL\pi}{s}}{\mathrm{D}s+Js^2-\frac{1}{2}MgL} \quad \textbf{(38)}$$

```
> G__2(s):=coeff(rhs((38)),T__m(s));
```
求める伝達関数（$G_2(s)$）は，上式の右辺で，入力トルクにかかる有理式である

$$G_2(s):=\frac{1}{\mathrm{D}s+Js^2-\frac{1}{2}MgL} \quad \textbf{(39)}$$

```
> G__2(s);
```

$$\frac{1}{\mathrm{D}s+Js^2-\frac{1}{2}MgL} \quad \textbf{(40)}$$

7.2　ゲイン余裕と位相余裕

設問[1)]

制御対象の伝達関数 $P(s)$

$$P(s)=\frac{0.4}{(s+0.1)(s+2)^2}$$

に対して，定数フィードバック（係数 K）で閉ループ系を構成する。このとき，つぎの問いに答えよ。

1） $K=10$ の場合について，位相余裕とゲイン余裕を計算せよ。

2） K をさらに大きくして，安定限界に達する K の値を求めよ。

解法のプロセス

1. 問題を理解する。

この系のブロック線図（ポンチ絵）を描け。そこに，必要な記号を書き加えよ。

[与えられたデータや条件]：制御対象の伝達関数 $P(s)$，定数フィードバックによる閉ループ系の構成。

[未知のもの]：フィードバック係数 $K=10$ での位相余裕とゲイン余裕。安定限界になる係数 K の値。

[すでに解いたことのあるやさしい問題]：複素周波数応答の導出～ナイキスト軌跡の作成の過程に，6.1 節で練習した「複素数の算術」を活用できる。

2. 解の計画を立てる。

A）閉ループ系の一巡伝達関数を求め，さらにその複素周波数応答関数を導く。

B）ナイキスト軌跡とボード線図を描き，位相余裕とゲイン余裕を計算する。

C）K をさらに大きくして，安定限界に達する K の値を求める。

3. 計画を実行する。

4. 振り返ってみる。

解の計画の実行

A）閉ループ系の一巡伝達関数を求め，さらにその複素周波数応答関数を導く。

```
> restart:
> with(plots):
```

ボード線図（対数グラフ）等を描くために，パッケージを準備する

制御対象の伝達関数 $P(s)$ を定式化し，一巡伝達関数の複素周波数応答関数を導く。

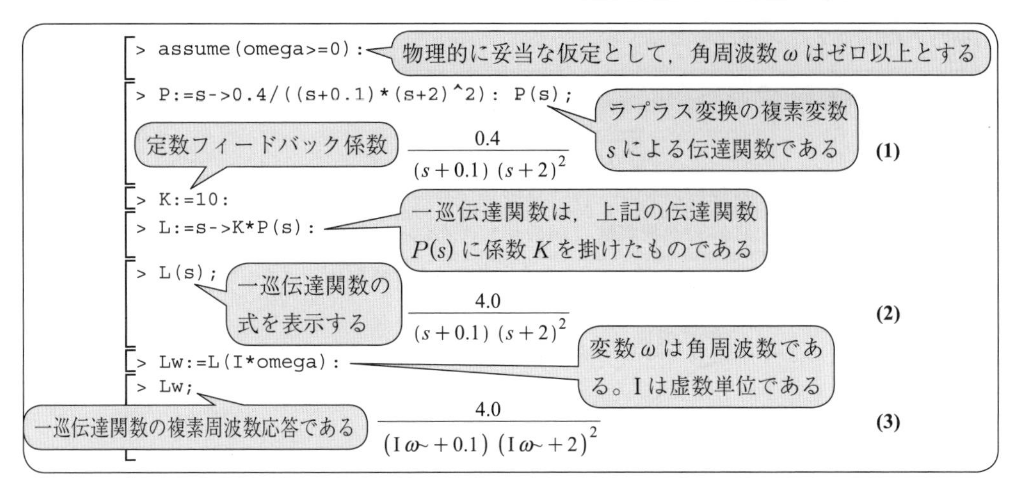

```
> assume(omega>=0):
> P:=s->0.4/((s+0.1)*(s+2)^2): P(s);
```

$$\frac{0.4}{(s+0.1)\,(s+2)^2} \qquad (1)$$

```
> K:=10:
> L:=s->K*P(s):
> L(s);
```

$$\frac{4.0}{(s+0.1)\,(s+2)^2} \qquad (2)$$

```
> Lw:=L(I*omega):
> Lw;
```

$$\frac{4.0}{(\mathrm{I}\,\omega\sim+0.1)\,(\mathrm{I}\,\omega\sim+2)^2} \qquad (3)$$

B）ナイキスト軌跡とボード線図を描き，位相余裕とゲイン余裕を計算する。

ナイキスト軌跡を描く。

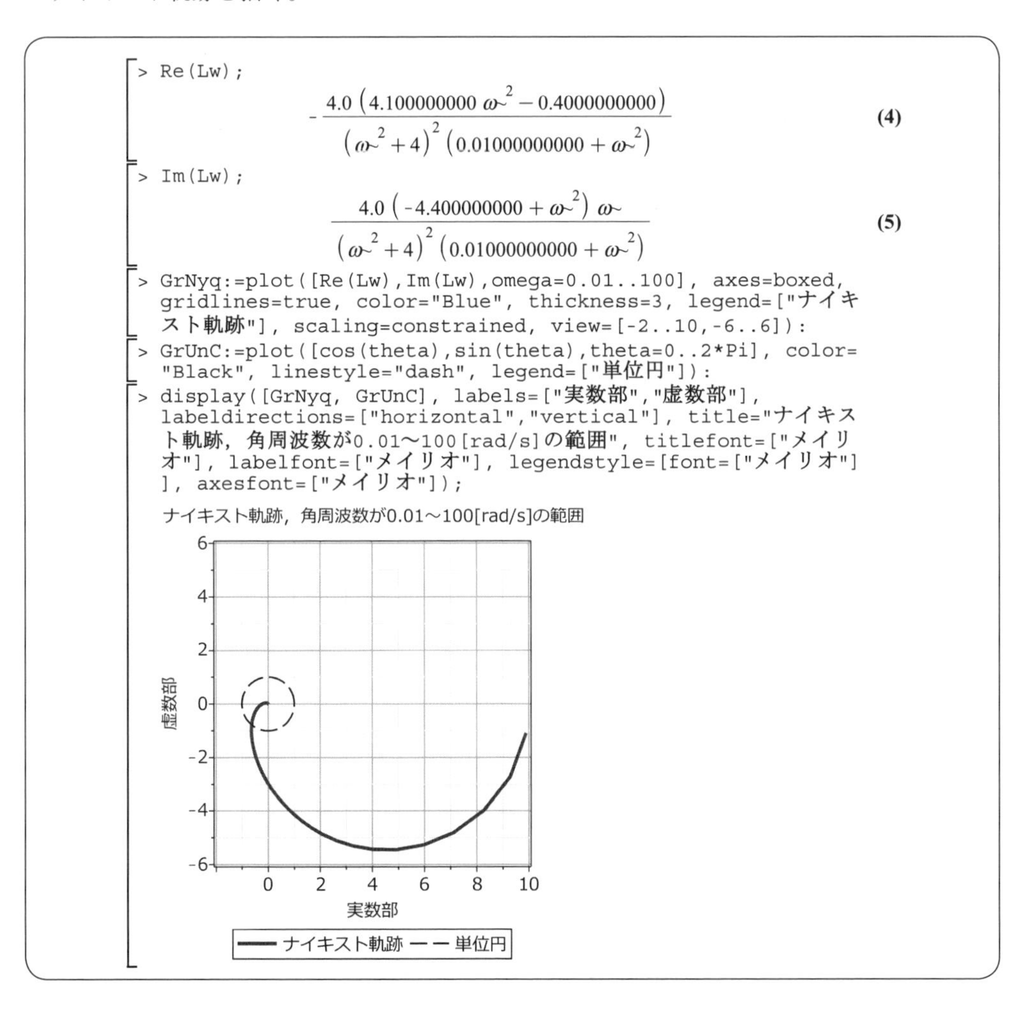

```
> Re(Lw);
```

$$-\frac{4.0\,(4.100000000\,\omega\sim^2-0.4000000000)}{(\omega\sim^2+4)^2\,(0.01000000000+\omega\sim^2)} \qquad (4)$$

```
> Im(Lw);
```

$$\frac{4.0\,(-4.400000000+\omega\sim^2)\,\omega\sim}{(\omega\sim^2+4)^2\,(0.01000000000+\omega\sim^2)} \qquad (5)$$

```
> GrNyq:=plot([Re(Lw),Im(Lw),omega=0.01..100], axes=boxed,
  gridlines=true, color="Blue", thickness=3, legend=["ナイキ
  スト軌跡"], scaling=constrained, view=[-2..10,-6..6]):
> GrUnC:=plot([cos(theta),sin(theta),theta=0..2*Pi], color=
  "Black", linestyle="dash", legend=["単位円"]):
> display([GrNyq, GrUnC], labels=["実数部","虚数部"],
  labeldirections=["horizontal","vertical"], title="ナイキス
  ト軌跡, 角周波数が0.01～100[rad/s]の範囲", titlefont=["メイリ
  オ"], labelfont=["メイリオ"], legendstyle=[font=["メイリオ"]
  ], axesfont=["メイリオ"]);
```

ボード線図（ゲイン特性）を描く。

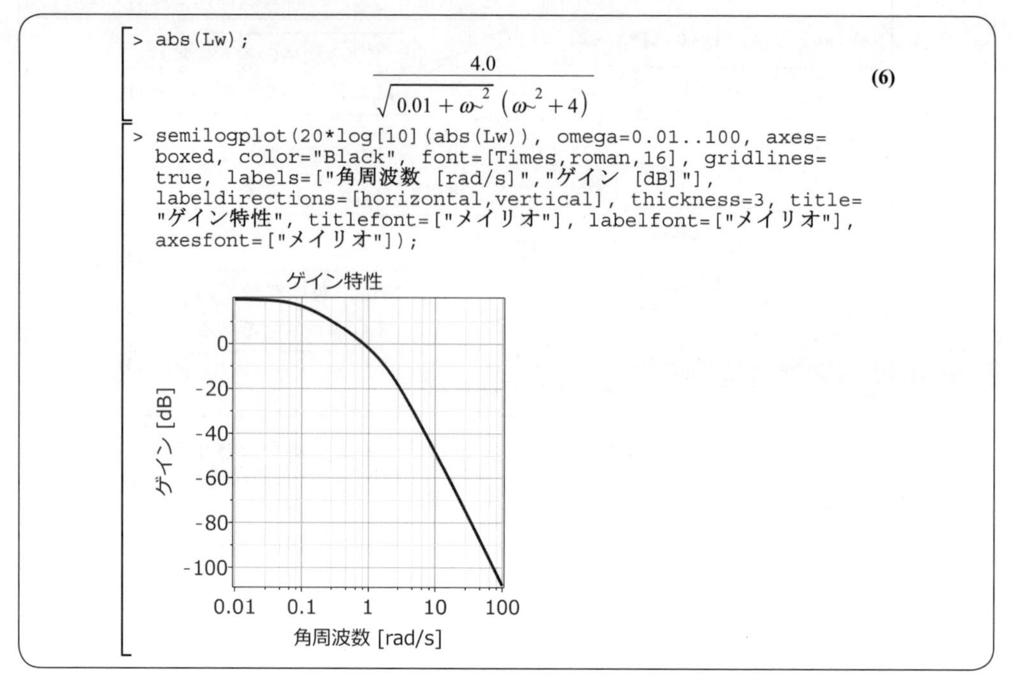

```
> abs(Lw);
```

$$\frac{4.0}{\sqrt{0.01+\omega\sim^2}\,\left(\omega\sim^2+4\right)} \qquad (6)$$

```
> semilogplot(20*log[10](abs(Lw)), omega=0.01..100, axes=
  boxed, color="Black", font=[Times,roman,16], gridlines=
  true, labels=["角周波数 [rad/s]","ゲイン [dB]"],
  labeldirections=[horizontal,vertical], thickness=3, title=
  "ゲイン特性", titlefont=["メイリオ"], labelfont=["メイリオ"],
  axesfont=["メイリオ"]);
```


ボード線図（位相特性）を描く。

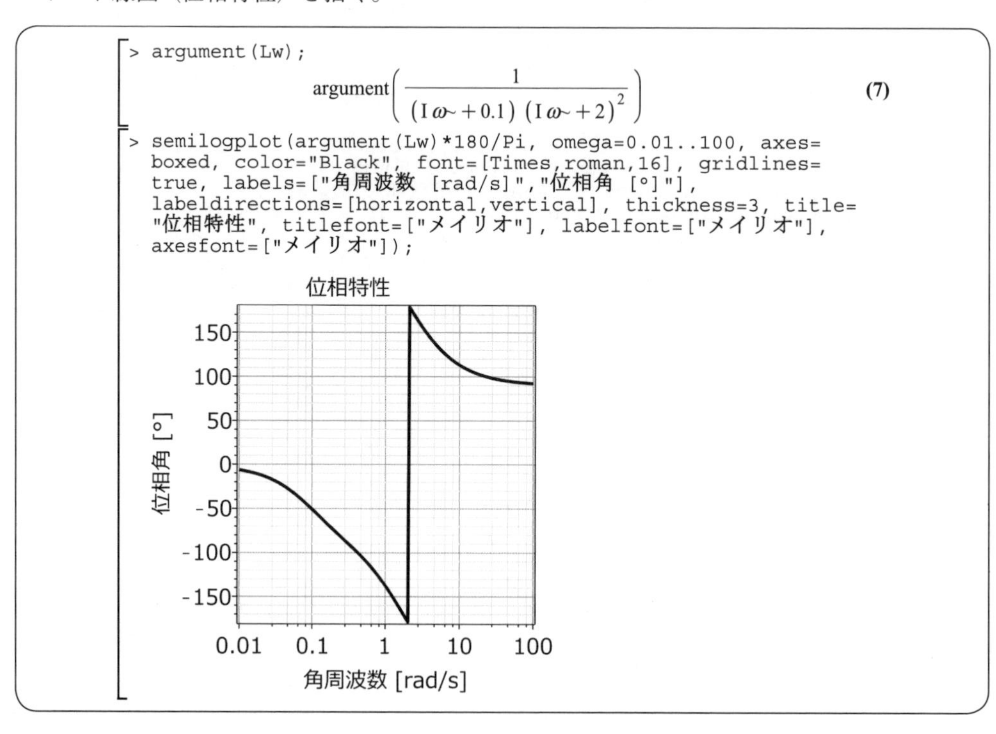

```
> argument(Lw);
```

$$\mathrm{argument}\left(\frac{1}{\left(\mathrm{I}\,\omega\sim+0.1\right)\left(\mathrm{I}\,\omega\sim+2\right)^2}\right) \qquad (7)$$

```
> semilogplot(argument(Lw)*180/Pi, omega=0.01..100, axes=
  boxed, color="Black", font=[Times,roman,16], gridlines=
  true, labels=["角周波数 [rad/s]","位相角 [°]"],
  labeldirections=[horizontal,vertical], thickness=3, title=
  "位相特性", titlefont=["メイリオ"], labelfont=["メイリオ"],
  axesfont=["メイリオ"]);
```

位相余裕を計算する。

```
> eval((6), omega=wgx)=1;
```

ゲイン交差角周波数（wgx〔rad/s〕）を求める方程式を立てる

$$\frac{4.0}{\sqrt{0.01+wgx^2}\,(wgx^2+4)}=1 \quad \textbf{(8)}$$

```
> (8)*denom(lhs((8)));
```

方程式を変形する

$$4.0=\sqrt{0.01+wgx^2}\,(wgx^2+4) \quad \textbf{(9)}$$

```
> solve((9), [wgx]);
```

$$[[wgx=0.8431768873], [wgx=-0.8431768873]] \quad \textbf{(10)}$$

```
> op(1,(10));
```

ゲイン交差角周波数（wgx〔rad/s〕）は当然，正値であり，ボード線図から読み取れる値に一致する

$$[wgx=0.8431768873] \quad \textbf{(11)}$$

```
> 180+eval(subs(op(1,(10)), eval((7),omega=wgx)))*180/Pi;
```

$$51.0441809 \quad \textbf{(12)}$$

位相余裕〔°〕は，ボード線図から読み取れる値に一致する

ゲイン余裕を計算する。

```
> eval((5), omega=wpx)=0;
```

位相交差角周波数（wpx〔rad/s〕）を求める方程式を立てる。ナイキスト軌跡が実軸と交差する角周波数を求める方程式である

$$\frac{4.0\,(-4.400000000+wpx^2)\,wpx}{(wpx^2+4)^2\,(0.01000000000+wpx^2)}=0 \quad \textbf{(13)}$$

```
> (13)*denom(lhs((13)));
```

必要な方程式は，左辺の分子多項式の零点が未知数であり，分母多項式には無関係である

$$4.0\,(-4.400000000+wpx^2)\,wpx=0 \quad \textbf{(14)}$$

```
> solve((14), [wpx]);
```

$$[[wpx=0.], [wpx=2.097617696], [wpx=-2.097617696]] \quad \textbf{(15)}$$

```
> op(2,(15));
```

位相交差角周波数（wpx〔rad/s〕）は当然，正値であり，ボード線図から読み取れる値に一致する

$$[wpx=2.097617696] \quad \textbf{(16)}$$

```
> -20*log[10](subs(op(2,(15)), eval((6), omega=wpx)));
```

ゲイン余裕〔dB〕は，ボード線図から読み取れる値に一致する

$$12.88877179 \quad \textbf{(17)}$$

C）Kをさらに大きくして，安定限界に達するKの値を求める。

安定限界でのナイキスト軌跡をつぎの図に示す。この場合の係数Kの値は，上記 B）などを参考にして，読者各位が導出されたい。

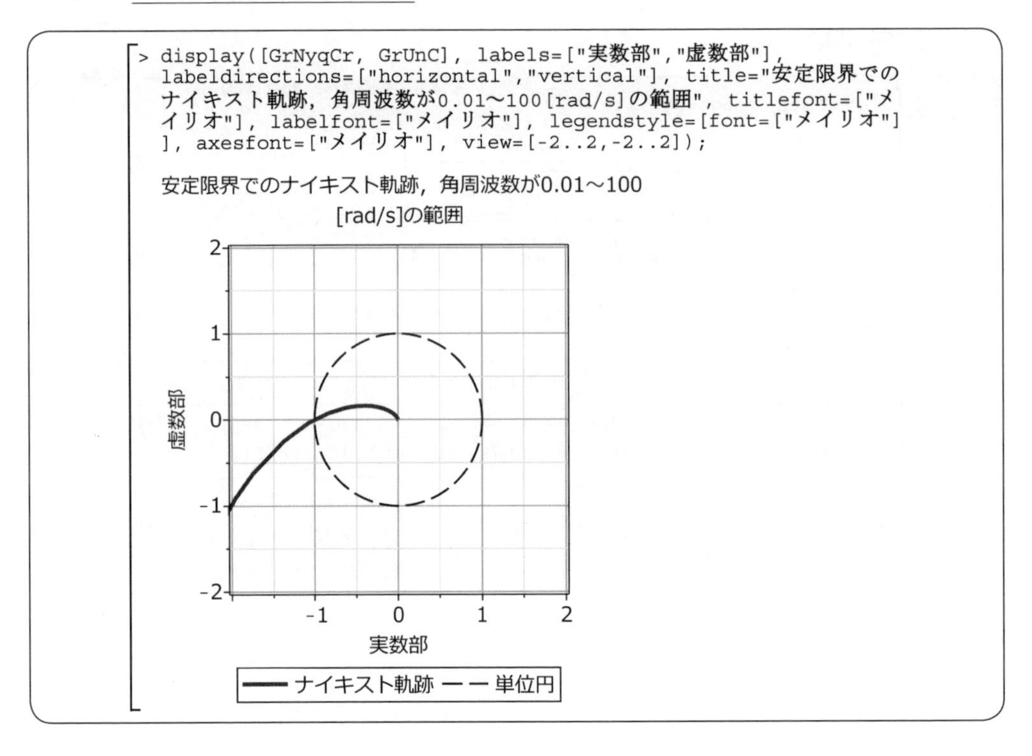

7.3　時間応答（1）：過渡応答

設問[1)]

伝達関数

$$G(s) = \frac{-8s+8}{s^2+6s+8}$$

のインデシャル応答（時刻 t の関数）を求めよ。

また，そのグラフを描き，行過ぎ量，立上り時間，整定時間の各値を求めよ。

解法のプロセス

1. 問題を理解する。

与えられたデータや条件：伝達関数 $G(s)$。およびそれらに単位ステップ関数が入力されること。

未知のもの：伝達関数のインデシャル応答のグラフ。行過ぎ量，立上り時間，整定時間。

2. 解の計画を立てる。

伝達関数のインデシャル応答を計算し，過渡応答の特性を算出する。

3. **計画を実行する。**

解の計画の実行

伝達関数のインデシャル応答を計算し，過渡応答の特性を算出する。

```
> restart:
> with(inttrans):
```

以下でラプラス変換を用いるので，積分変換パッケージを準備する

伝達関数を定式化し，そのインデシャル応答を逆ラプラス変換で導出し，そのグラフを描く。

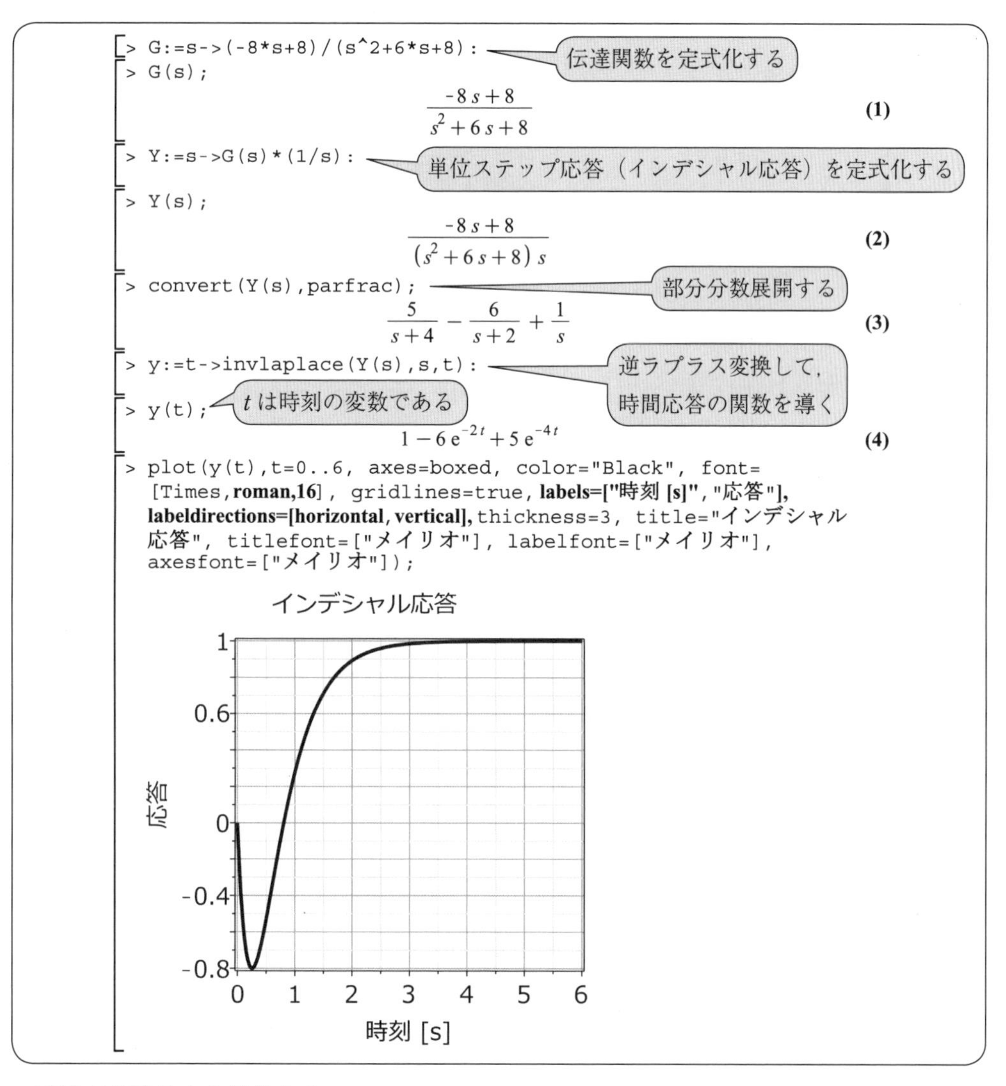

過渡応答特性を定量化する。

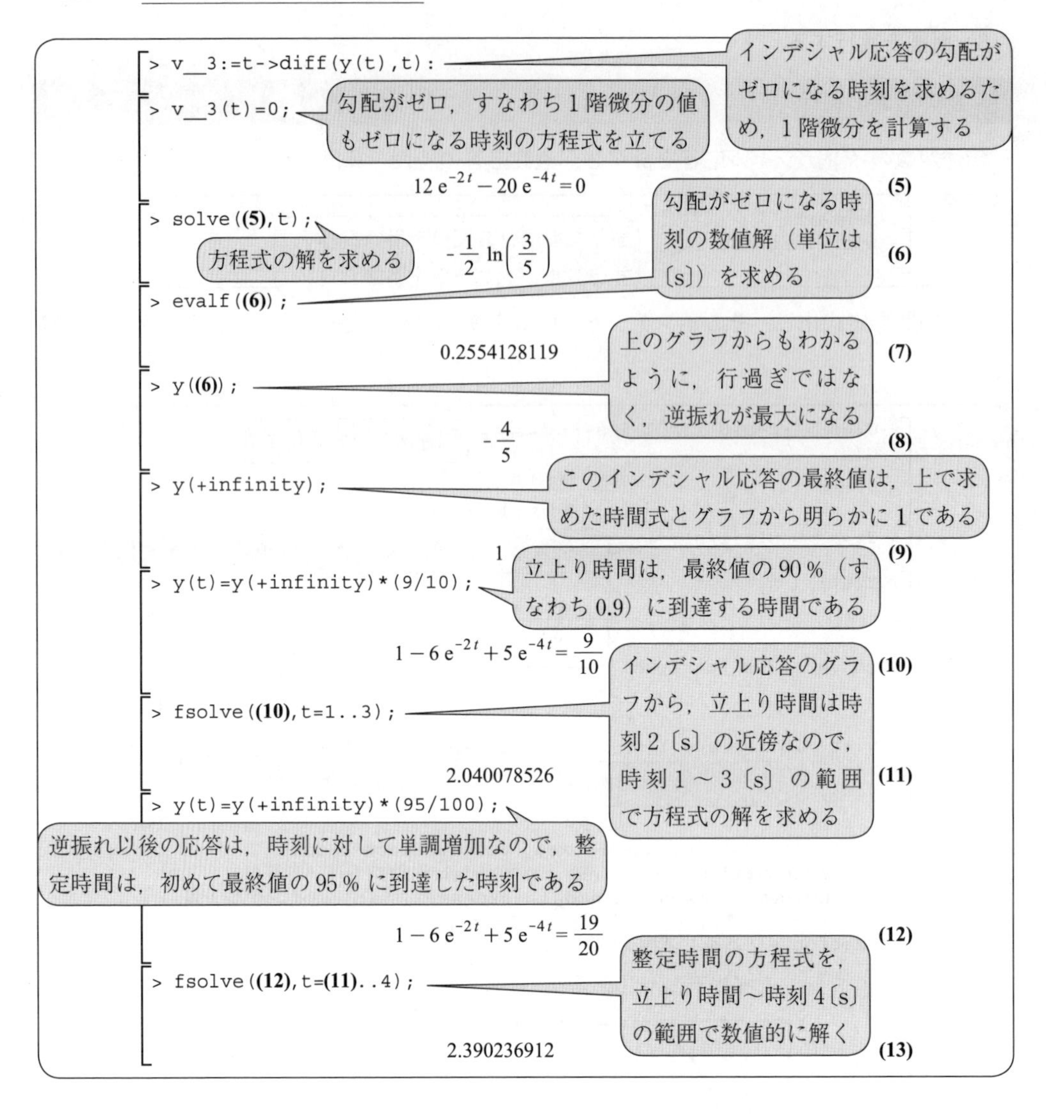

7.4　時間応答（2）：定常応答

設問[1)]

図7.1に示すフィードバック制御系において，伝達関数 $C(s)$ と $P(s)$ を具体的に決めて

1）　目標値 $R(s)$ に対する定常位置偏差，定常速度偏差

2）　外乱 $D(s)$ に対する定常位置偏差，定常速度偏差

を求めよ。

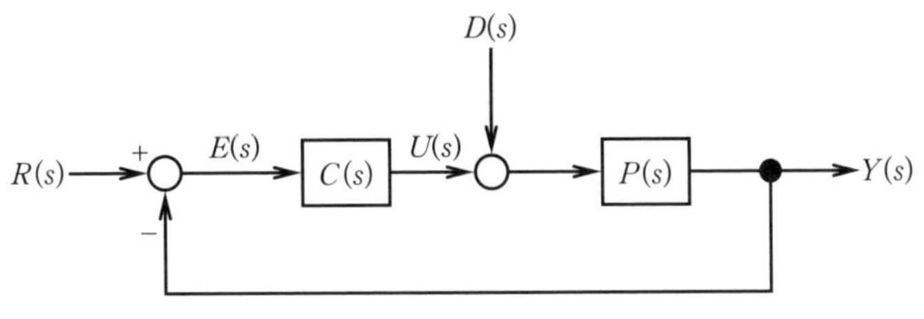

図 7.1　フィードバック制御系のブロック線図

解法のプロセス

1. 問題を理解する。

与えられたデータや条件：フィードバック制御系の構造，目標値と外乱が入力する箇所，応答の箇所。

未知のもの：目標値に対する定常位置偏差と定常速度偏差。
外乱に対する定常位置偏差と定常速度偏差。

2. 解の計画を立てる。

A）フィードバック制御系の各種伝達関数を定式化する。

B）目標値に対する定常偏差を求める。

C）外乱に対する定常偏差を求める。

3. 計画を実行する。

解の計画の実行

A）フィードバック制御系の各種伝達関数を定式化する。

```
> restart:
```

各種の伝達関数を，定式化する。

```
> Y(s)=P(s)*(D(s)+U(s));        ← この制御系の応答 Y(s) に関する式である
```
$$Y(s)=P(s)\ (\mathrm{D}(s)+U(s)) \quad \textbf{(1)}$$

```
> U(s)=C(s)*E(s);        ← 要素 C(s) の出力 U(s) に関する式である
```
$$U(s)=C(s)\ E(s) \quad \textbf{(2)}$$

```
> E(s)=R(s)-Y(s);        ← 目標値に対する応答の偏差 E(s) に関する式である
```
$$E(s)=R(s)-Y(s) \quad \textbf{(3)}$$

```
> isolate((3),Y(s));        ← 応答 Y(s) に関する式に変形する
```
$$Y(s)=-E(s)+R(s) \quad \textbf{(4)}$$

```
> subs((2),(1));        ← 信号 U(s) の記号を消去する
```
$$Y(s)=P(s)\ (\mathrm{D}(s)+C(s)\ E(s)) \quad \textbf{(5)}$$

```
> expand((5));
```
$$Y(s)=P(s)\ \mathrm{D}(s)+P(s)\ C(s)\ E(s) \quad \textbf{(6)}$$

```
> subs((4),(6));
```

応答 $Y(s)$ の記号を消去する

$$-E(s)+R(s)=P(s)\,\mathrm{D}(s)+P(s)\,C(s)\,E(s) \quad (7)$$

```
> isolate((7),E(s));
```

偏差 $E(s)$ に関する式に変形する

$$E(s)=\frac{-R(s)+P(s)\,\mathrm{D}(s)}{-1-P(s)\,C(s)} \quad (8)$$

```
> simplify((8));
```

$$E(s)=\frac{-P(s)\,\mathrm{D}(s)+R(s)}{P(s)\,C(s)+1} \quad (9)$$

```
> lhs((9))=collect(rhs((9)),[R(s),D(s)]);
```

右辺を目標値に関する項と，外乱に関する項に分ける

$$E(s)=\frac{R(s)}{P(s)\,C(s)+1}-\frac{P(s)\,\mathrm{D}(s)}{P(s)\,C(s)+1} \quad (10)$$

```
> C:=s->(4*s+6)/(s+1):
> C(s);
```

偏差 $E(s)$ に作用する要素の具体的な伝達関数 $C(s)$ を定式化する

$$\frac{4s+6}{s+1} \quad (11)$$

```
> P:=s->1/s:
> P(s);
```

外乱 $D(s)$ が加わった直後の要素の具体的な伝達関数 $P(s)$ を定式化する

$$\frac{1}{s} \quad (12)$$

```
> simplify((10));
```

$$E(s)=\frac{(s+1)\,(R(s)\,s-\mathrm{D}(s))}{s^2+5s+6} \quad (13)$$

```
> lhs((13))=collect(rhs((13)),[R(s),D(s)]);
```

右辺を目標値に関する項と，外乱に関する項に分ける

$$E(s)=\frac{R(s)\,s\,(s+1)}{s^2+5s+6}-\frac{\mathrm{D}(s)\,(s+1)}{s^2+5s+6} \quad (14)$$

以上の結果から，目標値 $R(s)$ と外乱 $D(s)$ のそれぞれから，偏差 $E(s)$ までの伝達関数は次式である。

```
> Gre:=s->coeff(rhs((14)),R(s)):
> Gre(s);
```

目標値 $R(s)$ から偏差 $E(s)$ までの伝達関数である

$$\frac{s\,(s+1)}{s^2+5s+6} \quad (15)$$

```
> Gde:=s->coeff(rhs((14)),D(s)):
> Gde(s);
```

外乱 $D(s)$ から偏差 $E(s)$ までの伝達関数である

$$-\frac{s+1}{s^2+5s+6} \quad (16)$$

B）目標値に対する定常偏差を求める。

定常位置偏差は，目標値が単位ステップ関数の場合の定常偏差である。

```
> limit(s*eval(Gre(s)*R(s),R(s)=1/s),s=0);
```

定常偏差を，ラプラス変換の最終値定理で計算する

$$0 \quad (17)$$

定常速度偏差は，目標値がランプ関数の場合の偏差である。

```
> limit(s*eval(Gre(s)*R(s),R(s)=1/s^2),s=0);
```

$$\frac{1}{6} \tag{18}$$

定常偏差を，ラプラス変換の最終値定理で計算する

C）外乱に対する定常偏差を求める。

定常位置偏差は，外乱が単位ステップ関数の場合の定常偏差である。

```
> limit(s*eval(Gde(s)*D(s),D(s)=1/s),s=0);
```

$$-\frac{1}{6} \tag{19}$$

定常偏差を，ラプラス変換の最終値定理で計算する

定常速度偏差は，外乱がランプ関数の場合の定常偏差である。

```
> s*eval(Gde(s)*D(s),D(s)=1/s^2);
```

$$-\frac{s+1}{s\,(s^2+5\,s+6)} \tag{20}$$

```
> limit((20),s=0);
```

定常偏差を，ラプラス変換の最終値定理で計算する

undefined **(21)**

この極限では，明らかに分子が有限かつ分母がゼロなので，極値は無限大である

8 マルチドメイン CAE を目指すネクスト・ステップ

本章の目的は，以上の章で出力型学習した STEM コンピューティングのスキルを基礎として，読者がマルチドメイン（複合領域）の機械システム設計に援用する道標にして頂くことである。そのために，8.1 節では，剛体の機械力学と単純な電磁気回路と現代制御法が複合するメカトロニクスについて，STEM コンピューティングを活用し，最適制御をシミュレーションする例を紹介する。この例は，数式処理と数値計算を統合した技術計算であり，例えばメーカ設計者には，設計計算書を作成する参考になり得る。8.2 節では，モデル予測制御の CAE ツールとして STEM コンピューティングが活用される事例や，電気・機械系の複合領域シミュレーションに関して，参考図書を紹介する。

8.1 最適制御の技術計算の基礎

本節では，剛体の機械力学と単純な電磁気回路と現代制御法が複合するメカトロニクスについて，最適制御をシミュレーションする例を紹介する。この例は，STEM コンピューティングの特長である，数式処理と数値計算を統合した技術計算である。

7 章「制御工学」では伝達関数を用いて，いわゆる古典制御的手法を練習した。それに対して，ここでは現代制御的手法として，状態方程式を立て，最適制御の評価関数を定式化する方法を示す。制御工学に関心を持たれる読者各位には，この STEM コンピューティング・ワークシートを解読し，適宜，自身が取り組む課題に活用して頂きたい。

設問

図 8.1 に示した直流モータによる慣性体の位置決め機構において，ある初期角変位（始点）から別の角変位（終点）まで，所定の角度ストロークの位置決め動作を行う。位置決めの両端では，角速度と角加速度はゼロとする。

この系について，以下に答えよ。

1）電気的時定数と機械的時定数を用いた状態方程式モデルを立てよ。

2）最適制御（状態変数の 2 次形式 + 制御入力の高次形式で最大印加電圧のペナルティ）のオイラー・ラグランジュ（EL）方程式を立てよ。

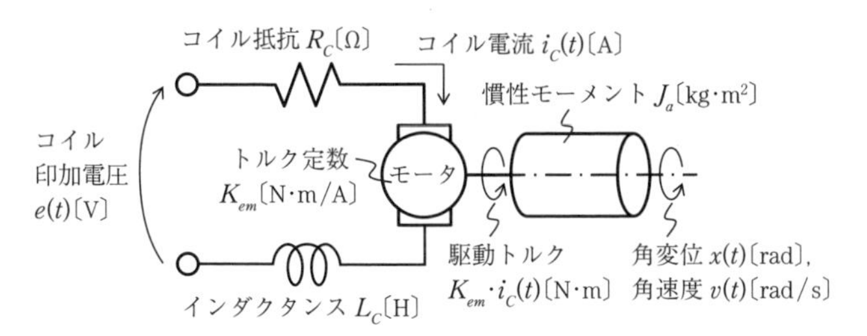

図 8.1　直流モータによる慣性体の位置決め機構

3）所定の数値計算用パラメータを用いて数値計算を実行し，印加電圧と位置決め動作の時間応答（角加速度，角速度，角変位）を求めよ。

解法のプロセス

1. **問題を理解する。**

与えられたデータや条件：対象物は慣性体である。所定の角度ストロークの位置決め動作を行う。始点と終点で角速度と角加速度はゼロとする。直流モータが駆動トルクを発生する。

未知のもの：電気的時定数と機械的時定数を用いた対象系のモデル。最適制御（状態変数の 2 次形式＋制御入力の高次形式で最大印加電圧のペナルティ）のオイラー・ラグランジュ方程式。

2. **解の計画を立てる。**

A）この系を，電気的時定数と機械的時定数を用いてモデル化する。

B）上記 A）のモデルから，状態方程式を立てる。

C）拘束条件を定式化する。

D）境界条件（終端条件ペナルティ）を定式化する。

E）評価関数を定式化する。

F）オイラー・ラグランジュ（EL）方程式を立てる。

G）数値計算パラメータを設定する。

H）EL 方程式を離散化し，制御入力系列の代数方程式を導出する。

I）数値計算を実行する。

3. **計画を実行する。**

解の計画の実行

```
> restart:
> with(LinearAlgebra):
```

A）この系を，電気的時定数と機械的時定数を用いてモデル化する。

実体モデル：電気と力学の簡単な物理法則を用いて，対象系（図8.1）の数式モデルを立て，**図8.2**のブロック線図を描く。

```
> e(t) = Rc*ic(t)+Lc*(diff(ic(t), t))+Kem*v(t);
```

$$e(t) = Rc\,ic(t) + Lc\left(\frac{d}{dt}\,ic(t)\right) + Kem\,v(t) \qquad (1)$$

```
> Ja*(diff(v(t), t)) = Kem*ic(t);
```

$$Ja\left(\frac{d}{dt}\,v(t)\right) = Kem\,ic(t) \qquad (2)$$

```
> diff(x(t), t) = v(t);
```

$$\frac{d}{dt}\,x(t) = v(t) \qquad (3)$$

```
> isolate((2), diff(v(t), t));
```

$$\frac{d}{dt}\,v(t) = \frac{Kem\,ic(t)}{Ja} \qquad (4)$$

```
> isolate((1), Lc*(diff(ic(t), t)));
```

$$Lc\left(\frac{d}{dt}\,ic(t)\right) = e(t) - Rc\,ic(t) - Kem\,v(t) \qquad (5)$$

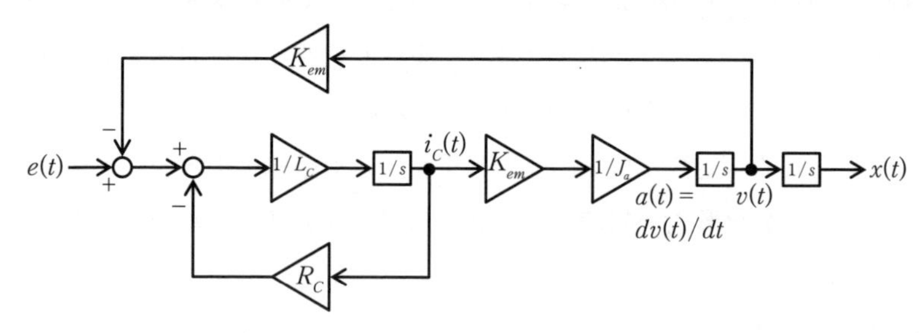

図8.2　位置決め機構のブロック線図

上位概念モデル：電気的時定数（T_e）と機械的時定数（T_m）を用いて，上記の実体モデルを式変形し，ブロック線図も**図8.3**に変換する。

```
> diff(v(t), t) = a(t);
```

$$\frac{d}{dt}\,v(t) = a(t) \qquad (6)$$

```
> subs((6),(4));
```

$$a(t) = \frac{Kem\,ic(t)}{Ja} \qquad (7)$$

```
> isolate((7),ic(t));
```

$$ic(t) = \frac{a(t)\,Ja}{Kem} \qquad (8)$$

```
> eval(subs((8),(5)));
```

$$\frac{Lc\left(\frac{d}{dt}\,a(t)\right)Ja}{Kem} = e(t) - \frac{Rc\,a(t)\,Ja}{Kem} - Kem\,v(t) \qquad (9)$$

```
> expand((9)/(Kem));
```

$$\frac{Lc\left(\frac{d}{dt}\,a(t)\right)Ja}{Kem^2} = \frac{e(t)}{Kem} - \frac{Rc\,a(t)\,Ja}{Kem^2} - v(t) \qquad (10)$$

```
> Ja*Rc/Kem^2 = Tm;
```

$$\frac{Ja\,Rc}{Kem^2} = Tm \tag{11}$$

```
> Lc/Rc = Te;
```

$$\frac{Lc}{Rc} = Te \tag{12}$$

```
> isolate((11),Kem^2);
```

$$Kem^2 = \frac{Ja\,Rc}{Tm} \tag{13}$$

```
> sqrt(lhs((13))) = sqrt(rhs((13))) assuming(Kem>0);
```

$$Kem = \sqrt{\frac{Ja\,Rc}{Tm}} \tag{14}$$

```
> vlim(t) = e(t)/Kem;
```

$$vlim(t) = \frac{e(t)}{Kem} \tag{15}$$

```
> isolate((15),e(t));
```

$$e(t) = vlim(t)\,Kem \tag{16}$$

```
> subs((16),(10));
```

$$\frac{Lc\left(\frac{\mathrm{d}}{\mathrm{d}t}a(t)\right)Ja}{Kem^2} = vlim(t) - \frac{Rc\,a(t)\,Ja}{Kem^2} - v(t) \tag{17}$$

```
> subs((14),(17));
```

$$\frac{Tm\,Lc\left(\frac{\mathrm{d}}{\mathrm{d}t}a(t)\right)}{Rc} = vlim(t) - Tm\,a(t) - v(t) \tag{18}$$

```
> isolate((12),Rc);
```

$$Rc = \frac{Lc}{Te} \tag{19}$$

```
> subs((19),(18));
```

$$Tm\,Te\left(\frac{\mathrm{d}}{\mathrm{d}t}a(t)\right) = vlim(t) - Tm\,a(t) - v(t) \tag{20}$$

```
> subs((15),(20));
```

$$Tm\,Te\left(\frac{\mathrm{d}}{\mathrm{d}t}a(t)\right) = \frac{e(t)}{Kem} - Tm\,a(t) - v(t) \tag{21}$$

```
> expand(Kem*(21));
```

$$Kem\,Tm\,Te\left(\frac{\mathrm{d}}{\mathrm{d}t}a(t)\right) = e(t) - Kem\,Tm\,a(t) - Kem\,v(t) \tag{22}$$

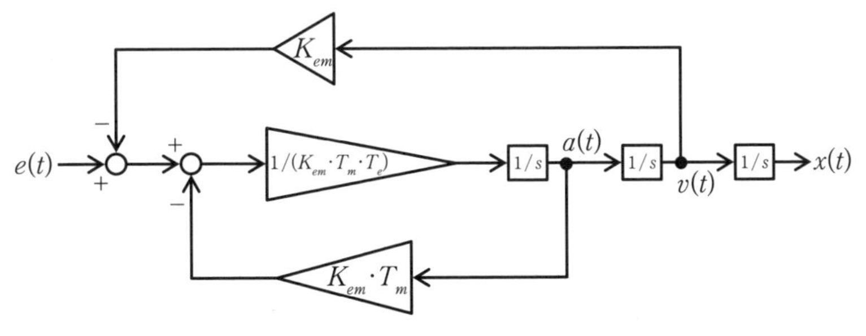

図 8.3 位置決め機構のブロック線図（電気的時定数と機械的時定数を用いる表現）

B）上記 A）のモデルから，状態方程式を立てる。

```
> (3);
```

$$\frac{d}{dt}x(t)=v(t) \tag{23}$$

```
> (6);
```

$$\frac{d}{dt}v(t)=a(t) \tag{24}$$

```
> isolate((22),diff(a(t),t));
```

$$\frac{d}{dt}a(t)=\frac{e(t)-Kem\,Tm\,a(t)-Kem\,v(t)}{Kem\,Tm\,Te} \tag{25}$$

```
> Sys := [rhs((23)), rhs((24)), rhs((25))];
```

$$Sys:=\left[v(t),a(t),\frac{e(t)-Kem\,Tm\,a(t)-Kem\,v(t)}{Kem\,Tm\,Te}\right] \tag{26}$$

```
> (M, vd) := GenerateMatrix(Sys, [x(t), v(t), a(t), e(t)]);
```

$$M,vd:=\begin{bmatrix}0&1&0&0\\0&0&1&0\\0&-\frac{1}{Tm\,Te}&-\frac{1}{Te}&\frac{1}{Kem\,Tm\,Te}\end{bmatrix},\begin{bmatrix}0\\0\\0\end{bmatrix} \tag{27}$$

```
> xv := <seq(x[ii], ii = 1..RowDimension(M))>;
```

$$xv:=\begin{bmatrix}x_1\\x_2\\x_3\end{bmatrix} \tag{28}$$

```
> uv := <seq(u[ii], ii = 1..ColumnDimension(M)-RowDimension
  (M))>;
```

$$uv:=\begin{bmatrix}u_1\end{bmatrix} \tag{29}$$

```
> Ap := SubMatrix(M, 1..Dimension(xv), 1..Dimension(xv));
```

$$Ap:=\begin{bmatrix}0&1&0\\0&0&1\\0&-\frac{1}{Tm\,Te}&-\frac{1}{Te}\end{bmatrix} \tag{30}$$

```
> Bp := SubMatrix(M, 1..Dimension(xv), Dimension(xv)+1..
  Dimension(xv)+Dimension(uv));
```

$$Bp:=\begin{bmatrix}0\\0\\\frac{1}{Kem\,Tm\,Te}\end{bmatrix} \tag{31}$$

```
> fxu := Ap.xv + Bp.uv;
```

$$fxu:=\begin{bmatrix}x_2\\x_3\\-\frac{x_2}{Tm\,Te}-\frac{x_3}{Te}+\frac{u_1}{Kem\,Tm\,Te}\end{bmatrix} \tag{32}$$

```
> lmdv := <seq(lmd[ii], ii = 1..Dimension(fxu))>;
```

$$lmdv:=\begin{bmatrix}lmd_1\\lmd_2\\lmd_3\end{bmatrix} \tag{33}$$

C）拘束条件を定式化する。

拘束条件はなし。

D）境界条件（終端条件ペナルティ）を定式化する。

```
> Xfv := <seq(Xf[ii], ii = 1..Dimension(xv))>;
```

$$Xfv := \begin{bmatrix} Xf_1 \\ Xf_2 \\ Xf_3 \end{bmatrix} \quad \textbf{(34)}$$

```
> Sf := DiagonalMatrix(<seq(sf[ii], ii = 1..Dimension(xv))>)
  ;
```

$$Sf := \begin{bmatrix} sf_1 & 0 & 0 \\ 0 & sf_2 & 0 \\ 0 & 0 & sf_3 \end{bmatrix} \quad \textbf{(35)}$$

```
> phi := (xv-Xfv)^%T.Sf.(xv-Xfv);
```

$$\phi := (x_1 - Xf_1)^2 sf_1 + (x_2 - Xf_2)^2 sf_2 + (x_3 - Xf_3)^2 sf_3 \quad \textbf{(36)}$$

E）評価関数を定式化する。

```
> Qopt := DiagonalMatrix(<seq(qo[ii], ii = 1..Dimension(xv))
  >);
```

$$Qopt := \begin{bmatrix} qo_1 & 0 & 0 \\ 0 & qo_2 & 0 \\ 0 & 0 & qo_3 \end{bmatrix} \quad \textbf{(37)}$$

```
> Ropt := DiagonalMatrix(<seq(ro[ii], ii = 1..Dimension(uv))
  >);
```

$$Ropt := \begin{bmatrix} ro_1 \end{bmatrix} \quad \textbf{(38)}$$

```
> # Lopt := xv^%T.Qopt.xv + uv^%T.Ropt.uv;
> # Lopt := xv^%T.Qopt.xv + Emax*ro[1]*(u[1]/Emax)^2;
> Lopt := xv^%T.Qopt.xv + Emax*ro[1]*(u[1]/Emax)^40;
```

$$Lopt := x_1^2 qo_1 + x_2^2 qo_2 + x_3^2 qo_3 + \frac{ro_1 u_1^{40}}{Emax^{39}} \quad \textbf{(39)}$$

F）オイラー・ラグランジュ（EL）方程式を立てる。

ハミルトン関数は，上記 B）の状態方程式と，上記 E）の評価関数を用いて，つぎのようになる。

```
> H := Lopt + lmdv^%T.fxu;
```

$$H := x_1^2 qo_1 + x_2^2 qo_2 + x_3^2 qo_3 + \frac{ro_1 u_1^{40}}{Emax^{39}} + lmd_1 x_2 + lmd_2 x_3 + lmd_3 \left(-\frac{x_2}{Tm\, Te} - \frac{x_3}{Te} + \frac{u_1}{Kem\, Tm\, Te} \right) \quad \textbf{(40)}$$

```
> Hx := convert(VectorCalculus[Jacobian]([H], convert(xv,
  list)), Vector):
> Hu := convert(VectorCalculus[Jacobian]([H], convert(uv,
  list)), Vector):
```

```
> phix := convert(VectorCalculus[Jacobian]([phi], convert
  (xv,list)), Vector):
```

G）数値計算パラメータを設定する。

パラメータの数値を以下のように設定する。

```
> Kem := 0.041:
> Prms := {Jd=4.76E-7, Jl=5.0E-7, Rc=2.85, Lc=0.0009}:
> isolate((12),Te);
```

$$Te=\frac{Lc}{Rc} \tag{41}$$

```
> Te := eval(rhs((41)),Prms);
```

$$Te:=0.0003157894737 \tag{42}$$

```
> isolate((11),Tm);
```

$$Tm=594.8839976\ Ja\ Rc \tag{43}$$

```
> eval((43),Ja=Jd+Jl);
```

$$Tm=594.8839976\ (Jd+Jl)\ Rc \tag{44}$$

```
> Tm := eval(rhs((44)),Prms);
```

$$Tm:=0.001654729328 \tag{45}$$

```
> Te := 0.1E-3;
```

$$Te:=0.0001 \tag{46}$$

```
> # Tm := 5*Te;
> Tm := 0.2E-3;
```

$$Tm:=0.0002 \tag{47}$$

```
> Emax := 24.0:
> PrmQopt := qo[1]=0.1, qo[2]=1E-3, qo[3]=(1E-3)*(5.66E-10):
> PrmRopt := ro[1]=1e3/Emax:
> PrmSf := sf[1]=1E12, sf[2]=1, sf[3]=5.66e-10:
> PrmXfv := Xf[1]=1/(4*(2*25.4)), Xf[2]=0, Xf[3]=0:
> Prm_xv_init := x[1][0]=0, x[2][0]=0, x[3][0]=0:
> N := 17:
> Delta := 10.0E-6:
> N*Delta*1000;
```

$$0.1700000 \tag{48}$$

パラメータ数値を状態方程式と EL 方程式に代入する。

```
> fxu:
> Hx := eval(Hx, {PrmQopt, PrmRopt, PrmSf, PrmXfv}):
> Hu := eval(Hu, {PrmQopt, PrmRopt, PrmSf, PrmXfv}):
> phix := eval(phix, {PrmQopt, PrmRopt, PrmSf, PrmXfv}):
```

H）EL 方程式を離散化し，制御入力系列の代数方程式を導出する。

制御入力とラグランジュ乗数の未知数ベクトルについて，数値計算の準備をする。

```
> Ut := <seq(uv[ii][0], ii = 1..Dimension(uv))>:
  for kk from 2 to N do
   Ut := <Ut, <seq(uv[ii][kk-1], ii = 1..Dimension(uv))>>;
  end do:
  Ut := convert(Ut, Vector):
> for kk from 0 to N-1 do
   kk, Ut[kk+1..kk+Dimension(uv)]
  end do:
```

状態の系列について，数値計算の準備をする。

```
> xv__init := eval(<seq(xv[ii][0], ii = 1..Dimension(xv))>,
  {Prm_xv_init}):
> xv__a := xv__init + Delta*eval(fxu, {seq(xv[ii]=xv__init
  [ii], ii = 1..Dimension(xv)), seq(uv[jj]=Ut[jj], jj = 1..
  Dimension(uv))}):
> xv__a := simplify(xv__a):
> xv__k[1] := xv__a:
> for kk from 2 to N do
   xv__b := xv__a + Delta*eval(fxu, {seq(xv[ii]=xv__a[ii],
  ii = 1..Dimension(xv)), seq(uv[jj]=Ut[(kk-1)*Dimension(uv)
  +jj], jj=1..Dimension(uv))});
   xv__a := simplify(xv__b);
   xv__k[kk] := xv__a;
  end do:
> for kk from 1 to N do
   kk, xv__k[kk];
  end do:
```

随伴状態の系列について，数値計算の準備をする。

```
> lmdv__k[N] := simplify(eval(phix, {seq(xv[ii] = xv__k[N]
  [ii], ii = 1..Dimension(xv))})):
> lmdv__b := lmdv__k[N]:
> for kk from N-1 by -1 to 1 do
   lmdv__a := lmdv__b + Delta*eval(Hx, {seq(xv[ii] = xv__k
  [kk][ii], ii = 1..Dimension(xv)), seq(uv[jj] = Ut[kk*
  Dimension(uv)+jj], jj = 1..Dimension(uv)), seq(lmdv[mm] =
  lmdv__b[mm], mm = 1..Dimension(lmdv))});
   lmdv__b := simplify(lmdv__a);
   lmdv__k[kk] := lmdv__b;
  end do:
> lmdv__a := lmdv__b + Delta*eval(Hx, {seq(xv[ii] = xv__init
  [ii], ii = 1..Dimension(xv)), seq(uv[jj] = Ut[jj], jj = 1.
  .Dimension(uv)), seq(lmdv[mm] = lmdv__b[mm], mm = 1..
  Dimension(lmdv))}):
> lmdv__k[0] := simplify(lmdv__a):
> for kk from N by -1 to 0 do
   kk, lmdv__k[kk];
  end do:
```

制御入力の系列の代数方程式について，数値計算の準備をする。

```
> Hu:
> FUt := <simplify(eval(Hu, {seq(xv[ii] = xv__init[ii], ii =
  1..Dimension(xv)), seq(uv[jj] = Ut[jj], jj = 1..Dimension
  (uv)), seq(lmdv[mm] = lmdv__k[1][mm], mm = 1..Dimension
  (lmdv))}))>:
> for kk from 1 to N-1 do
   FUt := <FUt, simplify(eval(Hu, {seq(xv[ii] = xv__k[kk]
  [ii], ii = 1..Dimension(xv)), seq(uv[jj] = Ut[kk*Dimension
  (uv)+jj], jj = 1..Dimension(uv)), seq(lmdv[mm] = lmdv__k
  [kk+1][mm], mm = 1..Dimension(lmdv))}))>;
  end do:
> FUt := convert(FUt, Vector):
> seq(FUt[Dimension(uv)*kk+1..Dimension(uv)*(kk+1)], kk = 0.
  .N-1):
```

I）数値計算を実行する。

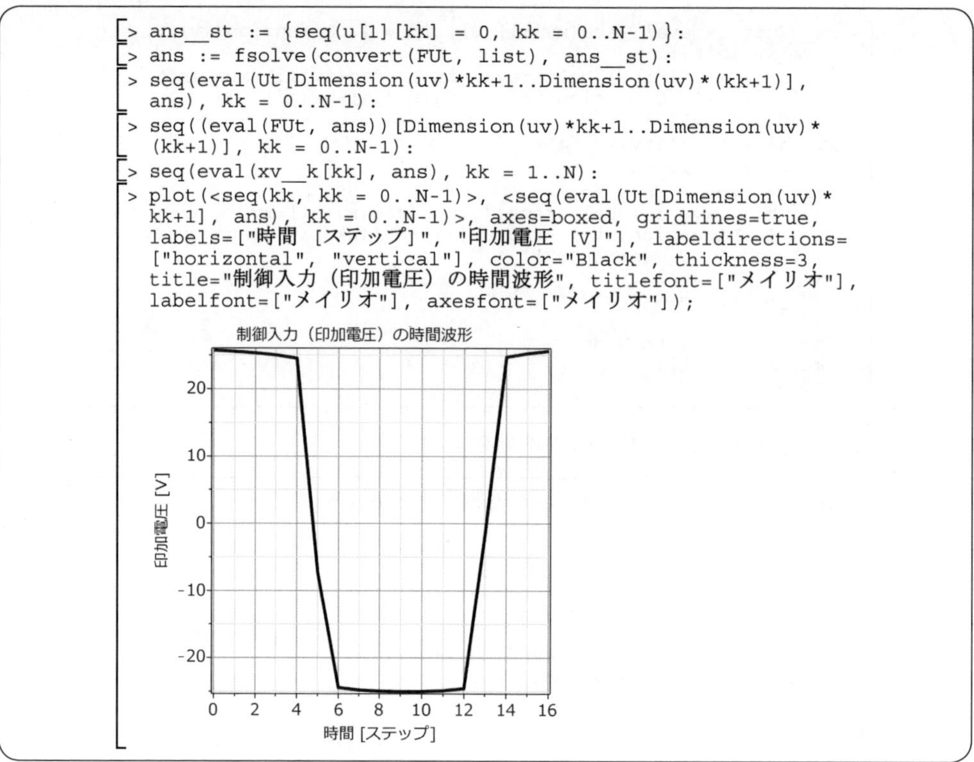

```
> ans__st := {seq(u[1][kk] = 0, kk = 0..N-1)}:
> ans := fsolve(convert(FUt, list), ans__st):
> seq(eval(Ut[Dimension(uv)*kk+1..Dimension(uv)*(kk+1)],
  ans), kk = 0..N-1):
> seq((eval(FUt, ans))[Dimension(uv)*kk+1..Dimension(uv)*
  (kk+1)], kk = 0..N-1):
> seq(eval(xv__k[kk], ans), kk = 1..N):
> plot(<seq(kk, kk = 0..N-1)>, <seq(eval(Ut[Dimension(uv)*
  kk+1], ans), kk = 0..N-1)>, axes=boxed, gridlines=true,
  labels=["時間 [ステップ]", "印加電圧 [V]"], labeldirections=
  ["horizontal", "vertical"], color="Black", thickness=3,
  title="制御入力（印加電圧）の時間波形", titlefont=["メイリオ"],
  labelfont=["メイリオ"], axesfont=["メイリオ"]);
```


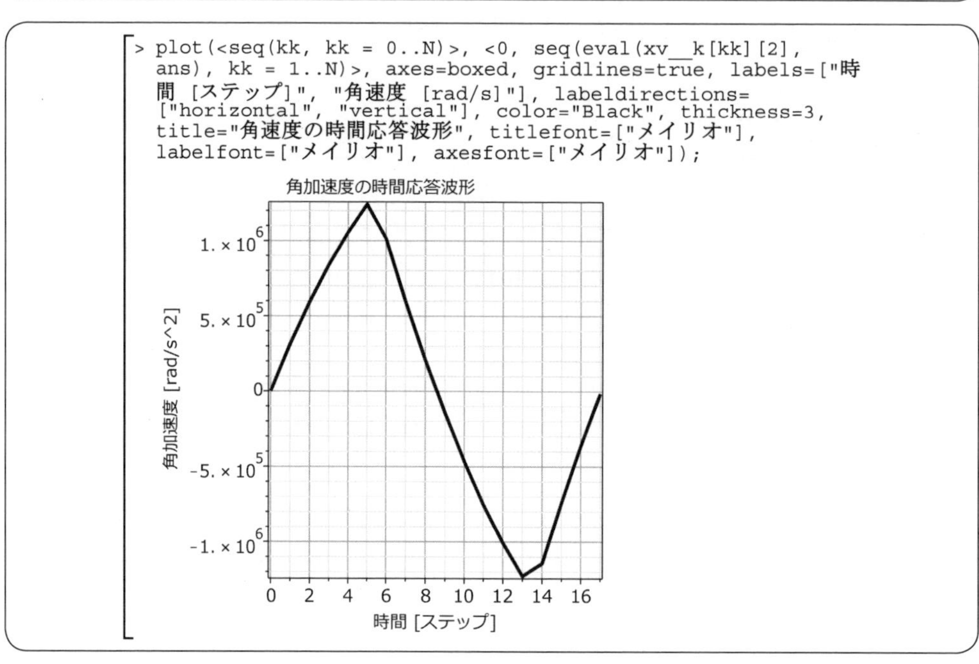

```
> plot(<seq(kk, kk = 0..N)>, <0, seq(eval(xv__k[kk][2],
  ans), kk = 1..N)>, axes=boxed, gridlines=true, labels=["時
  間 [ステップ]", "角速度 [rad/s]"], labeldirections=
  ["horizontal", "vertical"], color="Black", thickness=3,
  title="角速度の時間応答波形", titlefont=["メイリオ"],
  labelfont=["メイリオ"], axesfont=["メイリオ"]);
```

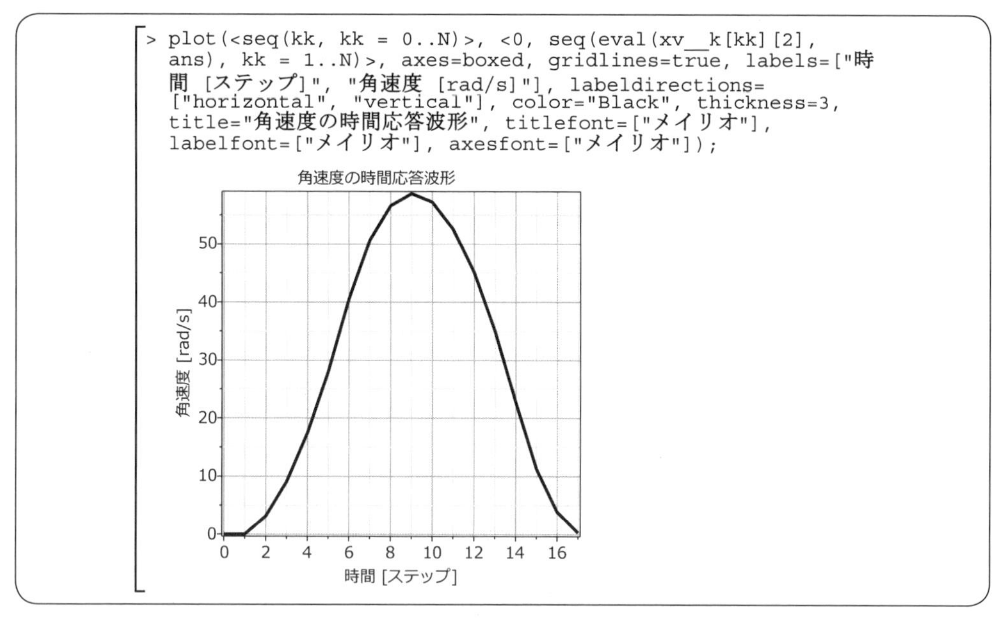

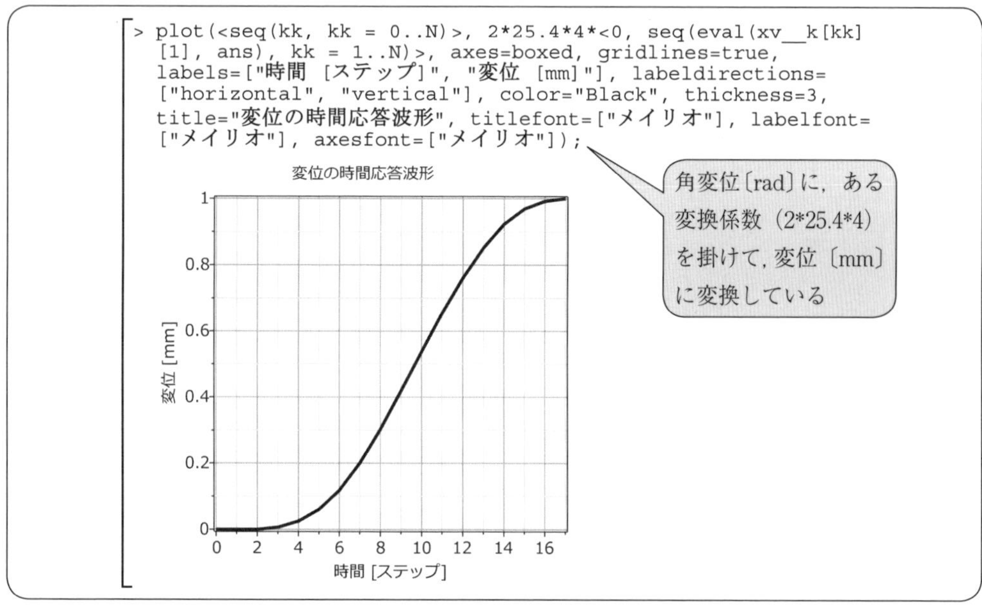

8.2 モデル予測制御の CAE とメカトロニクス・シミュレーションの参考図書

まえがきにも述べたように，本書の目的は，マルチドメイン 1D-CAE を志す基礎固めとして，いわゆる機械 4 力（機械力学・材料力学・熱力学・流体力学），制御工学など，個別ドメインの STEM コンピューティングを習得することであった。ここまで個別ドメインの演習を進められた読者各位に，さらにマルチドメイン CAE へのスキルアップを目指すため，以下の書籍を紹介する。

1）大塚敏之 編著：実時間最適化による制御の実応用，コロナ社（2015）

実時間最適化による制御として，特にモデル予測制御を取り上げ，問題設定，数値計算アルゴリズム，実応用事例（自動操船，航空機誘導，自動車の運転制御，ロボットの制御，熱流体システムの制御）が解説されている。さらに，実時間最適化アルゴリズム（C/GMRES 法）を C 言語に自動コード生成するシステムとして，STEM コンピューティング・プラットフォーム「Maple」の活用が紹介されている。

2）長松昌男，長松昭男：複合領域シミュレーションのための電気・機械系の力学，コロナ社（2013）

機械力学と電磁気学をたがいに関係付けながら，両工学分野を同時に初歩からわかりやすく学ぶ，という新しい試みで執筆されている。実用的な例題・問題が豊富に用意されており，それらを解くことで，機械と電気を融合した一体の学問として習得できる。

付録：Mapleが備える主要パッケージの紹介

1）**自動コード生成パッケージ**：Mapleコードを別のプログラミング言語に変換するためのコマンドやサブパッケージをまとめたものである。

```
> restart:
> with(CodeGeneration);
```

[*C, CSharp, Fortran, IntermediateCode, Java, JavaScript, Julia, LanguageDefinition, Matlab, Names, Perl, Python, R, Save, Translate, VisualBasic*] **(1)**

2）**Maple CAD接続パッケージ**：CADアプリケーションに接続するための機能である。

```
> restart:
> with(CAD);
```

[*Geometry, Inventor, NX, SolidWorks*] **(2)**

3）**単位系パッケージ**：ワークシート内で単位を変換するためのプログラムを含み，単位を伴う計算処理の環境を提供する。

```
> restart:
> with(Units);
```

[*AddBaseUnit, AddDimension, AddSystem, AddUnit, Converter, GetDimension, GetDimensions, GetSystem, GetSystems, GetUnit, GetUnits, HasDimension, HasSystem, HasUnit, Natural, RemoveDimension, RemoveSystem, Standard, Unit, UseContexts, UseSystem, UseUnit, UsingContexts, UsingSystem*] **(3)**

4）**積分変換パッケージ**：積分変換を計算するための関数を提供する。多くの数学分野で使われ，微分方程式の解法にも役立つ。

```
> restart:
> with(inttrans);
```

[*addtable, fourier, fouriercos, fouriersin, hankel, hilbert, invfourier, invhilbert, invlaplace, invmellin, laplace, mellin, savetable*] **(4)**

5）**線形代数パッケージ**：行列とベクトルを構成，操作し，標準的な機能を計算し，結果を問い合わせ，線形代数問題の解を求めるためのルーチンを提供する。

```
> restart:
> with(LinearAlgebra);
```

[&x, Add, Adjoint, BackwardSubstitute, BandMatrix, Basis, BezoutMatrix, BidiagonalForm, BilinearForm, CARE, CharacteristicMatrix, CharacteristicPolynomial, Column, ColumnDimension, ColumnOperation, ColumnSpace, CompanionMatrix, CompressedSparseForm, ConditionNumber, ConstantMatrix, ConstantVector, Copy, CreatePermutation, CrossProduct, DARE, DeleteColumn, DeleteRow, Determinant, Diagonal, DiagonalMatrix, Dimension, Dimensions, DotProduct, EigenConditionNumbers, Eigenvalues, Eigenvectors, Equal, ForwardSubstitute, FrobeniusForm, FromCompressedSparseForm, FromSplitForm, GaussianElimination, GenerateEquations, GenerateMatrix, Generic, GetResultDataType, GetResultShape, GivensRotationMatrix, GramSchmidt, HankelMatrix, HermiteForm, HermitianTranspose, HessenbergForm, HilbertMatrix, HouseholderMatrix, IdentityMatrix, IntersectionBasis, IsDefinite, IsOrthogonal, IsSimilar, IsUnitary, JordanBlockMatrix, JordanForm, KroneckerProduct, LA_Main, LUDecomposition, LeastSquares, LinearSolve, LyapunovSolve, Map, Map2, MatrixAdd, MatrixExponential, MatrixFunction, MatrixInverse, MatrixMatrixMultiply, MatrixNorm, MatrixPower, MatrixScalarMultiply, MatrixVectorMultiply, MinimalPolynomial, Minor, Modular, Multiply, NoUserValue, Norm, Normalize, NullSpace, OuterProductMatrix, Permanent, Pivot, PopovForm, ProjectionMatrix, QRDecomposition, RandomMatrix, RandomVector, Rank, RationalCanonicalForm, ReducedRowEchelonForm, Row, RowDimension, RowOperation, RowSpace, ScalarMatrix, ScalarMultiply, ScalarVector, SchurForm, SingularValues, SmithForm, SplitForm, StronglyConnectedBlocks, SubMatrix, SubVector, SumBasis, SylvesterMatrix, SylvesterSolve, ToeplitzMatrix, Trace, Transpose, TridiagonalForm, UnitVector, VandermondeMatrix, VectorAdd, VectorAngle, VectorMatrixMultiply, VectorNorm, VectorScalarMultiply, ZeroMatrix, ZeroVector, Zip]　　(5)

6）ベクトル解析パッケージ：多変量のベクトル解析の演算を実行するための手続きの集合である。

```
> restart:
> with(VectorCalculus);
```

[&x, `*`, `+`, `-`, `.`, <,>, <|>, About, AddCoordinates, ArcLength, BasisFormat, Binormal, Compatibility, ConvertVector, CrossProduct, Curl, Curvature, D, Del, DirectionalDiff, Divergence, DotProduct, Flux, GetCoordinateParameters, GetCoordinates, GetNames, GetPVDescription, GetRootPoint, GetSpace, Gradient, Hessian, IsPositionVector, IsRootedVector, IsVectorField, Jacobian, Laplacian, LineInt, MapToBasis, Nabla, Norm, Normalize, PathInt, PlotPositionVector, PlotVector, PositionVector, PrincipalNormal, RadiusOfCurvature, RootedVector, ScalarPotential, SetCoordinateParameters, SetCoordinates, SpaceCurve, SurfaceInt, TNBFrame, Tangent, TangentLine, TangentPlane, TangentVector, Torsion, Vector, VectorField, VectorPotential, VectorSpace, Wronskian, diff, eval, evalVF, int, limit, series]　　(6)

7）力学系パッケージ：線形のシステムオブジェクトを作成・操作・シミュレーション・プロットするプロシージャ群である。微分方程式や伝達関数，状態空間マトリクス，あるいは零点－極－利得の形で，連続，および離散システムオブジェクトを作成できる。またこれらの形式を変換できる。

```
> restart:
> with(DynamicSystems);
[AlgEquation, AppendConnect, BodePlot, CharacteristicPolynomial, Chirp, Coefficients,    (7)
    ControllabilityMatrix, Controllable, Covariance, DTF2DDE, DiffEquation,
    DiscretePlot, EquilibriumPoint, FeedbackConnect, FrequencyResponse,
    FrequencyResponseSystem, GainMargin, Grammians, ImpulseResponse,
    ImpulseResponsePlot, IsSystem, Linearize, MagnitudePlot, NewSystem, NicholsPlot,
    NormH2, NormHinf, NyquistPlot, ObservabilityMatrix, Observable, ParallelConnect,
    PhaseMargin, PhasePlot, PrintSystem, Ramp, Resample, ResponsePlot,
    RootContourPlot, RootLocusPlot, RouthTable, SSModelReduction, SSTransformation,
    ScaleInputs, ScaleOutputs, SeriesConnect, Simulate, Sinc, Sine, Square, StateSpace, Step,
    StepProperties, Subsystem, System, SystemConnect, SystemOptions, ToContinuous,
    ToDiscrete, Tools, TransferFunction, Triangle, Verify, ZeroPoleGain, ZeroPolePlot]
```

8）**最適化パッケージ**：制約条件のもと，目的関数の最小値および最大値を数値的に求めるコマンドの集合である。線形計画問題（LPs），2次計画問題（QPs），非線形計画問題（NLPs）および最小二乗問題を解くことができる。

```
> restart:
> with(Optimization);
  [ImportMPS, Interactive, LPSolve, LSSolve, Maximize, Minimize, NLPSolve, QPSolve]    (8)
```

引用・参考文献

〔1〕本書全体を通して，参考にした文献

1）A. Heck："Introduction to Maple", Third Edition, Springer（2003）

2）松下修己，吉本堅一，藤原浩幸：速習 Mathematica と機械系の力学，理工学社（2007）

3）青本和彦，上野健爾，加藤和也，神保道夫，砂田利一，高橋陽一郎，深谷賢治，俣野博，室田一雄 編著：岩波・数学入門辞典，岩波書店（2005）

4）数学セミナー編集部：数学ガイダンス 2016，数学セミナー増刊，日本評論社（2016）

5）日本技術士会：「過去問題」ウェブサイト，
https://www.engineer.or.jp/c_categories/index02021.html（2016 年 7 月現在）

6）国立高等専門学校機構（実施主体高専名：石川工業高等専門学校）：数学活用大事典，「機械分野」ウェブサイト，
http://omm.ishikawa-nct.ac.jp/ex/fields/62dAAAAB/（2016 年 7 月現在）

〔2〕各章の引用・参考文献

まえがき

1）畑村洋太郎編著，実際の設計研究会著：実際の設計［改訂新版］—機械設計の考え方と方法—，日刊工業新聞社（2014）

2）畑村洋太郎：技術の創造と設計，岩波書店（2006）

3）大富浩一ほか：【特集】ものづくり革新を実現する 1DCAE による製品開発，機械設計，Vol.59，No.9，日刊工業新聞社（2015）

4）G. Polya 著，柿内賢信 訳：いかにして問題をとくか，丸善（1954）

1 章

1）Maplesoft 社ウェブサイト：What is Maple: Product Features,
http://www.maplesoft.com/products/Maple/features/（2016 年 7 月現在）

2）Maplesoft 社 日本語マニュアルのダウンロード・ページ：
http://www.maplesoft.com/documentation_center/（2016 年 7 月現在）

2章

1）日本機械学会：演習・機械工学のための数学，JSME テキストシリーズ，丸善（2015）

2）和達三樹：物理のための数学，物理入門コース 10，岩波書店（1983）

3章

1）日本機械学会：演習・機械工学のための力学，JSME テキストシリーズ，丸善（2015）

2）日本機械学会：演習・振動学，JSME テキストシリーズ，丸善（2012）

3）日本機械学会：機構学，JSME テキストシリーズ，丸善（2007）

4）長松昭男：モード解析入門，コロナ社（1993）

4章

1）日本機械学会：演習・材料力学，JSME テキストシリーズ，丸善（2010）

2）渋谷寿一，本間寛臣，斎藤憲司：現代材料力学，朝倉書店（1986）

3）L. Meirovitch 著，砂川 恵 訳：電子計算機活用のための振動解析の理論と応用（上・下），理工学海外名著シリーズ（43，44），ブレイン図書（1984）

5章

1）日本機械学会：演習・熱力学，JSME テキストシリーズ，丸善（2012）

2）日本機械学会：演習・伝熱工学，JSME テキストシリーズ，丸善（2008）

3）都築卓司：なっとくする熱力学，講談社（1993）

4）J.P. Holman 著，平田 賢 監訳：伝熱工学（上），理工学海外名著シリーズ 37，ブレイン図書（1982）

5）吉田 駿：伝熱学の基礎，理工学社（1999）

6）金谷健一：幾何学と代数系 Geometric Algebra ハミルトン，グラスマン，クリフォード，森北出版（2014）

6章

1）日本機械学会：演習・流体力学，JSME テキストシリーズ，丸善（2012）

2）今井 功：流体力学と複素解析，入門・現代の数学 3，数学セミナー増刊，日本評論社（1981）

3）安藤常世：工学基礎 流体の力学 改訂版，培風館（1979）

4）棚橋隆彦：基礎流体工学入門，コロナ社（1976）

5）松田 哲：複素関数，理工系の基礎数学 5，岩波書店（1996）

6）小野寺嘉孝：なっとくする複素関数，講談社（2000）

7章

1）日本機械学会：演習・制御工学，JSME テキストシリーズ，丸善（2004）

2）片山 徹：フィードバック制御の基礎，朝倉書店（1987）

8章

1）遠山聡一，岩崎 誠，平井洋武：生産性設計に基づくPWBレーザ穴明機用ガルバノミラー・サーボ機構の基本設計，高速信号処理応用技術学会誌，Vol.16，No.1，pp.37-47（2013）

2）木村英紀：線形代数―数理科学の基礎―，東京大学出版会（2003）

3）加藤寛一郎：工学的最適制御―非線形へのアプローチ―，東京大学出版会（1988）

4）大塚敏之 編著：実時間最適化による制御の実応用，コロナ社（2015）

5）長松昌男，長松昭男：複合領域シミュレーションのための電気・機械系の力学，コロナ社（2013）

索　　引

【あ行】

【か行】

【さ行】

【た行】

【な行】

【記号】

── 監修者・著者略歴 ──

岩崎　　誠（いわさき　まこと）

1986年　名古屋工業大学工学部電気工学科卒業
1988年　名古屋工業大学大学院工学研究科博士前期課程修了（電気情報工学専攻）
1991年　名古屋工業大学大学院工学研究科博士後期課程修了（電気情報工学専攻）
工学博士
1991年　名古屋工業大学助手
2000年　名古屋工業大学助教授
2009年　名古屋工業大学教授
現在に至る

遠山　聡一（とおやま　そういち）

1986年　慶応義塾大学理工学部機械工学科卒業
1988年　慶応義塾大学大学院理工学研究科修士課程修了（機械工学専攻）
1988年　株式会社日立製作所勤務
2005年　日立ビアメカニクス株式会社勤務
2014年　サイバネットシステム株式会社勤務
現在に至る

佐藤　晶信（さとう　あきのぶ）

2006年　日本大学理工学部電気工学科卒業
2006年　キヤノンITソリューションズ株式会社勤務
2012年　サイバネットシステム株式会社勤務
現在に至る

速習 Maple
── STEM コンピューティングを活用する機械系の工業数学 ──

A Crash Course in Maple
── Mathematics for Mechanical Engineers by Using STEM Computing ──

2016年11月2日　初版第1刷発行

検印省略

監修者	岩　崎　　誠
編　者	サイバネットシステム株式会社
著　者	遠　山　聡　一
	佐　藤　晶　信
発行者	株式会社　コロナ社
	代表者　牛来真也
印刷所	萩原印刷株式会社

112-0011　東京都文京区千石 4-46-10
発行所　株式会社　**コロナ社**
CORONA PUBLISHING CO., LTD.
Tokyo Japan
振替 00140-8-14844・電話(03)3941-3131(代)
ホームページ　http://www.coronasha.co.jp

ISBN 978-4-339-02864-5　（中原）　（製本：愛千製本所）
Printed in Japan

計測・制御テクノロジーシリーズ

（各巻A5判）

■計測自動制御学会 編

配本順	書名	著者	頁	本体
1.（9回）	計測技術の基礎	山崎弘郎・田中充共著	254	3600円
2.（8回）	センシングのための情報と数理	出口光一郎・本多敏共著	172	2400円
3.（11回）	センサの基本と実用回路	中沢信明・松井利一・山田功共著	192	2800円
5.（5回）	産業応用計測技術	黒森健一他著	216	2900円
7.（13回）	フィードバック制御	荒木光彦・細江繁幸共著	200	2800円
8.（1回）	線形ロバスト制御	劉康志著	228	3000円
11.（4回）	プロセス制御	高津春雄編著	232	3200円
13.（6回）	ビークル	金井喜美雄他著	230	3200円
15.（7回）	信号処理入門	小畑秀文・浜田望・田村安孝共著	250	3400円
16.（12回）	知識基盤社会のための人工知能入門	國藤進・中田豊久・羽山徹彩共著	238	3000円
17.（2回）	システム工学	中森義輝著	238	3200円
19.（3回）	システム制御のための数学	田村捷利・武藤康彦・笹川徹史共著	220	3000円
20.（10回）	情報数学 —組合せと整数およびアルゴリズム解析の数学—	浅野孝夫著	252	3300円
21.（14回）	生体システム工学の基礎	福岡豊・内山孝憲・野村泰伸共著	252	3200円

以下続刊

書名	著者
システム同定	和田・大松・奥・田中共著
アドバンスト制御	大森浩充・日高浩一共著
多変量統計的プロセス管理	加納学著
計測のための統計	椿広計・寺本顕武共著
システム制御における量子アルゴリズム	伊丹・乾・松井・金共著

定価は本体価格+税です。
定価は変更されることがありますのでご了承下さい。

図書目録進呈◆

システム制御工学シリーズ

（各巻A5判，欠番は品切です）

■編集委員長 池田雅夫
■編 集 委 員 足立修一・梶原宏之・杉江俊治・藤田政之

配本順	書名	著者	頁	本 体
1.（2回）	**システム制御へのアプローチ**	大須賀 公一・足立 修一 共著	190	**2400円**
2.（1回）	**信号とダイナミカルシステム**	足立 修一 著	216	**2800円**
3.（3回）	**フィードバック制御入門**	杉江 俊治・藤田 政之 共著	236	**3000円**
4.（6回）	**線形システム制御入門**	梶原 宏之 著	200	**2500円**
5.（4回）	**ディジタル制御入門**	萩原 朋道 著	232	**3000円**
6.（17回）	**システム制御工学演習**	杉江 俊治・梶原 宏之 共著	272	**3400円**
7.（7回）	**システム制御のための数学（1）** —線形代数編—	太田 快人 著	266	**3200円**
9.（12回）	**多変数システム制御**	池田 雅夫・藤崎 泰正 共著	188	**2400円**
12.（8回）	**システム制御のための安定論**	井村 順一 著	250	**3200円**
13.（5回）	**スペースクラフトの制御**	木田 隆 著	192	**2400円**
14.（9回）	**プロセス制御システム**	大嶋 正裕 著	206	**2600円**
16.（11回）	**むだ時間・分布定数系の制御**	阿部 直人・児島 晃 共著	204	**2600円**
17.（13回）	**システム動力学と振動制御**	野波 健蔵 著	208	**2800円**
18.（14回）	**非線形最適制御入門**	大塚 敏之 著	232	**3000円**
19.（15回）	**線形システム解析**	汐月 哲夫 著	240	**3000円**
20.（16回）	**ハイブリッドシステムの制御**	井村 順一・東 俊一・増淵 泉 共著	238	**3000円**
21.（18回）	**システム制御のための最適化理論**	延山 英沢・瀬部 昇 共著	272	**3400円**
22.（19回）	**マルチエージェントシステムの制御**	東 俊一・永原 正章 編著	232	**3000円**
23.（20回）	**行列不等式アプローチによる制御系設計**	小原 敦美 著	264	**3500円**

以 下 続 刊

8. **システム制御のための数学（2）** —関数解析編— 太田 快人著
10. **ロバスト制御理論**
11. **実践ロバスト制御系設計入門** 平田 光男著
適応制御 宮里 義彦著

定価は本体価格+税です。
定価は変更されることがありますのでご了承下さい。

図書目録進呈◆